MYMATHLAB DEUTSCHE VERSION

Brückenkurs Mathematik

D1923170

Zugangscode für MyMathLab | Brückenkurs
Nutzungsdauer 12 Monate
umseitig

1

VORBEREITUNG

Für die Registrierung benötigen Sie

- **eine gültige E-Mail-Adresse,**
- **den umseitig eingedruckten Zugangscode.**

2

ONLINE-REGISTRIERUNG

Für die Registrierung müssen Sie

- **www.mymathlab.com/deutsch öffnen und**
- **der Anleitung für Studierende folgen.**
- **Nachdem Sie die Registrierung abgeschlossen haben, können Sie sich jederzeit auf www.mymathlab.com/deutsch einloggen.**

Der Zugangscode lässt sich nur einmalig zur Registrierung verwenden, und darf nicht an Dritte weitergegeben werden!

MYMATHLAB DEUTSCHE VERSION

Brückenkurs Mathematik

Zugangscode für MyMathLab | Brückenkurs
Nutzungsdauer 12 Monate

ISSRBM-SCOFF-VETCH-BLOBS-MERCY-BYTES

www.mymathlab.com/deutsch

Brückenkurs Mathematik

2., aktualisierte Auflage

Michael Ruhrländer

Pearson

Bibliografische Information der Deutschen Nationalbibliothek

Die Deutsche Nationalbibliothek verzeichnet diese Publikation in der Deutschen Nationalbibliografie; detaillierte bibliografische Daten sind im Internet über *http://dnb.dnb.de* abrufbar.

10 9 8 7 6 5 4 3 2 1

22 21 20 19

ISBN 978-3-86894-374-0 (Buch)
ISBN 978-3-86326-878-7 (E-Book)
Zugangscode einlösbar bis 01.10.2022

www.pearson.de
A part of Pearson plc worldwide

Programmleitung: Birger Peil, bpeil@pearson.de
Fachlektorat: Dr. Ralph Hofrichter, Pforzheim
Korrektorat: Micaela Krieger-Hauwede, micaela.krieger@online.de
Coverillustration: www.shutterstock.com
Herstellung: Claudia Bäurle, cbaeurle@pearson.de
Satz: Micaela Krieger-Hauwede, micaela.krieger@online.de
Druck: Drukkerij Wilco BV, Amersfoort

Printed in the Netherlands

Inhaltsverzeichnis

Einleitung

Die Mathematik ist zu Beginn eines Hochschulstudiums in einem technischen, natur- oder wirtschaftswissenschaftlichen Studiengang ein wichtiges Pflichtfach der akademischen Ausbildung. Nach meinen Erfahrungen sind die Kenntnisse der Studienanfänger im Fach Mathematik sehr unterschiedlich und von vielen werden die für die Anfangsvorlesungen in Mathematik benötigten Vorkenntnisse nicht oder nur eingeschränkt mitgebracht.

Das Lehr- und Übungsbuch Brückenkurs Mathematik überwindet die oftmals vorhandenen Lücken zwischen dem Schulwissen und den mathematischen Anforderungen zu Beginn des ersten Studienjahres. Es bereitet den Studienanfänger auf eine systematische, gut nachvollziehbare und verständliche Art und Weise auf die Inhalte vor, die gewöhnlich in den Mathematik-Einführungskursen im Studium behandelt werden. Die Themenbereiche des Buches sind sorgfältig ausgesucht und stellen überwiegend Wiederholungen des Schulstoffes dar. Neben den Themen aus der Oberstufe werden in den ersten Kapiteln auch Inhalte behandelt, die schon in der Mittelstufe von Gymnasien oder Fachschulen gelehrt werden. Da es sich gezeigt hat, dass viele Studierende in den ersten beiden Semestern aufgrund mangelnder Kenntnisse und Fertigkeiten in diesen »einfachen« mathematischen Sachverhalten entweder schlechte Zensuren in Klausuren erhalten oder sogar bei den Prüfungen durchfallen, sollte man nicht unterschätzen, wie wichtig die inhaltliche und rechentechnische Beherrschung z. B. der Bruch- und Potenzrechnung oder der Termumformung ist. An der ein oder anderen Stelle geht der Kurs auch ein wenig über den Schulstoff hinaus, insbesondere was die mathematische Darstellung der Themen angeht. Vereinzelt kommen auch mathematische Hilfsmittel zum Einsatz, die gezielt das frühe Verständnis für wichtige Fragestellungen der späteren Mathematik-Vorlesungen fördern sollen.

Ich möchte es nicht versäumen, mich an dieser Stelle bei allen Beteiligten zu bedanken, die mitgeholfen haben, dass das Buch in dieser Form entstanden ist. Insbesondere geht mein Dank an den Fachlektor, Herrn Dr. Ralph Hofrichter, dessen hilfreiche Hinweise und Verbesserungsvorschläge in das Buch eingeflossen sind. Und nicht zuletzt gilt mein Dank dem Pearson Verlag, insbesondere dem Programmleiter Herrn Birger Peil, für die immer gute und problemlose Zusammenarbeit. Er hat die Idee und Entwicklung des Buches von Beginn an begleitet und die didaktische Einbindung von MyMathLab | Brückenkurs und der Geogebra Arbeitsblätter für die Studierenden vorangetrieben.

In der nun vorliegenden überarbeiteten und korrigierten zweiten Auflage ist der Umfang des Buches inhaltlich durch eine knappe Einführung in die klassische Wahrscheinlichkeitsrechnung und Kombinatorik erweitert worden. Daneben gibt es auf der Ressourcenseite der MyMathLab | Brückenkurs-Plattform Zusatzmaterialien wie z. B. eine ausführliche Behandlung der elementaren Geometrie sowie eine aktuell gehaltene Errata-Liste. Diese zusätzlichen Unterlagen kann man sich auch von der Internetseite des Autors www.michael-ruhrlaender.de herunterladen.

Mainz | Michael Ruhrländer

Inhalt des Buches

Das Buch behandelt ausgewählte Themen des Schulstoffes, bei denen erfahrungsgemäß für viele Studienanfänger eine Auffrischung von Vorteil ist:

- Grundlagen der Mengenlehre, kartesisches Produkt,
- Zahlenbereiche und dazugehörige Rechenregeln, Bruchrechnung mit Zahlen, Intervalle und Absolutbeträge,
- Potenz- und Logarithmusrechnung, Umformungen von Termen, Bruchrechnung mit Variablen,
- Summen und Produkte, Pascalsches Dreieck, Fakultäten und binomischer Lehrsatz,
- Klassische Wahrscheinlichkeiten, Laplace-Experimente,
- Kombinatorik mit den Schwerpunkten Permutationen, Variationen und Kombinationen,
- Äquivalenzumformungen bei Gleichungen und Ungleichungen, quadratische Gleichungen, Wurzelgleichungen,
- Polynomdivision, Gleichungen höherer Ordnung, Betrags(un)gleichungen,
- lineare Gleichungssysteme, Gauß-Eliminationsverfahren,
- Allgemeine Eigenschaften reeller Funktionen wie Symmetrie, Nullstellen, Monotonie oder Periodizität, Umkehrfunktion,
- Grenzwerte von Folgen und von reellen Funktionen, Stetigkeit,
- Polynome, Hornerschema, gebrochenrationale Funktionen, Polstellen, Asymptoten,
- Trigonometrische Funktionen und ihre Eigenschaften, Exponential- und Logarithmus-Funktionen,
- Steigung einer Funktion, Ableitung als Tangentensteigung, Differentiationsregeln, höhere Ableitungen,
- Anwendungen der Differentialrechnung, Monotonie und Krümmung, Extremwerte, Kurvendiskussion,
- Stammfunktionen, Integration, Flächeninhalte, bestimmtes Integral,
- Integrationsrechenregeln, partielle Integration, Substitutionsmethode,
- Vektorrechnung, kartesische Koordinatensysteme, Vektoren und Pfeile, Skalarprodukt, Kreuzprodukt von Vektoren.

Aufbau und Form

Die Mathematik in diesem Buch wird kompakt und überwiegend ohne lange Herleitungen und Beweise dargestellt. Die Inhalte sind didaktisch hervorragend aufgearbeitet und werden übersichtlich präsentiert. Das Buch ist in Kapitel und Abschnitte unterteilt. Jedes Kapitel beginnt mit einer Auflistung der Lernziele und einer Übersicht der Inhalte. Es endet mit einer kurzen Zusammenfassung der wichtigsten behandelten Resultate und einer

Reihe von Übungsaufgaben. Zur Unterstützung einer schnellen Orientierung werden die mathematischen Bausteine durch eine konsequente dezente Farbgebung gekennzeichnet. So sind alle Definitionen grün unterlegt, während die (durchnummerierten) Beispiele orangefarbig markiert sind. Hervorzuheben ist auch die Fülle der präzisen und aussagekräftigen, ebenfalls farbigen Abbildungen, die die meisten Definitionen und Beispiele begleiten und so zu einem besseren Verständnis der mathematischen Sachverhalte beitragen. Zur Vertiefung des Wissens und Erhöhung der Transparenz des Gelernten dienen auch die ca. 130 Beispiele in diesem Buch, die alle ausführlich vorgerechnet werden und bei denen jede wichtige Umformung kommentiert wird.

Didaktisches Konzept »Learn a little … do a little«, Interaktives Lernen

Aus der psychologischen Lerntheorie ist bekannt, dass das Erlernen und Anwenden von neuem Wissen ein komplexer Vorgang ist. Studien haben gezeigt, dass der durchschnittliche Lernerfolg durch Lesen (z. B. eines Fachbuches) bzw. durch Hören (z. B. einer Lern-CD) nur etwa 30% beträgt. Sieht und hört man den neu zu lernenden Sachverhalt gleichzeitig (z. B. in einer Vorlesung), so bleibt immerhin etwa 50% von dem, was man lernen sollte, hängen, aber auch nicht mehr. Zur vertieften Aneignung und sicheren Beherrschung weiterer Inhalte ist das selbstständige Durchführen/Anwenden des Gelernten (z. B. Sprechen/Schreiben in einer Fremdsprache, Durchführung eines Experiments, oder hier: eigenständige Lösung von Aufgaben) unerlässlich. Auf diesem Umstand basiert das didaktische Konzept **Learn a little … do a little**, das mit dem Durcharbeiten des Buches einhergeht.

Im Verbund mit der interaktiven Lernplattform **MyMathLab Deutsche Version**, ein am MIT entwickeltes E-Learnig-Tool, und mit dem Computer-Algebra-System **Geogebra** stellt der **MyMathLab|Brückenkurs** (Nutzungsdauer 12 Monate, Zugangscode vorne im Buch) eine didaktisch einzigartige Möglichkeit dar, die mathematischen Inhalte in kleinen Einheiten zu erlernen (**Learn a little**) und parallel dazu durch interaktive Aufgabenstellungen, die aus der elektronischen Buchvorlage per »Klick« erreichbar sind, gleich zu vertiefen und einzuüben (**… do a little**). Ein schneller Lernfortschritt ist damit garantiert.

Konkret sind den Beispielen im Buch QR-Codes zugeordnet, die mit **Geogebra** Arbeitsblättern verlinkt sind. Wir empfehlen ein mobiles Endgerät in der Tablet-Größe. **MyMathLab|Brückenkurs** und **Geogebra** Animationen laufen in einem aktuellen Browser mit aktiviertem Java Script. Aus der elektronischen Buchvorlage sind diese direkt anklickbar, bei der Druckversion muss ein QR-Scanner eingesetzt werden. Die Arbeitsblätter enthalten ähnliche Aufgabentypen wie im zugehörigen Beispiel oder auch Anschauungsmaterial in Form animierbarer Grafiken, anhand derer die zu erlernenden Systematiken transparent gemacht werden. Der Lernende kann seine in die Arbeitsblätter einzugebenden

Learn a little

…do a little

Ergebnisse direkt überprüfen, da auch die Lösungen der Aufgaben anklickbar sind. Die Aufgaben enthalten die Möglichkeit, sich beliebig viele andere Aufgaben gleichen Typs generieren zu lassen, d. h. wenn die Lösung nicht auf Anhieb gefunden wurde, können weitere Versuche mit neuen ähnlichen Aufgaben gestartet werden.

Neben den **Geogebra** Arbeitsblättern gibt es im **MyMathLab|Brückenkurs** ca. 2400 Aufgabentypen unterschiedlichen Schwierigkeitsgrades, die den Kapiteln des Buches direkt zugeordnet sind. Diese Aufgabentypen können abschnittsweise online bearbeitet oder auch als Hausaufgaben oder Testaufgaben genutzt werden. Die Plattform unterstützt das schrittweise Lösen von anspruchsvolleren Übungsaufgaben, d. h. neben der direkten Eingabe der eigenen Ergebnisse ist es möglich, Hinweise zu jedem einzelnen Lösungsschritt zu erhalten. Weiterhin können in **MyMathLab|Brückenkurs** die Lernfortschritte direkt (auch quantitativ) überprüft werden, so dass jederzeit Transparenz über den eigenen Leistungsstand vorliegt. Deshalb nutzen Sie insbesondere im Selbststudium die didaktische Möglichkeit des **MyMathLab|Brückenkurs** und melden sich am besten gleich an. Die Nutzungsdauer beträgt ab Registrierung 12 Monate.

Schließlich gibt es im Buch am Ende der Kapitel bzw. Abschnitte jeweils eine kleinere Sammlung von Übungsaufgaben, die der Lernende eigenständig bearbeiten sollte. Am Ende des Buches sind die Lösungen zu den Übungsaufgaben, die in den meisten Fällen auch einen ausführlichen Lösungsweg beinhalten, einsehbar. Im Bereich Ressourcen auf **MyMathLab|Brückenkurs** befindet sich weitere Informationen und Aktualisierungen. Trotzdem sollte zunächst immer versucht werden, die Übungsaufgaben direkt nach Durcharbeiten des vorhergehenden Stoffes zu lösen.

Hinweise für Lernende und Lehrende

Lernende

Wie oben beschrieben eignet sich das Buch zusammen mit den vorgestellten interaktiven Werkzeugen hervorragend zum **Selbststudium**. Wenn die Gelegenheit besteht, einen Vorkurs in Mathematik, wie ihn die meisten Hochschulen vor dem Beginn des ersten Semesters anbieten, zu besuchen, so sollten Sie dies auf alle Fälle parallel zum Selbststudium tun. Sie dürfen sich allerdings nicht darauf verlassen, dass mit der Absolvierung des Kurses die Angelegenheit erledigt ist. Vielmehr kommt es erfahrungsgemäß in den ersten Semestern immer mal wieder vor, dass Sie Lerninhalte des Buches wiederholen müssen, die in den Vorlesungen nicht (oder nicht so ausführlich wie Sie es brauchen) behandelt werden. Und vor allem gilt, lassen Sie sich nicht entmutigen, wenn es nicht auf Anhieb klappt mit der Mathematik. Dieses Buch hilft Ihnen, die wichtigsten mathematischen Handgriffe solange zu üben, bis sie sitzen. Ganz in diesem Sinne: **Learn a little ... do a little**.

Lehrende

Der Umfang des Buches ist so konzipiert, dass die Inhalte in einem zweiwöchigen Vorkurs mit insgesamt 20 Vorlesungsstunden vorgetragen werden können. Dabei muss sicherlich an der ein oder anderen Stelle etwas gekürzt bzw. weggelassen werden. Da bei uns die Vorkurse neben einer täglichen zweistündigen Vorlesung noch vier Übungsstunden pro Tag beinhalten, bleibt den Teilnehmern genügend Zeit, unter Anleitung in den interaktiven Plattformen oder »konventionell« z. B. in der Vorlesung ausgelassene Beispiele zu bearbeiten bzw. Aufgaben zu lösen. Hat man weniger Vorlesungszeit zur Verfügung, so muss der Stoff beschränkt werden. Dabei spielt sicherlich die Studienausrichtung der Zuhörer eine wesentliche Rolle. Hat man beispielsweise angehende Ingenieure oder Physiker vor sich, so sollten auf alle Fälle die **Kapitel 4** (teilweise) sowie **Kapitel 5** bis **Kapitel 7** behandelt werden, da im ersten Semester die technische und die physikalische Mechanik darauf aufbauen. Lehrende haben zudem die Möglichkeit, individuell aus dem großen Pool von Fragen und Problemstellungen Hausaufgaben für ihre geführten Kurse anzulegen. Damit kann eine optimale Prüfungsvorbereitung erfolgen und ein angemessener Lernerfolg bei den Lernenden sichergestellt werden. Weitere Informationen, auch zur Lernplangestaltung, befinden sich im Bereich Ressourcen auf **MyMathLab|Brückenkurs**.

Lernziele

In diesem Kapitel lernen Sie

- was eine Menge ist und wie man eine Menge durch ihre Elemente beschreibt,
- wie man den Durchschnitt, die Vereinigung und die Differenz von Mengen bildet,
- was das kartesische Produkt von Mengen ist und wie dieses mit der Ebene und dem Raum zusammenhängt,
- dass die wichtigsten Zahlenmengen die natürlichen, ganzen, rationalen und reellen Zahlen sind,
- welche unterschiedlichen Rechengesetze es für die verschiedenen Zahlenmengen gibt,
- dass man zur Bruchrechnung die rationalen Zahlen benötigt,
- dass die reellen Zahlen sich durch Dezimalbrüche darstellen lassen,
- dass die reellen Zahlen sich 1 : 1 auf der Zahlengerade abbilden lassen,
- was eine Intervallschachtelung ist,
- was der Absolutbetrag einer Zahl ist.

Mengen und Zahlen

1

ÜBERBLICK

Übersicht

Die Grundlage aller mathematischen Disziplinen bilden die Zahlen und die Vorschriften, wie mit den Zahlen zu rechnen ist. Wir beginnen also mit den Zahlen und wissen schon, dass es unterschiedliche Arten von Zahlen gibt. Die für uns natürlichsten sind die Zahlen $1, 2, 3, \ldots$, die deswegen auch **natürliche Zahlen** genannt werden. Es gibt aber auch Brüche und Wurzeln, und damit keine Verwirrung entsteht, ist es üblich, die unterschiedlichen Zahlenbereiche in Mengen zusammenzufassen. Das bringt uns zu dem Begriff der Menge. Die **Mengenlehre** ist seit einigen Jahren nicht mehr Gegenstand des Schulunterrichtes, wird aber in allen universitären Mathematikvorlesungen zur Formulierung mathematischer Sachverhalte genutzt. Sie ist also ein Teil der »Sprache der Mathematik« und deswegen ist es notwendig, dass man sich zum Studienbeginn einige Kenntnisse darüber aneignet.

1.1 Grundlegendes über Mengen

Zur Frage, was denn eigentlich eine Menge ist, soll uns eine umgangssprachliche Definition von G. Cantor (1895), dem »Erfinder« der Mengenlehre, dienen:

Definition

»Unter einer **Menge** A verstehen wir jede Zusammenfassung von bestimmten wohlunterschiedenen Objekten unserer Anschauung oder unseres Denkens zu einem Ganzen.«

Wichtig an dieser Definition ist das Wort »wohlunterschieden«: die Objekte einer Menge sind unterschiedlich, *kein* Objekt taucht mehrmals auf.

- Mengen bezeichnen wir immer mit Großbuchstaben. Die Objekte einer Menge A heißen **Elemente** von A und werden mit Kleinbuchstaben bezeichnet.
- Schreibweise:
  $a \in A$ heißt: a ist Element der Menge A,
  $a \notin A$ heißt: a ist nicht Element der Menge A
- Mengen werden üblicherweise angegeben durch das Auflisten der Elemente in einer **Mengenklammer**:
  $$A = \{a, b, c, d, \ldots\}$$
  bzw. durch eine Eigenschaft:
  $$A = \{a\colon\ a \text{ hat die Eigenschaft } E\}\,.$$

Learn a little ...do a little

Beispiel 1.1 **Mengen**

a Im Alltagsverständnis gibt es beim Gebrauch des Wortes »Menge« häufig eine Übereinstimmung mit der obigen mathematischen Definition. Wenn wir z. B. von einer Menschenmenge reden, dann steht dahinter die Vorstellung einer Ansammlung von (verschiedenen) Menschen. Manchmal wird das Wort »Menge« im Sinne von »viel« gebraucht, z. B. wenn wir sagen, dass jemand eine Menge Unsinn redet oder dass jemand eine Menge Alkohol getrunken hat. Dieser Gebrauch von »Menge« hat mit der mathematischen Definition nichts zu tun!

b A ist die Menge aller Steine, d. h.

$$A = \{a\colon\ a \text{ ist ein Stein}\}\,.$$

c B ist die Menge aller natürlichen Zahlen, die kleiner als sieben sind, d. h.

$$B = \{a\colon\ a \text{ ist eine natürliche Zahl und } a < 7\} = \{1, 2, 3, 4, 5, 6\}\,.$$

d Es gibt auch Mengen, bei denen die Anzahl der Elemente unendlich ist, z. B. ist die Menge aller positiven ganzen Zahlen

$$\mathbb{N} = \{1, 2, 3, 4, 5, 6, \ldots\}$$

eine **unendliche Menge**. Zur expliziten Definition der Menge $\mathbb{N}$ ►Definition auf Seite 22. ■

Wenn wir die beiden Mengen

$$A = \{2, 4, 6, 8, 10\}$$

und

$$B = \{2, 4, 8\}$$

betrachten, so erkennen wir, dass jedes Element von B auch in der Menge A enthalten ist. Andererseits gibt es in der Menge A Elemente, die nicht in B enthalten sind. Das führt zu folgenden Definitionen.

Definition

1 Eine Menge B heißt **Teilmenge** von A (»$B \subset A$«), wenn jedes Element von B auch Element von A ist. Insbesondere gilt auch

$$A \subset A\,.$$

2 Zwei Mengen A, B sind **gleich**, wenn sie dieselben Elemente haben.

Learn a little …do a little

Beispiel 1.2 Mengenrelationen

a Ist A die Menge aller Quadratzahlen

$$A = \left\{n^2 : n \in \mathbb{N}\right\} = \{1, 4, 9, 16, \cdots\}$$

und B die Menge aller vierten Potenzen

$$B = \left\{n^4 : n \in \mathbb{N}\right\} = \{1, 16, 81, 256, \cdots\}\,,$$

so gilt

$$B \subset A,$$

da jede vierte Potenz sich wegen $n^4 = n^2 \cdot n^2$ als Quadratzahl schreiben lässt. Andererseits ist z. B. 4 nicht die vierte Potenz einer natürlichen Zahl, d. h. A ist nicht Teilmenge von B und damit sind die beiden Mengen verschieden.

b Die Menge aller Quadrate ist eine Teilmenge der Menge aller Rechtecke.

c Seien $A = \{a, b, c, d\}$ und $B = \{d, c, b, a\}$ zwei Mengen, dann enthalten A und B genau die gleichen Elemente. Es gilt also

$$A = B.$$

■

Definiert man eine Menge durch eine Eigenschaft, so kann es vorkommen, dass es gar kein Element mit dieser Eigenschaft gibt. Zum Beispiel ist die Menge der auf dem Mars lebenden Menschen eine solche Menge, denn nach heutigem Wissensstand gibt es keinen Menschen, der auf dem Mars lebt. Für eine solche Menge definieren wir:

Definition

Die **leere Menge** enthält keine Elemente. Als Symbol für die leere Menge verwenden wir das Zeichen $\emptyset$, alternativ auch $\{\}$.

Learn a little

...do a little

Beispiel 1.3 **Leere Menge**

a Ein Beispiel für eine leere Menge ist die Lösungsmenge $\mathbb{L}$ der (unlösbaren) Gleichung $x + 4 = x$, wobei x eine beliebige reelle Zahl sein kann, also

$$\mathbb{L} = \{x \colon x + 4 = x\} = \emptyset .$$

b Die leere Menge ist Teilmenge jeder Menge, d. h. es gilt für eine beliebige Menge A:

$$\emptyset \subset A .$$

■

Mengenoperationen

Man kann Mengen miteinander kombinieren und erhält jeweils neue Mengen. Wir wollen hier die drei am häufigsten gebrauchten Verknüpfungen vorstellen und dazu eine graphische Veranschaulichung, die sogenannten **Venn-Diagramme** benutzen. In den Venn-Diagrammen werden die Mengen als Kreise, Ellipsen oder Rechtecke gezeichnet und die interessierenden Bereiche als gefüllte Flächen ausgewiesen.

Definition

Sind zwei Mengen A und B gegeben, so lässt sich aus den Elementen der beiden Mengen eine neue Menge in der Weise bilden, dass nur diejenigen Elemente, die *sowohl* in A *als auch* in B liegen, zusammengefasst werden. Diese Menge heißt **Durchschnitt von A und B** und wird durch $A \cap B$ gekennzeichnet. Der Durchschnitt wird formal durch

$$A \cap B = \{a \colon a \in A \quad \text{und} \quad a \in B\}$$

definiert. Das zugehörige Venn-Diagramm zeigt ►Abbildung 1.1.

Zwei Mengen, die kein Element gemeinsam haben, nennt man **disjunkt**. Für disjunkte Mengen gilt

$$A \cap B = \emptyset .$$

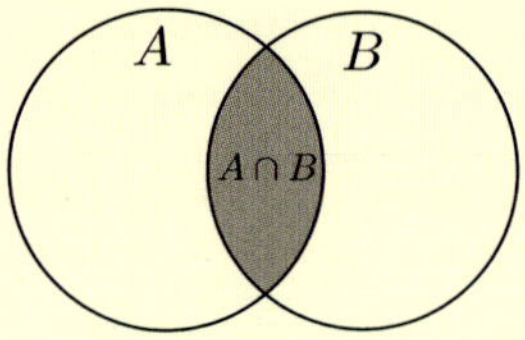

Abbildung 1.1 Durchschnitt von Mengen

Learn a little ...do a little

Beispiel 1.4 Durchschnitt von Mengen

a Seien $A = \{a, b, c, d, e, f\}$ und $B = \{b, d, f, h, j\}$ zwei Mengen, so gilt

$$A \cap B = \{b, d, f\}\,.$$

b Sind G die Menge der geraden natürlichen Zahlen und U die Menge der ungeraden natürlichen Zahlen, so gilt

$$G \cap U = \emptyset\,.$$

c Bezeichnet G_1 die Menge der Punkte einer Geraden in der Ebene und G_2 die Menge der Punkte einer zweiten Geraden und ist P der Schnittpunkt beider Geraden, so gilt

$$G_1 \cap G_2 = \{P\}\,.$$

Hier dürfen wir auf der rechten Seite die Mengenklammer nicht vergessen, da der Durchschnitt zweier Mengen wieder eine Menge ist!

d Ist A eine beliebige Menge, so gilt stets

$$A \cap A = A\,.$$

e Da die leere Menge keine Elemente enthält, gilt immer

$$A \cap \emptyset = \emptyset\,.$$

■

Definition

Fasst man sämtliche Elemente zweier Mengen A und B in einer neuen Menge zusammen, so nennt man diese Menge **Vereinigung von A und B**. Die Vereinigungsmenge wird durch $A \cup B$ symbolisiert und formal durch

$$A \cup B = \{a\colon a \in A \quad \text{oder} \quad a \in B\}$$

definiert. Das zugehörige Venn-Diagramm zeigt ►Abbildung 1.2.

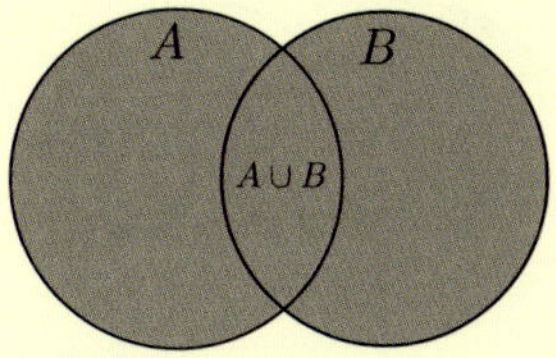

Abbildung 1.2 Vereinigung von Mengen

Die Mengen A und B sind beide Teilmengen der Vereinigungsmenge $A \cup B$, d. h. es gilt

$$A \subset A \cup B\,,$$
$$B \subset A \cup B\,.$$

Learn a little ...do a little

Beispiel 1.5 **Vereinigung zweier Mengen**

a Seien $A = \{a, b, c, d, e, f\}$ und $B = \{b, d, f, h, j\}$ zwei Mengen, so gilt

$$A \cup B = \{a, b, c, d, e, f, h, j\}\,.$$

b Sind G die Menge der geraden natürlichen Zahlen und U die Menge der ungeraden natürlichen Zahlen, so gilt

$$G \cup U = \mathbb{N}\,.$$

c Bezeichnet $-\mathbb{N}$ die Menge der **Gegenzahlen der natürlichen Zahlen**, d. h.

$$-\mathbb{N} = \{-1, -2, -3, -4, \cdots\}\,,$$

so können wir die Menge $\mathbb{Z}$ der ganzen Zahlen als Vereinigungsmenge von drei Mengen schreiben:

$$\mathbb{Z} = \mathbb{N} \cup \{0\} \cup -\mathbb{N}$$

d Ist A eine beliebige Menge, so gilt stets

$$A \cup A = A\,.$$

e Da die leere Menge keine Elemente enthält, gilt immer

$$A \cup \emptyset = A\,.$$

■

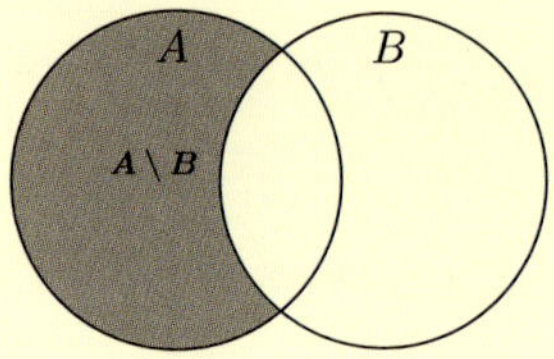

Abbildung 1.3 Differenz von Mengen

Definition

Nimmt man aus einer Menge A die Elemente weg, die auch in einer zweiten Menge B vorkommen, so bildet das Ergebnis eine neue Menge, die **Differenz von A und B** (»A **ohne** B«) genannt und durch das Zeichen $A \setminus B$ symbolisiert wird. Sie wird formal durch

$$A \setminus B = \{a\colon a \in A \text{ und } a \notin B\}$$

definiert. Das zugehörige Venn-Diagramm zeigt ►Abbildung 1.3.

Die Differenzmenge enthält also genau diejenigen Elemente, die in A aber nicht in B enthalten sind. Ähnlich wie bei der Differenzbildung von zwei Zahlen gilt im Allgemeinen:

$$A \setminus B \neq B \setminus A\,!$$

Sind die beiden Mengen A und B disjunkt, d. h.

$$A \cap B = \emptyset\,,$$

so gilt:

$$A \setminus B = A\,.$$

Learn a little ...do a little

Beispiel 1.6 Mengenoperationen

Differenz von zwei Mengen

a Seien $A = \{a, b, c, d, e, f\}$ und $B = \{b, d, f, h, j\}$ zwei Mengen, so gilt

$$A \setminus B = \{a, c, e\} \quad \text{und} \quad B \setminus A = \{h, j\}\,.$$

b Sind G die Menge der geraden natürlichen Zahlen und U die Menge der ungeraden natürlichen Zahlen, so gelten

$$G \setminus U = G, \quad \mathbb{N} \setminus G = U, \quad \mathbb{N} \setminus U = G, \quad G \setminus \mathbb{N} = \emptyset\,.$$

c Ist A eine beliebige Menge, so gilt stets

$$A \setminus A = \emptyset.$$

d Da die leere Menge keine Elemente enthält, gilt immer

$$A \setminus \emptyset = A \quad \text{aber} \quad \emptyset \setminus A = \emptyset\,.$$

Learn a little ...do a little

Mengenoperationen

Seien $A = \{1,2,3,5\}$ und $B = \{1,3,4,6,7\}$ zwei Mengen, so gilt:

a $A \cap B = \{1,3\}$

b $A \cup B = \{1,2,3,4,5,6,7\}$

c $A \setminus B = \{2,5\}$

d $B \setminus A = \{4,6,7\}\,.$ ■

Kartesisches Produkt von Mengen

Wir haben gezeigt, dass die Mengen $\{a,b\}$ und $\{b,a\}$ gleich sind, da es auf die Reihenfolge der Elemente nicht ankommt. Möchte man die Reihenfolge von zwei Elementen berücksichtigen, so schreibt man dafür (a,b) und nennt diesen Ausdruck **geordnetes Paar**. Das bedeutet, dass der Ausdruck (a,b) etwas anderes ist als (b,a), wenn a und b unterschiedlich sind. Zwei geordnete Paare (a,b) und (c,d) sind gleich, wenn $a = c$ **und** $b = d$ gelten. Hat man nun zwei Mengen A und B, so kann man aus diesen Mengen eine neue Menge konstruieren, die aus allen geordneten Paaren der beiden Mengen besteht.

Definition

> Die Menge $A \times B$ heißt **kartesisches Produkt oder Kreuzprodukt von A und B** und ist definiert durch
>
> $$A \times B = \{(a,b) \colon a \in A \quad \text{und} \quad b \in B\}\,.$$

Bildet man das kartesische Produkt einer Menge mit sich selbst, so schreibt man dafür häufig kurz

$$A \times A = A^2$$

und natürlich kann man auch geordnete Tripel, Quadrupel oder allgemeiner n-Tupel bilden, z. B. ist

$$A \times B \times C \times D = \{(a,b,c,d) \colon a \in A \quad \text{und} \quad b \in B \quad \text{und} \quad c \in C \quad \text{und} \quad d \in D\}\,.$$

Learn a little ...do a little

Beispiel 1.7 **Kartesisches Produkt**

a Sind $A = \{a,b,c\}$ und $B = \{d,e,f,g\}$ zwei Mengen, so ist

$$A \times B = \{(a,d),(a,e),(a,f),(a,g),(b,d),(b,e),(b,f),(b,g),(c,d),(c,e),(c,f),(c,g)\}$$

Das kartesische Produkt hat also $3 \cdot 4 = 12$ Elemente.

b Seien $A = \{1,2,3\}$, $B = \{1,3,4\}$, $C = \{4\}$ drei Mengen, so gilt

$$A \times B \times C = \{(1,1,4)\,,(1,3,4)\,,(1,4,4)\,,(2,1,4)\,,(2,3,4)\,,\\ (2,4,4)\,,(3,1,4)\,,(3,3,4)\,,(3,4,4)\}.$$

c Besonders wichtig sind die kartesischen Produkte der reellen Zahlen $\mathbb{R}$ mit sich selbst. Man kann jeden Punkt der Ebene durch ein geordnetes Paar von Koordinaten (x,y) darstellen, d. h. die Menge

$$\mathbb{R} \times \mathbb{R} = \mathbb{R}^2$$

beschreibt die **zweidimensionale Ebene**. Jeder Punkt im Raum lässt sich durch drei Koordinaten (x,y,z) kennzeichnen, d. h. die Menge

$$\mathbb{R} \times \mathbb{R} \times \mathbb{R} = \mathbb{R}^3$$

beschreibt den **dreidimensionalen Raum**. ■

Learn a little

...do a little

Beispiel 1.8 Teilmengen von $\mathbb{R}^2$

Teilmengen der Ebene $\mathbb{R}^2$ werden oft durch Ungleichungen beschrieben. So ist

$$\{(x,y) \in \mathbb{R}^2 : x^2 \le y \le x\} = \{(x,y) \in \mathbb{R}^2 : x^2 \le y \text{ und } y \le x\}$$

die Menge aller Punkte, die von der Parabel $y = x^2$ und der Geraden $y = x$ begrenzt wird und in ►Abbildung 1.4 als ausgefüllte Fläche gekennzeichnet ist. ■

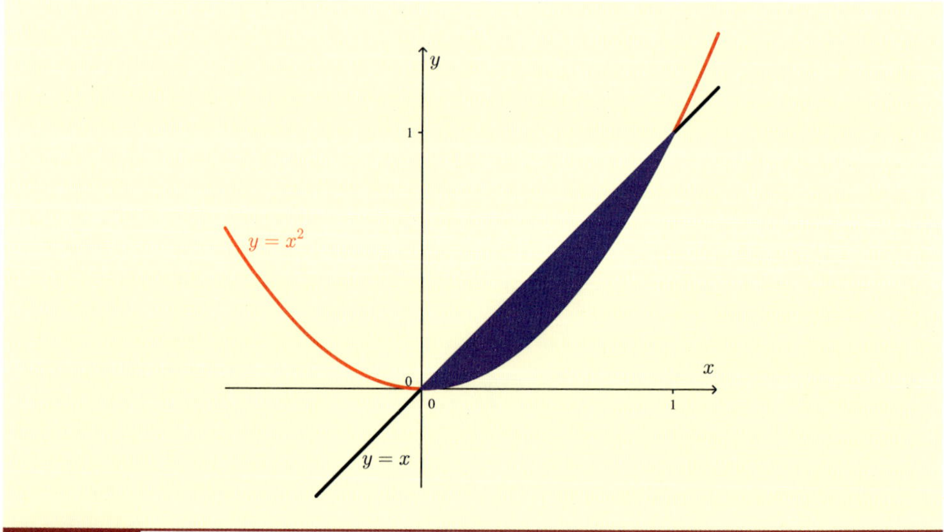

Abbildung 1.4 Ungleichung $x^2 \le y \le x$

Aufgaben zum Abschnitt 1.1

1. Stellen Sie die folgenden Mengen durch Aufzählen ihrer Elemente dar:

a. Menge aller Primzahlen kleiner gleich 31,

b. $\{x \in \mathbb{R} \colon 2x^2 - 8x = 0\}$,

c. $\{x \in \mathbb{R} \colon x^2 + 1 = 0\}$.

2. Seien

$$A = \{x \in \mathbb{R} \colon 0 \leq x \leq 2\} \quad \text{und} \quad B = \{x \in \mathbb{R} \colon 1 \leq x \leq 4\}$$

zwei Mengen. Bestimmen Sie:

a. $A \cup B$,

b. $A \cap B$,

c. $A \setminus B$,

d. $A \times B$.

3. Zeigen Sie für drei Mengen A, B, C mit $A \cap B \cap C \neq \emptyset$ die Beziehung

$$(A \cap B) \cup C = (A \cup C) \cap (B \cup C),$$

indem Sie die Venn-Diagramme für die rechte und die linke Seite der Gleichung erstellen und diese vergleichen.

4. Die **symmetrische Differenz** zweier Mengen A und B ist definiert als

$$(A \setminus B) \cup (B \setminus A).$$

Zeichnen Sie das dazugehörige Venn-Diagramm.

1.2 Zahlenbereiche und Rechenregeln

Wir wollen im Folgenden die wichtigsten Zahlenmengen etwas detaillierter untersuchen und neben den Definitionen und Eigenschaften auch Rechenoperationen innerhalb der jeweiligen Zahlenmenge vorstellen.

Natürliche Zahlen

Wir beginnen mit der Definition der natürlichen Zahlen.

Definition

Die **Menge der natürlichen Zahlen** $1, 2, 3, 4, \ldots$ schreiben wir als

$$\mathbb{N} = \{1, 2, 3, \ldots\},$$

d. h. in dieser Definition ist die Null nicht enthalten. Soll die Null ebenfalls Element der Menge sein, so benutzen wir dafür das Symbol

$$\mathbb{N}_0 = \{0, 1, 2, 3, \ldots\}.$$

Man kann zwei natürliche Zahlen miteinander addieren und multiplizieren, das Ergebnis ist wieder eine natürliche Zahl. Gilt das auch für die Subtraktion? $5 - 3 = 2$ geht, was aber ist mit $3 - 5$? Diese Operation hat offensichtlich kein Ergebnis innerhalb der natürlichen Zahlen, dafür benötigt man einen anderen (größeren) Zahlenbereich, zu dem wir anschließend kommen.

Rechenregeln der natürlichen Zahlen

Bei der Addition und Multiplikation von natürlichen Zahlen kann man die Reihenfolge vertauschen, d. h. es gilt:

$$a + b = b + a$$
$$a \cdot b = b \cdot a.$$

Diese Eigenschaft einer Verknüpfung nennt man **Kommutativität**.

Man kann bei mehr als zwei Elementen Klammern setzen, d. h.

$$(a + b) + c = a + (b + c)$$
$$(a \cdot b) \cdot c = a \cdot (b \cdot c).$$

Die Reihenfolge bei mehrfacher Addition und Multiplikation spielt also keine Rolle. Diese Eigenschaft einer Verknüpfung nennt man **Assoziativität**.

Und schließlich erfüllen die beiden Operationen das **Distributivgesetz**:

$$(a+b)\cdot c = a\cdot c + b\cdot c\,,$$

wobei auf der rechten Seite die Klammern weggelassen wurden.
Punktrechnung geht vor Strichrechnung!

Teilungseigenschaften natürlicher Zahlen

- Man kann zwei natürliche Zahlen auch durcheinander dividieren. Wenn das Ergebnis wieder eine natürliche Zahl ist, d. h.

  $$a : b = c$$

  und $c \in \mathbb{N}$, so nennt man b **Teiler von** a.
- Hat eine Zahl $a > 1$ nur die Teiler 1 und a selber, so ist a eine **Primzahl** (damit ist auch die Zahl 2 als einzige gerade Zahl eine Primzahl!).
- Jede natürliche Zahl lässt sich als Produkt von Primzahlen schreiben, was man auch **Primfaktorzerlegung** nennt.
- Für zwei Zahlen a, b definieren wir den **größten gemeinsamen Teiler** $ggT(a,b)$ als die größte natürliche Zahl, die beide Zahlen teilt.
- Ähnlich definiert man das **kleinste gemeinsame Vielfache** $kgV(a,b)$ als die kleinste natürliche Zahl, die ein Vielfaches beider Zahlen ist.

Learn a little ...do a little

Beispiel 1.9 **Teilungseigenschaften natürlicher Zahlen**

a **Primfaktorzerlegung:**

$$36 = 2\cdot 2\cdot 3\cdot 3. = 2^2\cdot 3^2\,.$$

b **Größter gemeinsamer Teiler:** Die beiden Zahlen 36 und 24 haben die Teiler

$$36 \to \{1,2,3,4,6,9,12,18,36\}$$
$$24 \to \{1,2,3,4,6,8,12,24\}\,,$$

woraus

$$ggT(24,36) = 12$$

Learn a little ...do a little

folgt. Man kann den ggT auch berechnen, indem man beide Zahlen in Primfaktoren zerlegt und diejenigen multipliziert, die in ***beiden*** Zerlegungen vorkommen, wobei bei mehrfachem Vorkommen eines Faktors immer der mit dem ***kleineren*** Exponenten genommen werden muss, z. B.

$$36 = 2\cdot 2\cdot 3\cdot 3 = 2^2\cdot 3^2$$
$$24 = 2\cdot 2\cdot 2\cdot 3 = 2^3\cdot 3$$
$$ggT(24,36) = 2^2\cdot 3 = 12\,.$$

c **Kleinstes gemeinsames Vielfache:** Für die Berechnung des kgV zerlegt man beide Zahlen in Primfaktoren und multipliziert diejenigen, die in ***mindestens einer*** der beiden Zerlegungen vorkommen, wobei bei mehrfachem Vorkommen eines Faktors immer der mit dem ***größeren*** Exponenten genommen werden muss, z. B.

$$\begin{aligned} 20 &= 2^2 \cdot 5^1 \\ 50 &= 2^1 \cdot 5^2 \\ kgV(20, 50) &= 2^2 \cdot 5^2 = 100\,. \end{aligned}$$

Ganze Zahlen

In den natürlichen Zahlen kann man ohne jede Einschränkung addieren und multiplizieren, subtrahieren und dividieren allerdings nur in speziellen Fällen, z. B. haben $3 - 5$ bzw. $3 : 5$ keine natürliche Zahlen als Ergebnis. Erweitert man die natürlichen Zahlen um die negativen Zahlen, so ist die Subtraktion zweier Zahlen ohne Einschränkung möglich.

Definition

Die Zahl -2, die das Ergebnis von $3 - 5$ ist, nennt man auch die **Gegenzahl** zu 2. Zu jeder natürlichen Zahl n bezeichnet $-n$ ihre Gegenzahl und die Menge der natürlichen Zahlen mit Null zusammen mit ihren Gegenzahlen bezeichnet man als die **Menge der ganzen Zahlen** und schreibt dafür

$$\mathbb{Z} = \{\cdots, -3, -2, -1, 0, 1, 2, 3, \cdots\}\,.$$

Rechenregeln für die ganzen Zahlen

Innerhalb der ganzen Zahlen kann man addieren, subtrahieren und multiplizieren und die Rechenregeln der natürlichen Zahlen für die Addition und Multiplikation übertragen sich 1:1 auf die ganzen Zahlen. Es gibt allerdings bei den ganzen Zahlen einige Besonderheiten.

1. **Die Subtraktion ist weder kommutativ noch assoziativ.** Das zeigen die beiden Beispiele

$$2 = 5 - 3 \neq 3 - 5 = -2$$

bzw.

$$3 = 5 - 2 = 5 - (3 - 1) \neq (5 - 3) - 1 = 1\,.$$

2. Die Gegenzahl einer Gegenzahl ist wieder die Zahl selbst, d. h. es gilt für jede ganze Zahl $z \in \mathbb{Z}$

$$-(-z) = z\,.$$

3. »Minus mal Minus gibt Plus«. Für das Produkt von ganzen Zahlen gilt folgende Rechenregel

$$(-a) \cdot b = a \cdot (-b) = -a \cdot b\,,$$

woraus sich insbesondere

$$(-1) \cdot a = -(1 \cdot a) = -a$$

und damit auch

$$(-a) \cdot (-b) = a \cdot b$$

ergeben.

Learn a little ...do a little

Beispiel 1.10 **Rechenaufgabe**

Berechnen Sie

$$(8 - 2 - 7)(2 - 1 - 6)(-2 + 3)\,.$$

Lösung

$$(8 - 2 - 7)(2 - 1 - 6)(-2 + 3) = (-1)\,(-5) \cdot 1 = 5\,.$$

An dieser Stelle einige Worte zur **Klammerrechnung**. Tauchen in einem Ausdruck Klammern auf, so sind die Rechenoperationen, die in Klammern eingeschlossen sind, zuerst auszuführen. Hat man die Rechnungen durchgeführt, so braucht man die Klammern nicht mehr, sie haben sich *aufgelöst*. Enthält der zu berechnende Ausdruck mehrere geschachtelte Klammern, so empfiehlt es sich meistens, die innerste zuerst aufzulösen.

Learn a little ...do a little

Beispiel 1.11 **Klammerrechnung**

Berechnen Sie

$$(((2 - 3) \cdot 4) - 2) \cdot (-2)\,.$$

Lösung

$$\begin{aligned}(((2 - 3) \cdot 4) - 2) \cdot (-2) &= (((-1) \cdot 4) - 2) \cdot (-2)\\ &= ((-4) - 2) \cdot (-2)\\ &= (-4 - 2) \cdot (-2)\\ &= (-6) \cdot (-2)\\ &= 12\,.\end{aligned}$$

Rationale Zahlen und Bruchrechnung

Wir beginnen mit der Definition der rationalen Zahlen.

Definition

Innerhalb der ganzen Zahlen ist das Subtrahieren ohne Einschränkungen möglich, nicht jedoch das Dividieren, z. B. ist das Ergebnis von 3 : 5 kein Element der ganzen Zahlen. Dafür benötigt man eine Erweiterung zur Menge $\mathbb{Q}$ der **rationalen Zahlen**

$$\mathbb{Q} = \left\{ \frac{p}{q} : p \in \mathbb{Z}, q \in \mathbb{N} \right\}.$$

Die Definition stellt sicher, dass die Elemente von $\mathbb{Q}$, die man auch **Brüche** nennt, wohldefiniert sind, da der Nenner q immer ungleich Null ist. Im Fall $q = 1$ erhält man alle ganzen Zahlen, die also eine *Teilmenge* von $\mathbb{Q}$ sind,

$$\mathbb{Z} \subset \mathbb{Q}.$$

Rechenregeln für rationale Zahlen

Bruchrechnung

1. **Erweitern von Brüchen**: Multipliziert man Zähler und Nenner eines Bruchs mit der gleichen, von Null verschiedenen Zahl a, so ändert sich sein Wert nicht

$$\frac{p}{q} = \frac{p \cdot a}{q \cdot a}, \quad a \neq 0.$$

Beispiel:

$$\begin{aligned} \frac{1}{2} &= \frac{1 \cdot 4}{2 \cdot 4} = \frac{4}{8} \\ -\frac{3}{4} &= -\frac{3 \cdot 3}{4 \cdot 3} = -\frac{9}{12}. \end{aligned}$$

2. **Kürzen von Brüchen**: Dividiert man Zähler und Nenner eines Bruchs durch die gleiche, von Null verschiedene Zahl a, so ändert sich sein Wert nicht

$$\frac{p \cdot a}{q \cdot a} = \frac{p}{q}, \quad a \neq 0.$$

Beispiel:

$$\begin{aligned} \frac{4}{2} &= \frac{2 \cdot 2}{2 \cdot 1} = \frac{2}{1} = 2 \\ \frac{36}{12} &= \frac{18 \cdot 2}{6 \cdot 2} = \frac{18}{6} = \frac{6 \cdot 3}{6 \cdot 1} = \frac{3}{1} = 3. \end{aligned}$$

3. Vollständiges Kürzen von Brüchen: Dividiert man Zähler und Nenner eines Bruchs durch den größten gemeinsamen Teiler von Zähler und Nenner, so ist der Bruch vollständig gekürzt. Ein Bruch ist vollständig gekürzt, wenn der größte gemeinsame Teiler von Zähler und Nenner gleich 1 ist.

Beispiel:

$$\frac{12}{36} = \frac{6}{18} = \frac{1}{3}$$
$$\frac{13}{91} = \frac{1}{7}$$
$$\frac{50}{125} = \frac{2}{5}\,.$$

4. Hauptnenner: Der Hauptnenner mehrerer Brüche ist das kleinste gemeinsame Vielfache seiner Nenner. Brüche können auf ihren gemeinsamen Hauptnenner erweitert werden.

Beispiel: Wir berechnen für die Nenner der Brüche

$$\frac{7}{12},\quad \frac{17}{9},\quad \frac{3}{5},\quad \frac{1}{15}$$

das kleinste gemeinsame Vielfache. Es gilt

$$12 = \mathbf{2^2} \cdot 3,\quad 9 = \mathbf{3^2},\quad 5 = \mathbf{5^1},\quad 15 = 3^1 \cdot 5^1\,,\qquad \text{also}$$
$$kgV = \mathbf{2^2} \cdot \mathbf{3^2} \cdot \mathbf{5^1} = 4 \cdot 9 \cdot 5 = 180\,,$$

der Hauptnenner ist gleich 180 und es gilt

$$\frac{7}{12} = \frac{7 \cdot 15}{12 \cdot 15} = \frac{105}{180}$$
$$\frac{17}{9} = \frac{17 \cdot 20}{9 \cdot 20} = \frac{340}{180}$$
$$\frac{3}{5} = \frac{3 \cdot 36}{5 \cdot 36} = \frac{108}{180}$$
$$\frac{1}{15} = \frac{1 \cdot 12}{15 \cdot 12} = \frac{12}{180}\,.$$

5. Addition und Subtraktion: Zwei Brüche werden addiert bzw. subtrahiert, indem sie zunächst auf einen gemeinsamen Nenner gebracht und anschließend die Zähler addiert bzw. subtrahiert werden.

Beispiel:

$$\frac{7}{9} + \frac{5}{12} = \frac{28}{36} + \frac{15}{36} = \frac{43}{36}$$
$$\frac{5}{9} - \frac{7}{12} = \frac{20}{36} - \frac{21}{36} = -\frac{1}{36}\,.$$

6. **Multiplikation**: Zwei Brüche werden multipliziert, indem das Produkt der Zähler durch das Produkt der Nenner dividiert wird:

$$\frac{a}{b} \cdot \frac{c}{d} = \frac{a \cdot c}{b \cdot d}.$$

Beispiel:

$$\frac{2}{15} \cdot \frac{3}{4} = \frac{2 \cdot 3}{15 \cdot 4} = \frac{6}{60} = \frac{1}{10}.$$

7. **Division**: Zwei Brüche werden dividiert, indem mit dem Kehrwert des Divisors multipliziert wird:

$$\frac{a}{b} : \frac{c}{d} = \frac{a}{b} \cdot \frac{d}{c} = \frac{a \cdot d}{b \cdot c}.$$

Beispiel:

$$\frac{2}{15} : \frac{3}{4} = \frac{2}{15} \cdot \frac{4}{3} = \frac{2 \cdot 4}{15 \cdot 3} = \frac{8}{45}.$$

8. **Doppelbruch**: Ein Doppelbruch wird berechnet, indem der Zähler durch den Nenner dividiert wird:

$$\frac{\frac{a}{b}}{\frac{c}{d}} = \frac{a}{b} : \frac{c}{d} = \frac{a \cdot d}{b \cdot c}.$$

Beispiel:

$$\frac{\frac{3}{5}}{\frac{7}{11}} = \frac{3}{5} : \frac{7}{11} = \frac{3}{5} \cdot \frac{11}{7} = \frac{3 \cdot 11}{5 \cdot 7} = \frac{33}{35}.$$

Learn a little

...do a little

Beispiel 1.12 **Bruchrechnung**

Berechnen Sie die Summe, das Produkt und den Quotienten von

$$\frac{a^2}{2b} \quad \text{und} \quad \frac{3b}{a^3}.$$

Lösung

a Die Summe:

Der Hauptnenner der beiden Brüche ist $2ba^3$. Damit folgt

$$\frac{a^2}{2b} + \frac{3b}{a^3} = \frac{a^2 \cdot a^3}{2ba^3} + \frac{3b \cdot 2b}{2ba^3} = \frac{a^5 + 6b^2}{2ba^3}.$$

Achtung: Denken Sie daran, dass man den Bruch

$$\frac{a^5 + 6b^2}{2ba^3}$$

nicht weiter kürzen kann (»*Aus Summen kürzen nur die Dummen*«)!

b Das Produkt:

$$\frac{a^2}{2b} \cdot \frac{3b}{a^3} = \frac{a^2 \cdot 3b}{2ba^3} = \frac{3}{2a}.$$

c Der Quotient:

$$\frac{a^2}{2b} : \frac{3b}{a^3} = \frac{a^2}{2b} \cdot \frac{a^3}{3b} = \frac{a^5}{6b^2}\,.$$

Reelle Zahlen

Innerhalb der rationalen Zahlen können die vier Grundrechenarten Addition, Subtraktion, Multiplikation und Division ohne Einschränkungen ausgeführt werden. Trotzdem müssen die rationalen Zahlen erweitert werden, da es z. B. keine rationale Lösung der Gleichung

$$x^2 = 2$$

gibt. Die Erweiterung nennt man **Menge der reellen Zahlen**.

Definition

Die **reellen Zahlen** sind definiert als die Menge aller **Dezimalzahlen**. Die Dezimalzahlen unterteilt man in

1. **abbrechend**,
2. **nichtabbrechend, periodisch** und
3. **nichtabbrechend, nichtperiodisch**.

Dezimalzahlen haben allgemein die Form

$$m, a_1 a_2 a_3 a_4 \cdots\,,$$

wobei m eine ganze Zahl ist und

$$a_1, a_2, a_3, a_4, \cdots$$

Ziffern aus dem Bereich

$$0, 1, 2, 3, 4, 5, 6, 7, 8, 9$$

sind.

1. Sind von einer Ziffer a_n an alle folgenden Ziffern Null:

$$a_{n+1} = a_{n+2} = \cdots = 0\,,$$

so bricht man die Ziffernreihenfolge bei a_n ab (z. B. $6{,}36 = 6{,}360000\cdots$) und nennt diese Dezimalzahlen **abbrechend**. Hierbei gilt z. B.

$$6{,}36 = 6 + \frac{3}{10} + \frac{6}{100}$$

und allgemein

$$m, a_1 a_2 a_3 a_4 \cdots a_n = m + \frac{a_1}{10} + \frac{a_2}{10^2} + \cdots + \frac{a_n}{10^n}\,.$$

2. Ein weitere Typ ist z. B. durch

$$a = 3{,}52761616161\cdots$$

gegeben, wobei die beiden Ziffern 61 sich fortlaufend wiederholen. Man schreibt kurz

$$a = 3{,}527\overline{61}\,.$$

Allgemein haben **nichtabbrechende periodische Dezimalzahlen** die Form

$$\pm m, a_1 a_2 \cdots a_n \overline{b_1 b_2 \cdots b_k}\,,$$

wobei die Ziffern $b_1 b_2 \cdots b_k$ die **Periode** der Zahl und die Zahl k die **Periodenlänge** genannt werden.

3. Man kann sich Dezimalzahlen denken, die nicht abbrechen und auch keine Periode haben. Die Zahl

$$\sqrt{2} = 1{,}414213562\cdots$$

ist von diesem Typ. Solche Zahlen heißen **irrationale Zahlen** (»nicht rationale Zahlen«).

Learn a little ...do a little

Beispiel 1.13 **Abbrechende oder periodische Dezimalzahlen**

Wir zeigen anhand einiger Beispiele, dass sich jede rationale Zahl als abbrechende oder periodische Dezimalzahl schreiben lässt.

a

$$\frac{3}{250} = \frac{12}{1000} = 0{,}012\,.$$

b

$$0{,}345 = \frac{3}{10} + \frac{4}{100} + \frac{5}{1000} = \frac{300 + 40 + 5}{1000} = \frac{345}{1000} = \frac{69}{200}\,.$$

c

$$\frac{10}{7} = 1{,}428571428571428571\cdots = 1{,}\overline{428571}\,,$$

denn

$$
\begin{array}{l}
10 : 7 = 1{,}428571\cdots \\
\underline{-\ \ 7\downarrow} \\
\ \ 30 \\
\underline{\ -28\downarrow} \\
\quad\ 20 \\
\underline{\quad -14\downarrow} \\
\qquad 60 \\
\underline{\qquad -56\downarrow} \\
\qquad\ \ 40 \\
\underline{\qquad\ \ -35\downarrow} \\
\qquad\quad\ 50 \\
\underline{\qquad\quad -49\downarrow} \\
\qquad\qquad 10 \\
\underline{\qquad\quad\ \ -\ \ 7\downarrow} \\
\qquad\qquad\ \ 30.
\end{array}
$$

d Ist umgekehrt ein periodischer Bruch gegeben

$$a = 3{,}527\overline{61}\,,$$

so bildet man

$$10^2 a = 352{,}7616161\cdots$$

die Hochzahl 2 in 10^2 ist gleich der Periodenlänge!

und subtrahiert

$$
\begin{array}{rcl}
100a & = & 352{,}761 + 0{,}0006161\cdots \\
-\ \ a & = & 3{,}527 \ + 0{,}0006161\cdots \\
\hline
99a & = & 349{,}234
\end{array}
$$

also

$$99a = 349{,}234\,,$$

woraus

$$a = \frac{349{,}234}{99} = \frac{349234}{99000} = \frac{174617}{49500}$$

folgt. ■

Die Menge der reellen Zahlen ist die Vereinigungsmenge der rationalen mit den irrationalen Zahlen.

Die rationalen Zahlen $\mathbb{Q}$ bestehen aus den abbrechenden und den periodischen Dezimalzahlen, die **Menge der irrationalen Zahlen** $\mathbb{I}$ aus den nichtabbrechenden nichtperiodischen Dezimalzahlen. Es gilt also

$$\mathbb{R} = \mathbb{Q} \cup \mathbb{I},$$

und damit enthält die Menge der reellen Zahlen auch alle bisher behandelten Zahlenmengen.

Eigenschaften der reellen Zahlen

Definition

Man kann sich die reellen Zahlen als Punkte einer Geraden veranschaulichen, der sogenannten **Zahlengeraden** ►Abbildung 1.5.

Jede reelle Zahl wird auf einen Punkt der Zahlengerade abgebildet und umgekehrt gehört zu jedem Punkt der Zahlengerade genau eine reelle Zahl.

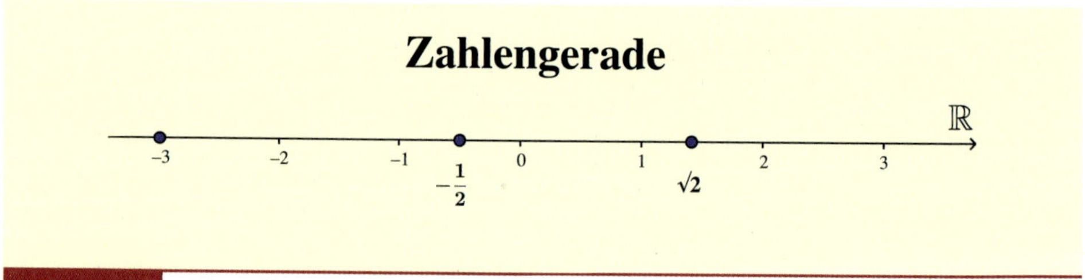

Abbildung 1.5 Die reelle Zahlengerade

Rechenregeln für die reellen Zahlen

Alle Rechenregeln, die wir bisher für die natürlichen, ganzen und rationalen Zahlen behandelt haben, gelten unverändert auch für die reellen Zahlen. Rechenbeispiele für die reellen Zahlen folgen im nächsten Kapitel.

Intervalle

Oft genutzte Teilmengen der reellen Zahlen sind die **Intervalle**. Das sind zusammenhängende Zahlenmengen auf der Zahlengeraden. Man unterscheidet verschiedene Intervalltypen anhand der Frage, ob die Randpunkte der Bereiche dazugehören oder nicht:

- $[a, b] = \{x \in \mathbb{R} \colon a \le x \le b\}$ beschreibt ein **abgeschlossenes Intervall** von a bis b, beide Randpunkte a und b gehören zum Intervall.

- $(a, b) = \{x \in \mathbb{R}: a < x < b\}$ beschreibt ein **offenes Intervall**, keiner der beiden Randpunkte gehört zum Intervall.
- $[a, b) = \{x \in \mathbb{R}: a \leq x < b\}$ beschreibt ein **halboffenes Intervall**, der Randpunkt a gehört zum Intervall, der Randpunkt b nicht.
- $(a, b] = \{x \in \mathbb{R}: a < x \leq b\}$ beschreibt ein **halboffenes Intervall**, der Randpunkt b gehört zum Intervall, der Randpunkt a nicht.

Die Intervalle können auch unbeschränkt sein, z. B. ist

$$(-\infty, b] = \{x \in \mathbb{R} : x \leq b\}$$

oder

$$(-\infty, \infty) = \mathbb{R}\,,$$

wobei das Symbol ∞ für »unendlich« steht. Man schreibt abkürzend:

$$\mathbb{R}^+ = (0, \infty)\,, \qquad \mathbb{R}_0^+ = [0, \infty)$$
$$\mathbb{R}^- = (-\infty, 0)\,, \quad \mathbb{R}_0^- = (-\infty, 0]\,.$$

Absolutbetrag einer reellen Zahl

Definition

Der **Absolutbetrag** $|x|$ einer reellen Zahl x ist definiert durch

$$|x| = \begin{cases} x & \text{falls } x \geq 0 \\ -x & \text{falls } x < 0 \end{cases}$$

und stellt somit den Abstand von x zum Nullpunkt dar. Der Absolutbetrag ist immer positiv oder null.

Learn a little
...do a little

Beispiel 1.14 **Absolutbetrag**

a Es gilt

$$|3| = 3$$

und

$$|-3| = -(-3) = 3\,,$$

da 3 und -3 jeweils drei Einheiten vom Nullpunkt entfernt auf der Zahlengeraden liegen und *Entfernungen immer positiv* sind.

b

$$|0| = 0.$$

c

$$|3 - \pi| = -(3 - \pi) = \pi - 3\,.$$

Learn a little ...do a little

Beispiel 1.15 Absolutbetrag und Intervall

a Ein zum Nullpunkt symmetrisch liegendes offenes Intervall $(-a, a)$ kann man mit dem Betrag auch beschreiben als

$$(-a, a) = \{x \in \mathbb{R} \colon \ |x| < a\} .$$

b Für eine beliebige reelle Zahl c ist $|x - c|$ der Abstand von x zu c, d. h.

$$|x - c| < a, \ \ a > 0$$

beschreibt alle Zahlen x, die von c einen kleineren Abstand als a haben. Damit gilt

$$\{x \in \mathbb{R} \colon \ |x - c| < a\} = (c - a, c + a)$$

und

$$\{x \in \mathbb{R} \colon \ |x - c| \leq a\} = [c - a, c + a] .$$

Es soll nicht verschwiegen werden, dass es eine weitere Zahlenmenge gibt, die **komplexe Zahlenmenge** $\mathbb{C}$ genannt wird. Sie enthält die reellen Zahlen als Teilmenge. Die Behandlung der komplexen Zahlen ist den weiterführenden Mathematikvorlesungen vorbehalten. Hier bemerken wir nur, dass die komplexen Zahlen eine Möglichkeit bieten, z. B. die Gleichung

$$x^2 + 1 = 0$$

zu lösen, die ja innerhalb der reellen Zahlen keine Lösung hat.

Zusammenfassend gibt ▸ Tabelle 1.1 nochmals einen Überblick über die verschiedenen Zahlenmengen und Beispiele von Gleichungen, die in den entsprechenden Mengen nicht lösbar sind.

Mengen	Grundoperationen	nicht lösbar
$\mathbb{N}$ natürliche Zahlen	$+ \ \cdot$	$x + 1 = 0$
$\mathbb{Z}$ ganze Zahlen	$+ \ - \ \cdot$	$2x = 1$
$\mathbb{Q}$ rationale Zahlen	$+ \ - \ \cdot \ \backslash$	$x^2 = 2$
$\mathbb{R}$ reelle Zahlen	$+ \ - \ \cdot \ \backslash$	$x^2 + 1 = 0$
$\mathbb{C}$ komplexe Zahlen	$+ \ - \ \cdot \ \backslash$	

Tabelle 1.1 Zahlenmengen und Beispiele von Gleichungen, die in den entsprechenden Mengen nicht lösbar sind.

Aufgaben zum Abschnitt 1.2

1. Bestimmen Sie alle Teiler der Zahl 96 und stellen Sie die Zahl in ihrer Primfaktorzerlegung dar.

2. Ermitteln Sie den größten gemeinsamen Teiler sowie das kleinste gemeinsame Vielfache von 64 und 48.

3. Berechnen Sie den Ausdruck $((9-3-8)-(3-1-7))\,(-2+1)$.

4. Berechnen Sie folgende Brüche und kürzen Sie die Endergebnisse:

$$\frac{52}{76}+\frac{19}{13},\quad \frac{52}{76}-\frac{19}{13},\quad \frac{52}{76}\cdot\frac{19}{13},\quad \frac{52}{76}:\frac{19}{13}.$$

5. 15 Arbeiter benötigen für eine Arbeit 9 Stunden. Wieviele Stunden benötigen 6 Arbeiter?

6. Schreiben Sie folgende Brüche als Dezimalzahlen:

$$\frac{7}{16},\quad \frac{1}{35},\quad \frac{1371742}{11111111}.$$

7. Stellen Sie die periodische Dezimalzahl $0,\overline{142857}$ als gekürzten Bruch dar.

8. Welches Intervall entspricht der Zahlenmenge $\{x \in \mathbb{R}\colon\ |x-5| < 2\}$?

Zusammenfassung

Elementare Mengenlehre

- Ist a ein **Element der Menge** A, so schreibt man dafür $a \in A$, gilt dies nicht, so schreibt man $a \notin A$.
- Die **leere Menge** $\emptyset$ enthält keine Elemente.
- Durch die Operationen Durchschnitt $\cap$, Vereinigung $\cup$ sowie Differenz $\setminus$ kann man Mengen miteinander verknüpfen.
- Das **kartesische Produkt** $A \times B$ zweier Mengen A und B ist die Menge der geordneten Paare (a, b), wobei $a \in A$ und $b \in B$ zu wählen sind.

Zahlenmengen

- Die **natürlichen Zahlen**

  $$\mathbb{N} = \{1, 2, 3, \cdots\}$$

  bilden das Fundament unseres Zahlensystems. Natürliche Zahlen kann man addieren und multiplizieren. Als Ergebnis erhält man wieder eine natürliche Zahl.
- Die Addition und Multiplikation von natürlichen Zahlen sind kommutativ, assoziativ und distributiv.
- **Primzahlen** sind natürliche Zahlen größer als 1, deren Teiler nur die Zahl selbst und die Zahl 1 sind. Man kann jede natürliche Zahl als Produkt ihrer Primfaktoren ausdrücken.
- Der größte gemeinsame Teiler zweier natürlicher Zahlen ist die größte natürliche Zahl, die beide Zahlen teilt. Das kleinste gemeinsame Vielfache zweier natürlicher Zahlen ist die kleinste natürliche Zahl, die beide Zahlen als Teiler hat.
- Die **ganzen Zahlen**

  $$\mathbb{Z} = \{\cdots, -3, -2, -1, 0, 1, 2, 3, \cdots\}$$

  enthalten neben den natürlichen Zahlen die Null und alle Gegenzahlen der natürlichen Zahlen. Ganze Zahlen kann man addieren, subtrahieren und multiplizieren. Als Ergebnis erhält man wieder eine ganze Zahl.

- Die **rationalen Zahlen**

$$\mathbb{Q} = \left\{ \frac{p}{q} : p \in \mathbb{Z}, q \in \mathbb{N} \right\}$$

enthalten alle Brüche und damit auch die ganzen Zahlen. Rationale Zahlen kann man addieren, subtrahieren, multiplizieren und dividieren. Als Ergebnis erhält man wieder eine rationale Zahl.

- Einen Bruch kann man erweitern und kürzen, ohne seinen Wert zu verändern. Mehrere Brüche lassen sich auf den Hauptnenner bringen und dann addieren und subtrahieren.

- Die **reellen Zahlen** $\mathbb{R}$ bestehen aus allen rationalen und allen irrationalen Zahlen. Die irrationalen Zahlen sind die nichtabbrechenden nichtperiodischen Dezimalzahlen.

- Reelle Zahlen kann man addieren, subtrahieren, multiplizieren, dividieren und potenzieren. Als Ergebnis erhält man wieder eine reelle Zahl.

- Reelle Zahlen kann man auf der Zahlengerade abbilden. Der Betrag einer reellen Zahl $|x|$ ist der Abstand der reellen Zahl vom Nullpunkt der Zahlengerade.

- **Intervalle** sind Teilmengen der reellen Zahlen. Liegen sie symmetrisch um Null, so kann man sie durch den Ausdruck $|x| < a$ bzw. $|x| \leq a$ beschreiben.

Lernziele

In diesem Kapitel lernen Sie

- wie man potenziert und logarithmiert,
- dass die Eulersche Zahl e und der natürliche Logarithmus in vielen technischen und naturwissenschaftlichen Zusammenhängen vorkommen,
- was Terme sind und wie man sie umformt,
- wie man Summen und Produkte abkürzend darstellen kann,
- die arithmetische und geometrische Summenformel kennen,
- was die Fakultätsfunktion ist,
- wie die Binomialkoeffizienten mit dem Pascal'schen Dreieck zusammenhängen,
- was ein zufälliges Ereignis ist,
- wie man absolute und relative Häufigkeiten von Ereignissen berechnet,
- was man unter Laplace-Wahrscheinlichkeit versteht,
- wie man Permutationen, Variationen und Kombinationen berechnet.

Rechentechniken

2

ÜBERBLICK

Übersicht

Die Beherrschung der elementaren Rechentechniken ist eine unabdingbare Voraussetzung für die Herleitung korrekter mathematischer Ergebnisse. In diesem Kapitel werden Inhalte wiederholt, die in der Schule überwiegend in der Mittelstufe behandelt werden. Besprochen, hergeleitet und eingeübt werden zunächst die wichtigsten Potenz- und Logarithmusgesetze. Da das korrekte Umformen von Termen z.B. beim Lösen von Gleichungen eine Schlüsselfähigkeit ist, werden danach Terme behandelt und die Bruchrechnung auf beliebige Zahlenbereiche bzw. Variablen erweitert.

Wir zeigen anschließend, wie sich Summen und Produkte bequem durch abkürzende Schreibweisen darstellen lassen und wie dadurch Berechnungen einfacher und Formeln übersichtlicher werden. Danach leiten wir mithilfe des Pascal'schen Dreiecks die Binomialkoeffizienten und die allgemeinen binomischen Formeln her. Am Schluss des Kapitels gehen wir über die Mittelstufe hinaus und beschäftigen uns mit klassischer Wahrscheinlichkeitsrechnung und Kombinatorik.

2.1 Potenzen und Logarithmen

Wir beginnen mit der Definition einer Potenz.

Definition

Ist a eine beliebige reelle Zahl und n eine natürliche Zahl, so ist die **n-te Potenz a^n von a** definiert als das n-fache Produkt von a mit sich selbst:

$$a^n = \underbrace{a \cdot a \cdots a}_{n-\text{mal}} .$$

Man nennt a die **Basis** und die Hochzahl n den **Exponenten** von a^n.

- Beispielsweise ist

$$2^6 = 2 \cdot 2 \cdot 2 \cdot 2 \cdot 2 \cdot 2 = 64 .$$

Für die Potenzen von Brüchen $\left(\frac{a}{b}\right)^n$ gilt die Regel

$$\left(\frac{a}{b}\right)^n = \frac{a^n}{b^n} ,$$

also z. B.

$$\left(\frac{5}{2}\right)^3 = \frac{5}{2} \cdot \frac{5}{2} \cdot \frac{5}{2} = \frac{125}{8} = \frac{5^3}{2^3} .$$

- Wir legen für $n = 0$ und $a = 0$

$$a^0 = 1$$

fest.

- Für **negative ganze Zahlen** $-n$ definieren wir

$$a^{-n} = \frac{1}{a^n}, \quad a \neq 0 ,$$

d. h. a muss ungleich Null sein, da sonst der Bruch nicht definiert wäre.

Learn a little
...do a little

Beispiel 2.1 **Potenzen mit ganzen Exponenten**

a Es gilt

$$2 \cdot 2 \cdot 2 \cdot 2 = 2^4 = 16$$
$$2^1 = 2$$
$$2^{-2} = \frac{1}{2^2} = \frac{1}{4} .$$

b Ist die Basis negativ, so ist die Potenz eine positive Zahl, wenn der Exponent gerade ist, und eine negative Zahl, wenn der Exponent ungerade ist:

$$(-2)^4 = (-2)\,(-2)\,(-2)\,(-2) = 16$$
$$(-2)^5 = (-2)\,(-2)\,(-2)\,(-2)\,(-2) = -32 .$$

■

Für das Rechnen mit Potenzen gelten folgende Regeln.

Potenzgesetze

Seien a, b reelle Zahlen und n, m natürliche Zahlen.

1. Für die **Addition und Subtraktion von Potenzen** gibt es **keine allgemeinen Gesetzmäßigkeiten**. Sind konkrete Zahlenwerte gegeben, so sind zuerst die Potenzen zu berechnen, danach wird die Addition oder Subtraktion durchgeführt, z. B. :

$$3^2 + 4^3 = 9 + 64 = 73\,.$$

2. **Potenzen mit gleichen Basen werden multipliziert**, indem man die Basis mit der Summe der Exponenten potenziert:

$$a^m \cdot a^n = \underbrace{a \cdot a \cdots a}_{m-mal} \cdot \underbrace{a \cdot a \cdots a}_{n-mal} = \underbrace{a \cdot a \cdots a}_{m+n-mal} = a^{m+n}\,.$$

3. **Eine Potenz wird potenziert**, indem man die Basis mit dem Produkt der Exponenten potenziert:

$$(a^m)^n = \underbrace{a^m \cdot a^m \cdots a^m}_{n-mal} = \underbrace{a \cdot a \cdots a}_{m \cdot n-mal} = a^{m \cdot n}\,.$$

4. **Potenzen mit gleichen Exponenten werden multipliziert**, indem man das Produkt der Basen mit dem gemeinsamen Exponenten potenziert:

$$(a \cdot b)^m = \underbrace{(a \cdot b) \cdot (a \cdot b) \cdots (a \cdot b)}_{m-mal} = \underbrace{a \cdot a \cdots a}_{m-mal} \cdot \underbrace{b \cdot b \cdots b}_{m-mal} = a^m \cdot b^m\,.$$

5. **Potenzen mit gleicher Basis werden dividiert**, indem man die Basis mit der Differenz der Exponenten potenziert:

$$\frac{a^m}{a^n} = a^m \cdot a^{-n} = a^{m-n}, \quad a \neq 0\,.$$

6. **Potenzen mit gleichen Exponenten werden dividiert**, indem man den Quotienten der Basen mit dem gemeinsamen Exponenten potenziert:

$$\frac{a^m}{b^m} = \left(\frac{a}{b}\right)^m = a^m \cdot b^{-m}, \quad b \neq 0\,.$$

Wir wollen dazu einige Beispiele rechnen.

Learn a little

...do a little

Beispiel 2.2 Anwendung der Potenzgesetze

Die kleinen Nummern unter manchen Gleichheitszeichen weisen auf die entsprechenden Potenzgesetze hin.

a $a^4 + a^3 - a^2 = a^2\left(a^2 + a - 1\right).$

b $3^6 \cdot 3^{-7} \cdot 3^4 \underset{2.}{=} 3^{6-7+4} = 3^3 = 27.$

c $x^2 y \cdot x y^4 = x^3 y^5.$

d
$$\begin{aligned}\left(x^{-3} \cdot y^2 \cdot 5^{-2}\right)^{-3} &= \frac{1}{\left(x^{-3} \cdot y^2 \cdot 5^{-2}\right)^3}\\ &\underset{3.,4.}{=} \frac{1}{x^{-3\cdot 3} \cdot y^{2\cdot 3} \cdot 5^{-2\cdot 3}}\\ &= \frac{1}{x^{-9} \cdot y^6 \cdot 5^{-6}}\\ &\underset{5.}{=} \frac{x^9 \cdot 5^6}{y^6}.\end{aligned}$$

e $\dfrac{\left(3^2\right)^{-4}}{3^5 \cdot 3^{-2}} = \dfrac{3^{-8}}{3^3} = \dfrac{1}{3^8 \cdot 3^3} = \dfrac{1}{3^{11}}.$

f $\dfrac{a^{n+1}}{a^{n+2}} \underset{5.}{=} a^{n+1-(n+2)} = a^{n+1-n-2} = a^{-1} = \dfrac{1}{a}.$ ■

Bislang waren die Exponenten ganze Zahlen. Kann man auch rationale Zahlen als Exponenten nehmen? Was bedeutet dann z. B. $a^{1/3}$? Bei der folgenden Definition sollen die obigen Regeln erhalten bleiben. Es soll also z. B.

$$\left(a^{\frac{1}{3}}\right)^3 = a^{\frac{1}{3}\cdot 3} = a^1 = a$$

gelten. Multipliziert man $a^{1/3}$ dreimal mit sich selbst, so kommt a heraus. Damit ist $a^{1/3}$ die dritte Wurzel aus a. Da nur positive Zahlen beliebige natürliche Wurzeln besitzen, definieren wir wie folgt.

Definition

Bei **Potenzen mit rationalen Exponenten** soll für $a \geq 0$ und $n \in \mathbb{N}$ gelten:

$$a^{\frac{1}{n}} = \sqrt[n]{a}.$$

Aus der Definition und den Potenzgesetzen folgen für eine beliebige rationale Zahl $\frac{m}{n}$ die beiden Regeln

$$a^{\frac{m}{n}} = a^{m\cdot\frac{1}{n}} = \left(a^m\right)^{\frac{1}{n}} = \sqrt[n]{a^m}$$

und

$$a^{\frac{m}{n}} = a^{\frac{1}{n}\cdot m} = \left(a^{\frac{1}{n}}\right)^m = \left(\sqrt[n]{a}\right)^m.$$

Learn a little ...do a little

Beispiel 2.3 **Potenzen mit rationalen Exponenten**

a Man verwandle in gebrochene Exponenten:

$$\sqrt[5]{a^3} = a^{\frac{3}{5}}, \quad \left(\sqrt[5]{a}\right)^3 = a^{\frac{3}{5}}, \quad \frac{1}{\sqrt{a}} = a^{-\frac{1}{2}}, \quad \sqrt{(1+a^3)^5} = \left(1+a^3\right)^{\frac{5}{2}} .$$

b Man verwandle in Wurzelausdrücke:

$$\left(\frac{2}{5}\right)^{\frac{2}{3}} = \sqrt[3]{\left(\frac{2}{5}\right)^2} = \sqrt[3]{\frac{4}{25}}, \quad a^{-\frac{1}{3}} = \frac{1}{\sqrt[3]{a}}, \quad a^{5,7} = a^{5+0,7} = a^{5+\frac{7}{10}} = a^5 \cdot a^{\frac{7}{10}} = a^5 \sqrt[10]{a^7} .$$

c Der Ausdruck $8^{\frac{2}{3}}$ lässt sich auf zwei verschiedene Arten berechnen. Einmal durch

$$8^{\frac{2}{3}} = \sqrt[3]{8^2} = \sqrt[3]{64} = 4$$

sowie zweitens durch

$$8^{\frac{2}{3}} = \left(\sqrt[3]{8}\right)^2 = 2^2 = 4 .$$

■

Logarithmusrechnung

Die Logarithmusrechnung ist eine Umkehrung der Potenzrechnung.

Definition

Gegeben ist die Gleichung

$$a = b^x ,$$

wobei a und b reelle Zahlen mit $a, b > 0$ sind. Gesucht ist der Exponent x. Man nennt

$$x = \log_b a$$

den **Logarithmus von a zur Basis b**. Der Logarithmus ist also diejenige **Hochzahl**, mit der ich b potenzieren muss, um den **Numerus a** zu erhalten.

Learn a little ...do a little

Beispiel 2.4 **Logarithmen zu verschiedenen Basen**

a $\log_2 8 = 3$, denn $2^3 = 8$.

b $\log_3 81 = 4$, denn $3^4 = 81$.

c $\log_{10} 0,01 = -2$, denn $10^{-2} = \frac{1}{100} = 0,01$.

■

Alle Rechenregeln für den Logarithmus kann man auf die Rechenregeln von Potenzen zurückführen.

Spezielle Werte und Rechenregeln für Logarithmen

Seien $u, v > 0$ reelle Zahlen und $q \in \mathbb{Q}$. Dann gilt:

1. Ist der Numerus gleich 1, so gilt für alle Basen b

$$\log_b(1) = 0, \ \textit{denn}\ b^0 = 1\,.$$

2. Ist der Numerus gleich der Basis b, so folgt

$$\log_b(b) = 1, \ \textit{denn}\ b^1 = b\,.$$

3. Ist der Numerus der Kehrwert der Basis, so gilt

$$\log_b\left(\frac{1}{b}\right) = -1, \ \textit{denn}\ b^{-1} = \frac{1}{b}\,.$$

4. Aus der Definition des Logarithmus folgen

$$\log_b\left(b^u\right) = u, \ \textit{denn}\ b^u = b^u$$

sowie

$$b^{\log_b(u)} = u\,.$$

5. **Der Logarithmus eines Produktes ist gleich der Summe der Logarithmen:**

$$\log_b(u \cdot v) = \log_b u + \log_b v\,,$$

denn

$$b^{\log_b u + \log_b v} = b^{\log_b u} \cdot b^{\log_b v} = u \cdot v\,.$$

6. **Der Logarithmus eines Quotienten ist gleich der Differenz der Logarithmen:**

$$\log_b\left(\frac{u}{v}\right) = \log_b u - \log_b v\,,$$

denn

$$b^{\log_b u - \log_b v} = \frac{b^{\log_b u}}{b^{\log_b v}} = \frac{u}{v}\,.$$

7. **Der Logarithmus einer Potenz ist gleich dem Logarithmus der Basis multipliziert mit dem Exponenten:**

$$\log_b\left(u^q\right) = q \cdot \log_b u\,,$$

denn

$$b^{q \cdot \log_b u} = \left(b^{\log_b u}\right)^q = u^q\,.$$

Learn a little

...do a little

Beispiel 2.5 **Anwendung der Logarithmusgesetze**

a $\log_2 512 = \log_2(32 \cdot 16) = \log_2 32 + \log_2 16 = 5 + 4 = 9\,.$

b $\log_{10} 3 + \log_{10} 4 + \log_{10} 5 = \log_{10}(3 \cdot 4 \cdot 5) = \log_{10}(60)\,.$

c $\log_3\left(\frac{3}{4}\right) = \log_3 3 - \log_3 4 = 1 - \log_3 4\,.$

d Für einen Stammbruch gilt stets:

$$\log_b\left(\frac{1}{a}\right) = \log_b 1 - \log_b a = 0 - \log_b a = -\log_b a\,.$$

e $\log_b 5 + \log_b\left(\frac{1}{5}\right) = \log_b 5 - \log_b 5 = 0\,.$

f $\log_2\left(3^5 \cdot 4^3\right) = \log_2\left(3^5\right) + \log_2\left(4^3\right) = 5\log_2 3 + 3\log_2 4 = 5\log_2 3 + 3 \cdot 2 = 5\log_2 3 + 6\,.$

g $\log_{10}\left(\frac{3}{4}\right)^5 = 5\log_{10}\left(\frac{3}{4}\right) = 5\left(\log_{10} 3 - \log_{10} 4\right)\,.$

Definition

Spezielle Logarithmen sind der

- **dekadische Logarithmus** zur Basis 10

$$\lg a = \log_{10} a$$

(wobei auf den gängigen Taschenrechnern die Taste »log« für den dekadischen Logarithmus benutzt wird),

- **duale Logarithmus** zur Basis 2

$$\operatorname{ld} a = \log_2 a$$

- sowie der **natürliche Logarithmus** zur Basis $e = 2,71828...$ (**Eulersche Zahl**)

$$\ln a = \log_e a\,.$$

Die Eulersche Zahl e wird in den nachfolgenden Kapiteln noch ausführlicher besprochen. In der Technik und den Naturwissenschaften spielt der natürliche Logarithmus die Hauptrolle. Beinahe jede Berechnung, in der man den Logarithmus braucht, basiert auf dem natürlichen Logarithmus. Das ist auch nicht weiter »schlimm«, denn jeder andere Logarithmus ergibt sich aus dem natürlichen Logarithmus durch Multiplikation mit einer Konstanten, genauer gilt:

$$\log_b a = \frac{\ln a}{\ln b}\,.$$

Um das zu zeigen gehen wir aus von der Identität

$$a = b^{\log_b a}$$

und logarithmieren diese Gleichung

$$\ln a = \ln b^{\log_b a} .$$

Nun wenden wir Regel 7 für Logarithmen an und erhalten

$$\ln a = (\log_b a) \ln b .$$

Umstellung nach $\log_b a$ ergibt schließlich

$$\log_b a = \frac{\ln a}{\ln b} .$$

Zur Einübung rechnen wir einige weitere Beispiele.

Beispiel 2.6 **Anwendung des natürlichen Logarithmus**

Learn a little ...do a little

Berechnen Sie

$$\ln\left(c^2 \cdot \frac{\sqrt[4]{a}}{\sqrt{b}}\right) ,$$

wobei a, b, c positive reelle Zahlen sein mögen.

Lösung

$$\ln\left(c^2 \cdot \frac{\sqrt[4]{a}}{\sqrt{b}}\right) \underset{\text{Regeln 5, 6}}{=} \ln c^2 + \ln\left(\sqrt[4]{a}\right) - \ln\left(\sqrt{b}\right) \underset{\text{Regel 7}}{=} 2\ln c + \frac{1}{4}\ln a - \frac{1}{2}\ln b .$$

Beispiel 2.7 **Gleichung mit natürlichem Logarithmus**

Learn a little ...do a little

Finden Sie alle Lösungen der Gleichung $x^{\ln x} = e^4$, wobei x eine positive reelle Zahl sei.

Lösung Wir logarithmieren die Ausgangsgleichung und erhalten

$$\ln\left(x^{\ln x}\right) = \ln\left(e^4\right) .$$

Nun wenden wir die Regel 7 an und es ergibt sich

$$\ln x \cdot \ln x = 4 \cdot \ln e .$$

Nun ist nach Regel 2

$$\ln e = \log_e e = 1 ,$$

d. h. es folgt

$$(\ln x)^2 = 4$$

und daraus

$$\ln x = \pm\sqrt{4} = \pm 2 .$$

Wir nutzen aus, dass nach Regel 4

$$e^{\ln x} = x$$

ist, und erhalten durch Exponieren auf beiden Seiten der Gleichung

$$e^{\ln x} = x = e^{\pm 2},$$

d. h. die beiden Lösungen der Gleichung sind

$$x_1 = e^2$$

und

$$x_2 = e^{-2} = \frac{1}{e^2},$$

also zwei positive reelle Zahlen. ■

Aufgaben zum Abschnitt 2.1

1. Berechnen Sie:

a. $a^5 + a^2 - a$ **b.** $5^6 \cdot 5^{-4} \cdot 5^2$ **c.** $x^2yz^2 \cdot xy^4z^3$ **d.** $(2^{-3} \cdot 3^2 \cdot 5^{-2})^{-3}$

e. $\dfrac{(5^2)^{-4}}{5^3 \cdot 5^{-2}}$ **f.** $\dfrac{(a+2)^{n+1}}{(a+2)^n}$.

2. Verwandeln Sie in gebrochene Exponenten:

a. $\sqrt[6]{a^3b^2}$ **b.** $\dfrac{1}{\sqrt[3]{a}}$ **c.** $\sqrt[5]{(1+x^2)^3}$.

3. Verwandeln Sie in Wurzelausdrücke:

a. $\left(\dfrac{1}{7}\right)^{\frac{3}{4}}$ **b.** $5^{-\frac{1}{3}}$ **c.** $7^{3,1}$.

4. Berechnen Sie:

a. $\log_2 64$ **b.** $\log_{10} 4 + \log_{10} 1 + \log_{10} 3$ **c.** $\log_3\left(\frac{2}{5}\right)$ **d.** $\ln\left(\dfrac{1}{a}\right)$

e. $\ln 3 + \ln\left(\dfrac{1}{3}\right)$ **f.** $\ln\left(3^5 \cdot e^3\right)$ **g.** $\ln\left(\dfrac{1}{2}\right)^3$.

5. Finden Sie alle Lösungen der Gleichung

$$x^{\ln\left(x^2\right)} = e^{\ln\left(x^3\right)},$$

wobei x eine positive reelle Zahl sei.

2.2 Termumformungen

In diesem Abschnitt werden etwas kompliziertere, meist zusammengesetzte mathematische Ausdrücke untersucht und berechnet. Diese Ausdrücke haben einen speziellen Namen.

Definition

Ein sinnvoller mathematischer Ausdruck, wie er üblicherweise in Gleichungen und Ungleichungen auftritt, wird als **Term** bezeichnet. Ein Term kann neben Zahlen, Rechenzeichen und Klammern auch Variable enthalten.

Beispiel 2.8 **Term**

Der Ausdruck T mit

$$T = a\left(1 + x^3\right) + 5\sin y + \frac{(a-b)^2}{2}$$

ist ein Term. ■

Bei der Umformung mathematischer Terme dürfen alle Rechenregeln der reellen Zahlen (und nur diese!) angewendet werden. Eine solche Umformungsmöglichkeit bietet die Bruchrechnung, die auf reelle Zahlen ausdehnbar ist. Die Bruchrechnung haben wir bislang so definiert, dass im Zähler und im Nenner jeweils ganze Zahlen stehen. Diese Einschränkung lassen wir fallen und betrachten zukünftig auch Brüche, bei denen im Zähler und im Nenner beliebige reelle Zahlen stehen können. Die Regeln zur Bruchrechnung gelten dabei unverändert, was im folgenden Beispiel erläutert wird.

Learn a little

...do a little

Beispiel 2.9 **Brüche mit reellen Zählern und Nennern**

a **Kürzen:**

$$\frac{3\pi}{\sqrt{18}} = \frac{3\pi}{\sqrt{9\cdot 2}} = \frac{3\pi}{\sqrt{9}\cdot\sqrt{2}} = \frac{3\pi}{3\cdot\sqrt{2}} = \frac{\pi}{\sqrt{2}}\,.$$

b **Erweitern und Hauptnenner:**

$$\begin{aligned}\frac{\sqrt{3}+2\pi}{5\pi^2} + \frac{\sqrt{3}}{\sqrt{5}\cdot\pi} &= \frac{\sqrt{3}+2\pi}{5\pi^2} + \frac{\sqrt{3}\cdot\sqrt{5\pi}}{\sqrt{5\pi}\cdot\sqrt{5\pi}} = \frac{\sqrt{3}+2\pi}{5\pi^2} + \frac{\sqrt{3}\sqrt{5\pi}}{5\pi^2}\\ &= \frac{\sqrt{3}+2\pi+\sqrt{15\pi}}{5\pi^2} = \frac{\sqrt{3}+\pi\left(2+\sqrt{15}\right)}{5\pi^2}\,.\end{aligned}$$

c **Multiplikation und Kürzen:**

$$\frac{\sqrt{12}}{\sqrt{18}}\cdot\frac{3\pi^2}{2} = \frac{3\pi^2\sqrt{12}}{2\sqrt{18}} = \frac{3\pi^2\sqrt{3\cdot 4}}{2\sqrt{2\cdot 9}} = \frac{3\pi^2 2\sqrt{3}}{2\cdot 3\sqrt{2}} = \frac{\pi^2\sqrt{3}}{\sqrt{2}}\,.$$

d Hauptnenner: T ist der Term

$$T = \frac{1}{x-1} + \frac{1}{x-2} - \frac{1}{x-3},$$

den wir auf den Hauptnenner

$$H.N. = (x-1)(x-2)(x-3)$$

bringen wollen. Dabei muss beachtet werden, dass T nur dann ein Term (d. h. ein sinnvoller mathematischer Ausdruck) ist, wenn die Variable x keinen der Werte $1, 2, 3$ annehmen kann, d. h. der **Definitionsbereich** von T ist die Menge der reellen Zahlen ausgenommen die Zahlen 1, 2, 3, was man auch als

$$D_T = \mathbb{R} \setminus \{1, 2, 3\}$$

schreiben kann.

$$T = \frac{(x-2)(x-3)}{(x-1)(x-2)(x-3)} + \frac{(x-1)(x-3)}{(x-1)(x-2)(x-3)} - \frac{(x-1)(x-2)}{(x-1)(x-2)(x-3)}$$

Wir multiplizieren die Klammern im Zähler aus und erhalten

$$T = \frac{x^2 - 5x + 6 + x^2 - 4x + 3 - (x^2 - 3x + 2)}{(x-1)(x-2)(x-3)}.$$

Nun fassen wir die Terme im Zähler zusammen:

$$T = \frac{x^2 - 6x + 7}{(x-1)(x-2)(x-3)}.$$

Es ist durchaus üblich, den Nenner nicht auszumultiplizieren, da man häufig an den Nullstellen des Nenners interessiert ist und diese in der Produktdarstellung sofort ablesbar sind. ■

Weitere häufig genutzte Umformungsmöglichkeiten von Termen sind das **Ausklammern von Faktoren** und das **Zusammenfassen gleichnamiger Terme**. Diese beiden Methoden werden im nächsten Beispiel erläutert.

Learn a little

...do a little

Beispiel 2.10 Zusammenfassen und Ausklammern

a T_1 sei der Term

$$T_1 = (4x - y)\,(a + 2b) + (4x - y)\,(-2b + a)\,,$$

den wir durch Ausklammern vereinfachen wollen. Der Term $4x - y$ kommt in beiden Summanden vor, wir können ihn also ausklammern und erhalten

$$\begin{aligned} T_1 &= (4x - y)\,(a + 2b - 2b + a) \\ &= (4x - y)\,2a\,. \end{aligned}$$

b T_2 sei der Term

$$T_2 = 3b - 12ab^2 - (2b \cdot (3 - (2a + 3b) \cdot (3b \cdot (1 - a))))\,,$$

bei dem zunächst die Klammern von innen nach außen aufgelöst werden:

$$\begin{aligned} T_1 &= 3b - 12ab^2 - (2b \cdot (3 - (2a + 3b) \cdot (3b - 3ab))) \\ &= 3b - 12ab^2 - \left(2b \cdot \left(3 - \left(6ab + 9b^2 - 6a^2b - 9ab^2\right)\right)\right) \\ &= 3b - 12ab^2 - \left(2b \cdot \left(3 - 6ab - 9b^2 + 6a^2b + 9ab^2\right)\right) \\ &= 3b - 12ab^2 - \left(6b - 12ab^2 - 18b^3 + 12a^2b^2 + 18ab^3\right) \\ &= 3b - 12ab^2 - 6b + 12ab^2 + 18b^3 - 12a^2b^2 - 18ab^3\,. \end{aligned}$$

Nun werden die gleichnamigen Terme $3b$ und $-6b$ sowie $-12ab^2$ und $12ab^2$ zusammengefasst und wir erhalten

$$T_2 = -3b + 18b^3 - 12a^2b^2 - 18ab^3\,.$$

c T_3 sei der Term

$$T_3 = \frac{4a^3\,(bc)^2}{(2abc - 4ab)\,a^2}\,.$$

Um diesen Ausdruck zu vereinfachen, stellen wir zunächst fest, dass $2ab$ in den beiden Teiltermen des Nenners als Faktor vorkommt. Deshalb klammern wir aus und erhalten:

$$\text{Nenner} = (2abc - 4ab)\,a^2 = 2ab\,(c - 2)\,a^2 = 2a^3b(c - 2)\,,$$

und man sieht, dass man durch $2a^3b$ kürzen kann, also

$$T_3 = \frac{4a^3\,(bc)^2}{(2abc - 4ab)\,a^2} = \frac{4a^3b^2c^2}{2a^3b\,(c - 2)} = \frac{2bc^2}{c - 2}\,.$$

■

Aufgaben zum Abschnitt 2.2

1. Multiplizieren Sie aus:

a. $(a+b)^4 - (a-b)^2(-a-b)^2$

b. $(a-2b)(2b-a)(a+2b)(2b+a)$.

2. Zerlegen Sie in ein Produkt:

a. $3x^2 + 15xy - 9y^2$

b. $(2x+y)(a+b) + (y-2x)(-a-b)$.

3. Kürzen Sie soweit wie möglich:

a. $\dfrac{169a^2b^3c}{42ab^2c^2}$

b. $\dfrac{49+x^2-14x}{x^2-3x-28}$.

4. Formen Sie mithilfe der binomischen Formeln um:

a. $169x^2 - 144y^2$

b. $16x^2 + 40xy + 25y^2$

c. $18x^2y^4 - 48x^3y^3 + 32x^4y^2$.

5. Vereinfachen Sie soweit wie möglich:

a. $\dfrac{6a^4(bc)^2}{(6a^2bc-9a^2b)\,a^2}$

b. $(x-y)(2x-4y)^2 - \left(12xy-4x^2\right)(2y-x)$

c. $\dfrac{2x^2}{x^2+1} - 1 - \dfrac{x-\frac{1}{x}}{x+\frac{1}{x}}$

d. $\sqrt{3\sqrt{2a}-2\sqrt{3b}} \cdot \sqrt{3\sqrt{2a}+2\sqrt{3b}}$

e. $\dfrac{2a}{3b^2} + \dfrac{c^2+1}{ab}$

f. $\dfrac{x+1}{x^3-x^2} + \dfrac{1}{x^2}$.

2.3 Summen, Produkte, binomische Formeln

Summen

Eine wichtige Aufgabe der natürlichen Zahlen ist das Zählen und Indizieren. Wenn man etwa 100 unbekannte Zahlen (die nicht unbedingt natürliche Zahlen sein müssen) aufsummieren will, so wäre es relativ mühsam die 100 Zahlen jeweils verbunden durch ein Pluszeichen aufzuschreiben. Man tut gut daran, die aufzusummierenden Zahlen zu indizieren, d. h. jeder Zahl eine Größe a_i zuzuweisen, wobei der **Index** i die Werte $1, 2, 3, \cdots$, 100 annehmen kann. Die Summe der 100 Zahlen kann man kurz als

$$\sum_{i=1}^{100} a_i = a_1 + a_2 + \cdots + a_{100}$$

schreiben, was man »**Summe der a_i, i läuft von 1 bis 100**« ausspricht. Das **Summenzeichen** $\sum$ ist der griechische Großbuchstabe Sigma und soll an das Wort »Summe« erinnern. Den Index i nennt man den **Summationsindex**. Wenn man die Anzahl der zu summierenden Zahlen unbestimmt lassen will, so wählt man ein beliebiges $n \in \mathbb{N}$ als obere Grenze des Summationsindex, d. h.

$$\sum_{i=1}^{n} a_i = a_1 + a_2 + \cdots + a_n \,.$$

Der Summationsindex ist frei wählbar, d. h. es gilt

$$\sum_{i=1}^{n} a_i = a_1 + a_2 + \cdots + a_n = \sum_{j=1}^{n} a_j \,.$$

Dabei ist darauf zu achten, dass die unteren $(i, j = 1)$ und die oberen $(i, j = n)$ Grenzen übereinstimmen. Die untere Grenze kann auch bei einer anderen ganzen Zahl als 1 anfangen, z. B.

$$\sum_{i=0}^{n} a_i = a_0 + a_1 + \cdots + a_n$$

oder

$$\sum_{i=5}^{n} a_i = a_5 + a_6 + \cdots + a_n \,.$$

Learn a little …do a little

Beispiel 2.11 **Einüben des Summenzeichens**

a $\sum\limits_{i=1}^{10} i = 1 + 2 + \cdots + 10 = 55$

b $\sum\limits_{i=2}^{5} 2^i = 2^2 + 2^3 + 2^4 + 2^5 = 4 + 8 + 16 + 32 = 60$

c $\sum\limits_{i=0}^{3} \frac{1}{2^i} = \frac{1}{2^0} + \frac{1}{2^1} + \frac{1}{2^2} + \frac{1}{2^3} = \frac{1}{1} + \frac{1}{2} + \frac{1}{4} + \frac{1}{8} = \frac{15}{8}$ ■

Man kann den Summationsindex auch verschieben, wobei darauf zu achten ist, dass sich die Summe insgesamt nicht ändert. So gilt z. B.

$$\sum_{i=1}^{10} i = \sum_{i=0}^{9} (i+1) = 1 + 2 + \cdots + 10 \,.$$

Verändert man den Summationsindex, so muss auch die Indizierung nach dem Summenzeichen verändert werden!

Learn a little

...do a little

Beispiel 2.12 Indexverschiebung bei Summen

a Berechnen Sie

$$\sum_{i=1}^{5} i^2 \quad \text{sowie} \quad \sum_{i=3}^{7} (i-2)^2 \,.$$

Lösung

$$\sum_{i=1}^{5} i^2 = 1^2 + 2^2 + 3^3 + 4^2 + 5^2 = 1 + 4 + 9 + 16 + 25 = 55$$

$$\begin{aligned}\sum_{i=3}^{7} (i-2)^2 &= (3-2)^2 + (4-2)^2 + (5-2)^2 + (6-2)^2 + (7-2)^2 \\ &= 1^2 + 2^2 + 3^3 + 4^2 + 5^2 = 1 + 4 + 9 + 16 + 25 = 55 \,.\end{aligned}$$

b Ergänzen Sie die rechte Seite von

$$\sum_{i=0}^{n} a^i = \sum_{i=2} a \,.$$

Lösung

$$\sum_{i=0}^{n} a^i = \sum_{i=2}^{n+2} a^{i-2} \,,$$

denn

$$\sum_{i=0}^{n} a^i = a^0 + a^1 + \cdots + a^n$$

und

$$\sum_{i=2}^{n+2} a^{i-2} = a^{2-2} + a^{3-1} + \cdots a^{n+2-2} = a^0 + a^1 + \cdots + a^n \,.$$

■

Rechnet man die Binomialkoeffizienten aus, so erhält man

$$
\begin{array}{ccccccccccccc}
 & & & & & & 1 & & & & & & \\
 & & & & & 1 & & 1 & & & & & \\
 & & & & 1 & & 2 & & 1 & & & & \\
 & & & 1 & & 3 & & 3 & & 1 & & & \\
 & & 1 & & 4 & & 6 & & 4 & & 1 & & \\
 & 1 & & 5 & & 10 & & 10 & & 5 & & 1 & \\
1 & & 6 & & 15 & & 20 & & 15 & & 6 & & 1
\end{array}
$$

und man sieht, dass die Binomialkoeffizienten symmetrisch zur (gedachten) Achse durch die Mitte verteilt sind, d. h. die Werte links der Mitte sind gleich den Werten rechts der Mitte.

Für das ausgerechnete Pascal'sche Dreieck ergibt sich ein einfaches Konstruktionsprinzip. In jeder neuen Zeile schreibt man links und rechts jeweils die Zahl 1. Die dazwischen liegenden Zahlen sind jeweils die Summe der direkt links und rechts darüberstehenden Zahlen, z. B. ergibt sich in der 7. Zeile die zweite Zahl von links (= 6) als Summe aus der ersten und zweiten Zahl der 6. Zeile:

$$
\begin{array}{ccccccccccccc}
 & 1 & + & 5 & & 10 & & 10 & & 5 & & 1 & \\
 & & = & & & & & & & & & & \\
1 & & 6 & & 15 & & 20 & & 15 & & 6 & & 1
\end{array}
$$

und die dritte Zahl von links in der 7. Zeile (= 15) als Summe der zweiten und dritten Zahl der 6. Zeile:

$$
\begin{array}{ccccccccccccc}
 & 1 & & 5 & + & 10 & & 10 & & 5 & & 1 & \\
 & & & & = & & & & & & & & \\
1 & & 6 & & 15 & & 20 & & 15 & & 6 & & 1
\end{array}
$$

Die Zahlen im Pascal'schen Dreieck werden benutzt, wenn man allgemeine binomische Formeln ausrechnen möchte. Wir fangen mit einem einfachen Beispiel an, um die allgemeine Systematik zu erläutern.

Learn a little

...do a little

Beispiel 2.16 **Binomische Formeln**

a Wir betrachten die erste binomische Formel

$$(a+b)^2 = a^2 + 2ab + b^2,$$

die wir auch als

$$(a+b)^2 = 1 \cdot a^2 + 2ab + 1 \cdot b^2$$

schreiben können. Nun sind die Zahlen 1, 2, 1 genau die Binomialkoeffizienten der 3. Zeile im Pascal'schen Dreieck, d. h. es gilt

$$(a+b)^2 = \binom{2}{0} a^2 + \binom{2}{1} ab + \binom{2}{2} b^2 .$$

b Die Terme a^2, ab, b^2 unterliegen ebenfalls einer Systematik. Beachtet man

$$a^2 = a^2 b^0$$

wegen $\boldsymbol{b^0 = 1}$ und

$$b^2 = a^0 b^2$$

wegen $\boldsymbol{a^0 = 1}$, so bestehen die Terme aus Potenzen von a und b, deren Exponenten immer 2 als Summe haben und die miteinander multipliziert werden. Dabei werden der Reihe nach alle möglichen Kombinationen, nämlich

$$a^2 b^0, a^1 b^1, a^0 b^2$$

durchlaufen.

c Diese Systematik gilt nun nicht nur für $(a+b)^2$, sondern für beliebige Ausdrücke der Form $(a+b)^n$ mit einer natürlichen Zahl n. Betrachten wir den nächst komplexeren Fall $n = 3$. Es gilt nach unserer Systematik

$$\begin{aligned}(a+b)^3 &= \binom{3}{0} a^3 b^0 + \binom{3}{1} a^2 b^1 + \binom{3}{2} a^1 b^2 + \binom{3}{3} a^0 b^3 \\ &= a^3 + 3a^2 b + 3ab^2 + b^3,\end{aligned}$$

was der Leser zur Sicherheit nochmals direkt nachrechnen sollte.

d Für $n = 6$ erhalten wir analog

$$(a+b)^6 = a^6 + 6a^5 b + 15a^4 b^2 + 20a^3 b^3 + 15a^2 b^4 + 6ab^5 + b^6.$$

Dabei haben wir die Binomialkoeffizienten direkt im Pascal'schen Dreieck abgelesen. ■

Aufgaben zum Abschnitt 2.3

1. Schreiben Sie die Summen und Produkte aus:

a. $\sum_{i=1}^{10}(-1)^i i^2$ **b.** $\sum_{i=0}^{9}(-1)^{i+1}(i+1)^2$ **c.** $\prod_{i=1}^{10}(-1)^i i^2$ **d.** $\prod_{i=1}^{5}(20-i)$.

2. Berechnen Sie:

a. $\sum_{i=1}^{5}\sin(i\pi)$ **b.** $\sum_{i=1}^{5}\sin\left(\frac{i\pi}{2}\right)$ **c.** $\prod_{i=5}^{8} i$ **d.** $\prod_{i=1}^{4}(i+3)^2$.

3. Berechnen Sie:

a. $(a-b)^2$ **b.** $(a+b)^5$ **c.** $(2a+3b)^4$

d. $(a-b)^6$ **e.** $\frac{100!}{98!}$ **f.** $\frac{(n+3)!}{n!}$

g. $\binom{16}{3}$ **h.** $\binom{n+1}{n-1}$.

4. Lösen Sie folgende Gleichungen:

a. $\binom{7}{3}=\binom{7}{x}$ **b.** $\binom{6}{2}+\binom{6}{x}=\binom{7}{x}$.

2.4 Klassische Wahrscheinlichkeit und Kombinatorik

Zufälliges Ereignis

Wahrscheinlichkeiten beziehen sich immer auf **zufällige Ereignisse** (kurz: **Ereignisse**). Diese kommen zwar aufgrund bestimmter Gesetzmäßigkeiten zustande, sind aber grundsätzlich nicht vorhersehbar. Zufällige Ereignisse - wie etwa das Ergebnis eines Münz- oder Würfelwurfes – sind Ergebnisse von **Zufallsvorgängen**.

Über das Eintreten eines bestimmten Ergebnisses lässt sich einzeln betrachtet nichts aussagen, wohl aber über das »durchschnittliche« Ergebnisverhalten, was wir an einem Praxisbeispiel zeigen wollen. Es bezeichne A das Ereignis, dass eine Glühbirne mindestens 100 Tage funktioniert, also:

$$A = \{Lebensdauer\ einer\ Glühbirne \geq 100\ Tage\}\ .$$

Beim Kauf einer einzelnen Glühbirne lässt sich nicht sagen, ob das Ereignis A eintritt. Gehen allerdings im Durchschnitt z. B. nur 2% aller Glühbirnen in den ersten 99 Tagen kaputt, so sagt man, dass die Wahrscheinlichkeit von A 98% beträgt, und man schreibt:

$$P(A) = 98\% = 0{,}98,$$

wobei meist der Buchstabe P gewählt wird, um die Wahrscheinlichkeit auszudrücken (englisch: *Probability* = *Wahrscheinlichkeit*).

Wie kommt man zur Wahrscheinlichkeit für ein Ereignis, wie etwa zur Wahrscheinlichkeit 98% für das Ereignis A im obigen Beispiel? Im konkreten Fall wird der Glühlampenhersteller eine große Anzahl von Glühbirnen zufällig aus der Gesamtproduktion auswählen und deren Lebensdauern beobachten.

Definition

Sei A ein Ereignis, das in n Zufallsvorgängen beobachtet werden kann. Dann wird mit $H_n(A)$ die **absolute Häufigkeit** des Ereignisses A bezeichnet. Die absolute Häufigkeit gibt an, wie oft das Ereignis A in den n Zufallsvorgängen beobachtet wurde. Entsprechend definiert

$$h_n(A) = \frac{H_n(A)}{n}$$

die **relative Häufigkeit** des Ereignisses A, die stets zwischen 0 und 1 liegt.

Wir erwarten, dass sich bei Vergrößerung des Stichprobenumfangs n und unter sonst gleichen Bedingungen die relative Häufigkeit der »echten« Wahrscheinlichkeit $P(A)$ annähert. Wie dieser Annäherungsprozess im Detail aussieht, können wir allerdings hier nicht weiter verfolgen, da mathematische Hilfsmittel erforderlich sind, die über den Rahmen dieses Buches hinausgehen.

Klassische Wahrscheinlichkeit

Es gibt aber einen Spezialfall, den wir weiter behandeln können. Dazu nehmen wir an, dass ein Zufallsvorgang nur n *unterschiedliche* **Elementar-Ereignisse**

$$E_1, E_2, \ldots, E_n$$

generieren kann und dass alle Elementar-Ereignisse die *gleiche* Wahrscheinlichkeit

$$P(E_1) = P(E_2) = \cdots = P(E_n) = \frac{1}{n}$$

haben. Diese Situation nennt man auch **Laplace-Experiment**. In einem Laplace-Experiment ist ein beliebiges Ereignis A eine Kombination (in der Mengensprache: eine *Vereinigung*) von Elementar-Ereignissen. Ist dann $m \leq n$ die Anzahl der Elementar-Ereignisse, aus denen sich das Ereignis A zusammensetzt, z. B.

$$A = \{E_1 \cup E_2 \cup \ldots \cup E_m\},$$

so definieren wir die sogenannte **klassische Wahrscheinlichkeit** (auch **Laplace-Wahrscheinlichkeit**) von A durch

$$P(A) = \frac{m}{n}.$$

Man bezeichnet das Eintreten eines der in A enthaltenen Elementar-Ereignisse als »einen für A günstigen Fall« und schreibt

$$P(A) = \frac{\textit{Anzahl der für A günstigen Fälle}}{\textit{Anzahl der möglichen Fälle}} = \frac{m}{n}.$$

Learn a little

...do a little

Beispiel 2.17 Eine gerade Zahl würfeln

Bei einmaligem Würfeln kann nur eine der Zahlen $\{1, 2, 3, 4, 5, 6\}$ als Ergebnis herauskommen, d. h.

$$E_1 = \{1\}, E_2 = \{2\}, E_3 = \{3\}, E_4 = \{4\}, E_5 = \{5\}, E_6 = \{6\}.$$

Bei einem fairen Würfel sind alle Zahlen gleich wahrscheinlich:

$$P(\{1\}) = P(\{2\}) = P(\{3\}) = P(\{4\}) = P(\{5\}) = P(\{6\}) = \frac{1}{6}.$$

A sei das Ereignis, bei einmaligem Würfeln eine gerade Zahl zu würfeln, d. h. die für A günstigen Fälle sind $2, 4, 6$, also

$$A = \{2, 4, 6\}.$$

Dann gilt wegen $m = 3$, $n = 6$:

$$P(A) = P(\{2, 4, 6\}) = \frac{3}{6} = \frac{1}{2}.$$

■

Kombinatorik

Die **Kombinatorik** oder **die Kunst des Zählens** ist ein wichtiges Hilfsmittel zur Berechnung von Laplace-Wahrscheinlichkeiten. Hier werden die wichtigsten Ergebnisse der Kombinatorik behandelt, die insbesondere die Anzahl möglicher Permutationen, Variationen und Kombinationen von Objekten umfassen. Die Kombinatorik bietet dadurch auch die Möglichkeit, die im letzten Abschnitt eingeführten *Fakultäten* und *Binomialkoeffizienten* weiter einzuüben. Einige Passagen in diesem Abschnitt orientieren sich an [2].

Permutation

Wir beginnen mit der folgenden Definition.

Definition

Jede Anordnung von n Objekten in einer Reihe heißt eine **Permutation** der n Objekte. Sind die n Objekte verschieden, so spricht man von einer **Permutation ohne Wiederholung**, befinden sich unter den n Objekten gleiche, so nennt man das eine **Permutation mit Wiederholung**.

Permutation ohne Wiederholung

Einführendes Beispiel

Drei *unterschiedliche* Buchstaben a, b, c lassen sich auf 6 Arten anordnen:

$$abc, acb, bac, bca, cab, cba,$$

d. h. es gibt 6 Permutationen ohne Wiederholung der drei Objekte. ■

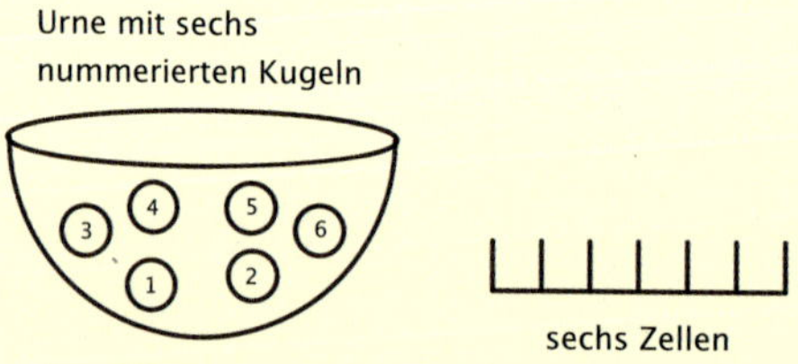

Abbildung 2.1 Urne mit nummerierten Kugeln

Die Interpretation einer Permutation ohne Wiederholung in einem sogenannten **Kugel-Zellen-Modell** (► Abbildung 2.1) ist die Folgende: n unterscheidbare, z. B. durchnummerierte Kugeln werden auf n unterscheidbare Zellen (Plätze in der Reihe) derart verteilt, dass keine Zelle mehrfach besetzt ist. Die Anzahl möglicher Permutationen ohne Wiederholung von n verschiedenen Objekten ist

$$n! = n \cdot (n-1) \cdot (n-2) \cdot \ldots \cdot 2 \cdot 1. \tag{2.4}$$

Denn es gibt n Möglichkeiten, den ersten Platz in der Reihe zu besetzen, $n-1$ Möglichkeiten, den zweiten Platz zu besetzen, ...und 1 Möglichkeit, den letzten, n-ten Platz zu besetzen.

Learn a little

...do a little

Beispiel 2.18 **Briefe und Umschläge**

Ein Freund eines fleißigen Briefeschreibers muss fünf unterschiedliche Briefe an fünf verschiedene Adressen schicken, hat aber vergessen zu fragen, welcher Brief an welche Adresse geht. Wie viele Möglichkeiten hat er, die 5 Briefe in 5 Briefumschläge zu stecken, und wie groß ist die Wahrscheinlichkeit des Ereignisses A, dass alle Briefe bei den richtigen Adressaten ankommen?

Lösung Da er für den ersten Brief 5 Umschläge zur Verfügung hat, für den zweiten nur noch vier usw., beträgt die Anzahl der möglichen Verteilungen

$$5! = 5 \cdot 4 \cdot 3 \cdot 2 \cdot 1 = 120\,.$$

Da es *nur eine* richtige Zuordnung gibt, beträgt die Wahrscheinlichkeit, dass alle Briefe in die richtigen Umschläge einsortiert werden, nur

$$P(A) = \frac{\textit{Anzahl der für A günstigen Fälle}}{\textit{Anzahl der möglichen Fälle}} = \frac{1}{120} = 0{,}008 = 0{,}8\%\,.$$

■

Permutation mit Wiederholung

Einführendes Beispiel

Die drei Buchstaben a, a, b lassen sich auf 3 Arten anordnen:

$$aab, aba, baa\,.$$

Da dieser Fall komplizierter als der letzte ist, schauen wir uns zunächst einen Spezialfall an. Wir betrachten eine Urne mit sechs Kugeln, darunter drei weiße, zwei graue und eine schwarze.

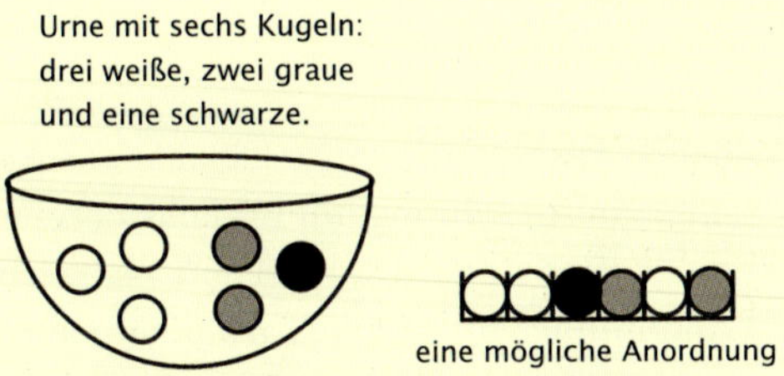

Abbildung 2.2 Urne mit gleichen Kugeln

Da die Anordnung der Kugeln in ► Abbildung 2.2 nicht unterschieden werden kann von der, die entsteht, wenn man die weißen Kugeln untereinander vertauscht (dafür gibt es 3! Möglichkeiten) bzw. die grauen (dafür gibt es 2! Möglichkeiten), gibt es somit genau

$$\frac{6!}{3! \cdot 2! \cdot 1!} = \frac{6 \cdot 5 \cdot 4 \cdot 3 \cdot 2 \cdot 1}{3 \cdot 2 \cdot 1 \cdot 2 \cdot 1 \cdot 1} = \frac{6 \cdot 5 \cdot 2}{1} = 60$$

verschiedene Anordnungen, also sehr viel weniger als $6! = 720$ bei unterscheidbaren Kugeln.

Im allgemeinen Fall beträgt die Anzahl der verschiedenen Permutationen von n Objekten, unter denen sich jeweils

$$n_1, n_2, \ldots, n_k,\ k \leq n \quad \text{mit} \quad n_1 + n_2 + \ldots + n_k = n,$$

gleiche befinden, genau

$$\frac{n!}{n_1! \cdot n_2! \cdot \cdots \cdot n_k!}. \tag{2.5}$$

In dieser Formel ist auch der Fall, dass alle Kugeln gleich sind (d. h. $n_1 = n$), enthalten. Die Anzahl ist dann natürlich

$$\frac{n!}{n_1!} = 1,$$

da alle möglichen Anordnungen gleich sind. ■

Learn a little …do a little

Beispiel 2.19 **Signale am Fahnenmast**

An einem Fahnenmast sollen zur Signalgebung übereinander 10 Wimpel (5 weiße, 3 rote und 2 blaue) hochgezogen werden. Wie viele unterschiedliche Signale können mit den Wimpeln gegeben werden? Mit

$$n = 10, n_1 = 5, n_2 = 3, n_3 = 2$$

ergibt sich als Anzahl

$$\frac{10!}{5! \cdot 3! \cdot 2!} = \frac{10 \cdot 9 \cdot 8 \cdot 7 \cdot 6 \cdot 5 \cdot 4 \cdot 3 \cdot 2 \cdot 1}{(5 \cdot 4 \cdot 3 \cdot 2 \cdot 1) \cdot (3 \cdot 2 \cdot 1) \cdot (2 \cdot 1)} = 10 \cdot 9 \cdot 7 \cdot 4 = 2.520\,.$$ ■

Variation

Wir beginnen mit der folgenden Definition.

Definition

Werden aus n verschiedenen Objekten genau k Objekte ausgewählt und in einer Reihe angeordnet, so heißt jede Anordnung mit Berücksichtigung der Reihenfolge der Objekte eine **Variation** oder **geordnete Probe** von k aus n Objekten. Kann jedes Objekt mehrfach in der Anordnung vorkommen, so spricht man von einer **Variation mit Zurücklegen**. Kann jedes Objekt in der Auswahl von k Objekten höchstens ein Mal vorkommen, so spricht man von einer **Variation ohne Zurücklegen**.

Beispiel 2.23 **Zahlenlotto »6 aus 49«**

Beim Zahlenlotto »6 aus 49« ist die Anzahl der Möglichkeiten, sechs Zahlen auszuwählen

$$\frac{(49)_6}{6!} = \frac{49 \cdot 48 \cdot 47 \cdot 46 \cdot 45 \cdot 44}{1 \cdot 2 \cdot 3 \cdot 4 \cdot 5 \cdot 6} = \binom{49}{6} = 13.983.816\,,$$

da es keine Rolle spielt, in welcher Reihenfolge die Zahlen gezogen werden, und keine Zahl mehr als ein Mal gezogen werden kann. Die Wahrscheinlichkeit, sechs Richtige zu haben, beträgt somit

$$P(\mathit{Sechs\ Richtige}) = \frac{1}{13983816} = 0{,}0000000715\,.$$

■

Aufgaben zum Abschnitt 2.4

1. Wie groß ist die Wahrscheinlichkeit, bei zweimaligem Würfeln einen Pasch (zwei gleiche Zahlen) zu würfeln?

2. Auf einer Familienfeier soll ein Foto von allen Erwachsenen gemacht werden. Dabei sollen die 8 Frauen vorne und die 6 Männer hinten stehen. Wie viele mögliche Anordnungen von Frauen und Männern auf dem Foto gibt es?

3. Peter hat die Zahlenkombination (fünf Ziffern) seines Kofferschlosses vergessen. Er weiß nur noch, dass es die Ziffern 2, 3, 4 waren und die 2 und 4 doppelt vorkamen. Wie viele Versuche muss er längstens unternehmen, um seinen Koffer zu öffnen?

4. Bei der Glücksspirale wird eine Zahl mit sieben Ziffern (jeweils von 0 bis 9) gezogen. Wie hoch sind die Chancen auf den Hauptgewinn (»7 richtige Endziffern«)?

5. In einer Urne befinden sich sechs verschiedenfarbige Kugeln. Wie groß ist die Anzahl der möglichen Anordnungen, wenn man vier der Kugeln ohne Zurücklegen zieht?

6. In einem Aquarium schwimmen vier kleine, gleich aussehende Fische. Werden sie aufgeschreckt, so können sie sich in sechs Grotten verstecken, wobei jede Grotte alle vier Fische aufnehmen kann. Wie viele Versteckmöglichkeiten gibt es für die Fische?

7. Wie groß ist die Gewinnwahrscheinlichkeit für »5 Richtige« beim Lotto »6 aus 49«?

Zusammenfassung

- Die **n-te Potenz** a^n von a ist definiert als das n-fache Produkt von a mit sich selbst.
- Es gelten die **Potenzgesetze**:

$$\begin{aligned} a^m \cdot a^n &= a^{n+m} \\ (a^m)^n &= a^{n \cdot m} \\ (a \cdot b)^n &= a^n \cdot b^n \\ \frac{a^n}{b^m} &= a^n \cdot b^{-m} \\ a^{\frac{1}{n}} &= \sqrt[n]{a}\,. \end{aligned}$$

- Der **Logarithmus von a zur Basis b ($\log_b a$)** ist diejenige Hochzahl, mit der man b potenzieren muss um a zu erhalten.
- Aus den Potenzgesetzen folgen die **Logarithmusgesetze**:

$$\begin{aligned} b^{\log_b(u)} &= u \\ \log_b(b^u) &= u \\ \log_b(u \cdot v) &= \log_b(u) + \log_b(v) \\ \log_b\left(\frac{u}{v}\right) &= \log_b(u) - \log_b(v) \\ \log_b(u^q) &= q \cdot \log_b(u)\,. \end{aligned}$$

- Der **natürliche Logarithmus** $\ln a$ ist der Logarithmus von a zur Basis e, wobei e die Eulersche Zahl bezeichnet.
- Ein sinnvoller mathematischer Ausdruck, wie er üblicherweise in Gleichungen und Ungleichungen auftritt, wird als **Term** bezeichnet.
- Bei der Umformung mathematischer Terme dürfen alle Rechenregeln der reellen Zahlen (und nur diese!) angewendet werden.
- Häufig genutzte Umformungsmöglichkeiten von Termen sind das **Ausklammern von Faktoren** und das **Zusammenfassen gleichnamiger Terme**.
- Der Ausdruck

$$\sum_{i=1}^{n} a_i$$

ist eine abkürzende Schreibweise für die **Summe**

$$a_1 + a_2 + a_3 + \cdots + a_n\,.$$

- Die **arithmetische Summenformel** besagt, dass folgende Gleichung gilt:

$$\sum_{i=1}^{n} i = \frac{n\,(n+1)}{2}\,.$$

- Die **geometrische Summenformel** lautet:

$$\sum_{i=0}^{n} q^i = \frac{q^{n+1}-1}{q-1}$$

für eine reelle Zahl q mit $q \neq 1$.

- Der Ausdruck

$$\prod_{i=1}^{n} a_i$$

ist eine abkürzende Schreibweise für das **Produkt**

$$a_1 \cdot a_2 \cdot a_3 \cdot \dots \cdot a_n\,.$$

- Die **Fakultätsfunktion** $n!$ wird definiert durch

$$\prod_{i=1}^{n} i = n!, \quad 0! = 1\,.$$

- Der **Binomialkoeffizient** wird für $0 \leq k \leq n$ durch

$$\binom{n}{k} = \frac{n!}{(n-k)!k!}$$

definiert.

- Das **Pascal'sche Dreieck** setzt sich aus den Binomialkoeffizienten zusammen.

- **Zufällige Ereignisse** – wie etwa das Ergebnis eines Münz- oder Würfelwurfes – sind Ergebnisse von Zufallsvorgängen.

- Die **absolute Häufigkeit** $H_n(A)$ eines Ereignisses A gibt an, wie oft A in den n Zufallsvorgängen beobachtet wurde. Die **relative Häufigkeit** $h_n(A)$ von A wird durch

$$h_n(A) = \frac{H_n(A)}{n}$$

definiert.

- Die **Laplace-Wahrscheinlichkeit** eines Ereignisses A berechnet sich durch

$$P(A) = \frac{\textit{Anzahl der für A günstigen Fälle}}{\textit{Anzahl der möglichen Fälle}}.$$

- Jede Anordnung von n Objekten in einer Reihe heißt eine **Permutation** der n Objekte. Sind die n Objekte verschieden, so spricht man von einer **Permutation ohne Wiederholung** ansonsten von einer **Permutation mit Wiederholung**.

- Werden aus n verschiedenen Objekten genau k Objekte ausgewählt und in einer Reihe angeordnet, so heißt jede Anordnung mit Berücksichtigung der Reihenfolge der Objekte eine **Variation** von k aus n Objekten. Kann jedes Objekt mehrfach in der Anordnung vorkommen, so spricht man von einer **Variation mit Zurücklegen** ansonsten von einer **Variation ohne Zurücklegen**.

- Werden k Objekte aus n verschiedenen Objekten ausgewählt, ohne die Auswahlreihenfolge zu beachten, so spricht man von einer **Kombination** von k aus n Objekten. Kann jedes Objekt mehrfach ausgewählt werden, so heißt die Auswahl eine **Kombination mit Zurücklegen** ansonsten eine **Kombination ohne Zurücklegen**.

Lernziele

In diesem Kapitel lernen Sie

- was Äquivalenzumformungen bei Gleichungen und Ungleichungen sind,
- wie Wurzelgleichungen gelöst werden,
- dass mit der p-q-Formel oder dem Satz von Vieta quadratische Gleichungen gelöst werden,
- wie bei Gleichungen höherer Ordnung ganzzahlige Nullstellen gefunden werden können,
- dass Betrags(un)gleichungen durch Fallunterscheidungen gelöst werden,
- welche Lösungsmethoden es für Gleichungssysteme gibt,
- dass das Gauß-Verfahren die Standardmethode zur Lösung von linearen Gleichungssystemen ist.

Gleichungen und Ungleichungen

3

ÜBERBLICK

Übersicht

Mathematische Zusammenhänge bzw. physikalische Gesetze werden oftmals als **Gleichungen** oder **Ungleichungen** ausgedrückt. Gleichungen bestehen generell aus zwei Termen, die gleich gesetzt, d. h. durch das Symbol »=« verbunden werden. Eine Ungleichung besteht ebenfalls aus zwei Termen, die durch »<«, »≤«, »>« oder »≥« verglichen werden. Gleichungen und Ungleichungen enthalten in der Regel eine oder mehrere **Unbekannte/Variablen** und die Aufgabe besteht darin, diejenigen Werte für die Unbekannten zu finden, die die Gleichung oder Ungleichung gültig machen. Bei Gleichungen/Ungleichungen nennt man die für die Variablen erlaubten Werte die **Definitionsmenge** $\mathbb{D}$ und die Menge der Lösungen die **Lösungsmenge** $\mathbb{L}$.

Quadratische Gleichungen

Die Gleichung im letzten Beispiel haben wir durch Umformungen auf eine **quadratische Gleichung** gebracht. Diese Gleichungen haben die generelle Form

$$ax^2 + bx + c = 0$$

mit $a \neq 0$ und können nach Division durch a in die äquivalente **p-q-Form** gebracht werden:

$$x^2 + px + q = 0$$

mit

$$p = \frac{b}{a}, \quad q = \frac{c}{a}.$$

Um diese Gleichung zu lösen, machen wir uns zunutze, dass für ein beliebiges $a \geq 0$ die Gleichung

$$x^2 = a$$

die Lösungen

$$x_1 = \sqrt{a}$$

und

$$x_2 = -\sqrt{a}$$

hat. Zunächst bringen wir q auf die andere Seite und erhalten

$$x^2 + px = -q\,.$$

Wir wollen die linke Seite als Quadrat eines Terms ausdrücken und addieren dazu auf beiden Seiten die **quadratische Ergänzung** $\frac{p^2}{4}$:

$$x^2 + 2\,\frac{p}{2}\,x + \frac{p^2}{4} = \frac{p^2}{4} - q\,.$$

Die linke Seite kann mit der binomischen Formel umgeschrieben werden und es folgt

$$\left(x + \frac{p}{2}\right)^2 = \frac{p^2}{4} - q\,. \tag{3.1}$$

Wir können also folgendes Ergebnis notieren.

Lösungen von quadratischen Gleichungen

Unter der *Voraussetzung, dass die* **Diskriminante**

$$D = p^2 - 4q \geq 0$$

ist, hat die rechte Seite der Gleichung (3.1) einen Wert größer gleich Null, und wir können die Wurzel ziehen:

$$x + \frac{p}{2} = \pm\sqrt{\frac{p^2}{4} - q}\,.$$

In diesem Fall erhalten wir also die beiden Lösungen (*p*-*q*-**Formel**)

$$\begin{aligned} x_1 &= -\frac{p}{2} + \sqrt{\frac{p^2}{4} - q} = \frac{-p + \sqrt{p^2 - 4q}}{2} \\ x_2 &= -\frac{p}{2} - \sqrt{\frac{p^2}{4} - q} = \frac{-p - \sqrt{p^2 - 4q}}{2}\,. \end{aligned} \tag{3.2}$$

Merke

Zusammengefasst hat eine quadratische Gleichung

- **zwei unterschiedliche reelle** Lösungen, wenn die Diskriminante $D > 0$ ist,
- **eine reelle** Doppellösung $\left(x = -\frac{p}{2}\right)$, wenn $D = 0$ ist, und
- **keine reelle** Lösung, wenn $D < 0$ ist.

Learn a little …do a little

Beispiel 3.5 **Quadratische Gleichung**

Finden Sie alle Lösungen von

$$2x^2 + 3x + 1 = 0\,.$$

Lösung Zunächst teilen wir die Gleichung auf beiden Seiten durch 2 und erhalten

$$x^2 + \frac{3}{2}x + \frac{1}{2} = 0\,.$$

Darauf wenden wir die *p*-*q*-Formel an:

$$x_{1/2} = -\frac{\frac{3}{2}}{2} \pm \sqrt{\frac{\left(\frac{3}{2}\right)^2}{4} - \frac{1}{2}} = -\frac{3}{4} \pm \sqrt{\frac{9}{16} - \frac{8}{16}} = -\frac{3}{4} \pm \sqrt{\frac{1}{16}} = -\frac{3}{4} \pm \frac{1}{4}\,,$$

d. h.

$$\begin{aligned} x_1 &= -\frac{3}{4} + \frac{1}{4} = -\frac{1}{2} \\ x_2 &= -\frac{3}{4} - \frac{1}{4} = -1\,. \end{aligned}$$

Liegt eine quadratische Gleichung in der *p*-*q*-Form vor, so kann man die Lösungen oftmals sofort ablesen. Grundlage dazu ist der

Satz von Vieta

Sind x_1 und x_2 die Nullstellen der quadratischen Gleichung

$$x^2 + px + q = 0\,,$$

so gilt

$$(x - x_1)(x - x_2) = x^2 + px + q\,.$$

Auf der linken Seite kann man die Klammern auflösen und erhält

$$x^2 - (x_1 + x_2)x + x_1 x_2 = x^2 + px + q\,.$$

Daraus folgt

$$\begin{aligned} p &= -(x_1 + x_2) \\ q &= x_1 x_2\,. \end{aligned}$$

Die Summe der beiden Nullstellen ergibt $-p$ und das Produkt ergibt q.

Learn a little

...do a little

Beispiel 3.6 Satz von Vieta

a $x^2 - x - 2 = (x - 2)(x + 1)$

b $x^2 + 4x - 12 = (x + 6)(x - 2)$

Gleichungen höherer Ordnung

Für Gleichungen, in denen die Variable x in der dritten oder vierten Potenz vorkommt, gibt es ähnlich wie bei den quadratischen Gleichungen zwar noch exakte Lösungsformeln, diese sind allerdings sehr kompliziert und benutzen Konstrukte, die wir hier nicht einführen wollen. Für Gleichungen, in denen der Exponent von x fünf oder höher ist, gibt es keine Lösungsformeln mehr. Lösungen für diese Gleichungen kann man meistens nur näherungsweise bestimmen.

Zur Ermittlung der Lösungen von nichtquadratischen Gleichungen gibt es einige Hilfestellungen. Betrachten wir z. B. eine **Gleichung dritten Grades**, die die allgemeine Form

$$x^3 + ax^2 + bx + c = 0$$

hat. Um eine solche Gleichung zu lösen, muss eine erste Lösung erraten werden, was durch folgende Hilfestellung unterstützt wird.

Auffinden von ganzzahligen Lösungen bei Gleichungen dritten Grades

Sind in der allgemeinen Form einer Gleichung dritten Grades die **Koeffizienten** a, b, c ganze Zahlen, so ist jede rationale Lösung (wenn es sie denn gibt) eine ganze Zahl und ein Teiler des konstanten Koeffizienten c.

Wir erläutern diesen Sachverhalt an einem Beispiel.

Learn a little …do a little

Beispiel 3.7 **Erraten einer Lösung**

Der konstante Koeffizient c der Gleichung

$$x^3 - 6x^2 + 11x - 6 = 0$$

ist $c = -6$ und hat die Teiler

$$\pm 1,\ \pm 2,\ \pm 3,\ \pm 6\,.$$

Der Satz besagt nun, dass, wenn es eine ganzzahlige Lösung der Gleichung gibt, diese einer der Teiler sein muss. Durch Probieren findet man heraus, dass

$$x_1 = 1$$

eine Lösung der Gleichung ist. ■

Hat man eine Lösung x_1 der Gleichung erraten, so nutzt man zur Ermittlung der anderen Lösungen den Umstand, dass man die linke Seite der Gleichung in einen quadratischen Ausdruck und den **Linearfaktor** $x - x_1$ zerlegen kann:

$$x^3 + ax^2 + bx + c = \left(dx^2 + ex + f\right)(x - x_1)$$

mit noch unbekannten Größen d, e, f. Diese werden durch **Polynomdivision** ermittelt, d. h. man dividiert die linke Seite durch den Linearfaktor $x - x_1$

$$\left(x^3 + ax^2 + bx + c\right) : (x - x_1)\,.$$

Zur Erläuterung führen wir das obige Beispiel fort.

Learn a little …do a little

Beispiel 3.8 **Fortsetzung von Beispiel 3.7, Polynomdivision**

Um die anderen Lösungen zu finden, müssen wir zunächst

$$x^3 - 6x^2 + 11x - 6 : (x - 1)$$

berechnen. Die Polynomdivision erfolgt analog zum schriftlichen Dividieren von Zahlen.

2. Fall: $-2 \leq x < \frac{2}{3}$**.** Dann ist der rechte Term in den Betragsstrichen positiv, der linke negativ; die Gleichung wird zu

$$x + 2 = -(3x - 2) + 2,$$

woraus

$$x + 2 = -3x + 2 + 2$$

und schließlich

$$4x = 2 \Leftrightarrow x = \frac{1}{2}$$

folgt. Da

$$-2 \leq \frac{1}{2} < \frac{2}{3}$$

gilt, ist $x = \frac{1}{2}$ eine Lösung der Gleichung.

3. Fall: $x \geq \frac{2}{3}$**.** Dann sind beide Terme positiv und die Gleichung wird zu

$$x + 2 = 3x - 2 + 2,$$

woraus durch Vereinfachen

$$x + 2 = 3x \Leftrightarrow 2x = 2 \Leftrightarrow x = 1$$

folgt. Da

$$1 \geq \frac{2}{3}$$

ist, hat die Gleichung auch $x = 1$ als Lösung.

Insgesamt folgt:

$$\mathbb{L} = \left\{\frac{1}{2}, 1\right\}.$$

■

3.2 Ungleichungen

Bei den reellen Zahlen kann man feststellen, ob eine Zahl größer oder kleiner als eine andere ist. Es gelten folgende

Ordnungsrelationen der reellen Zahlen

Seien a, b, c, d reelle Zahlen. Dann gilt

1. $a < b \Leftrightarrow a + c < b + c$

$a < b \Leftrightarrow a - c < b - c$.

Auf beiden Seiten der Ungleichung dürfen beliebige reelle Zahlen addiert bzw. subtrahiert werden, ohne dass die Ordnungsrelation sich ändert.

2. Für $c > 0$: $a < b \Leftrightarrow a \cdot c < b \cdot c$

$$a < b \Leftrightarrow \frac{a}{c} < \frac{b}{c}\,.$$

Multiplikation mit einer positiven Zahl und Division durch eine positive Zahl erhalten die Ordnungsrelationen.

3. Für $c < 0$: $a < b \Leftrightarrow a \cdot c > b \cdot c$

$$a < b \Leftrightarrow \frac{a}{c} > \frac{b}{c}\,,$$

d. h. Multiplikation mit einer negativen Zahl und Division durch eine negative Zahl kehren die Ordnungsrelationen um.

4. Haben a und b dasselbe Vorzeichen, d. h. $a \cdot b > 0$, so gilt:

$$a < b \Leftrightarrow \frac{1}{a} > \frac{1}{b}\,.$$

5. Haben a und b unterschiedliche Vorzeichen, d. h. $a \cdot b < 0$, so gilt:

$$a < b \Leftrightarrow \frac{1}{a} < \frac{1}{b}\,.$$

6. Gilt $a < b$ und $c < d$, so folgt:

$$a + c < b + d\,.$$

Analoge Regeln gelten für die Relationen »größer $>$« , »kleiner gleich $\leq$« und »größer gleich $\geq$«.

Aus diesen Ordnungsrelationen ergeben sich die

Äquivalenzrelationen für Ungleichungen

1. Folgende Umformungen ändern die Lösungsmenge einer Ungleichung nicht.

- **a.** Addition oder Subtraktion des gleichen Terms auf beiden Seiten.
- **b.** Multiplikation beider Seiten mit einem **positiven** Term.
- **c.** Division beider Seiten durch einen **positiven** Term.
- **d.** Potenzieren beider Seiten mit **ungeradem positivem** Exponenten.
- **e.** n-tes Wurzelziehen auf beiden Seiten mit **ungeradem positivem** Exponenten.
- **f.** Übergang zum Kehrwert bei verschiedenen Vorzeichen der Seiten.

2. Folgende Umformungen kehren die Ordnungsrelation um:

a. Multiplikation beider Seiten mit einem **negativen** Term.

b. Division beider Seiten durch einen **negativen** Term.

c. Übergang zum Kehrwert bei gleichen Vorzeichen der Seiten.

Learn a little ...do a little

Beispiel 3.10 **Ungleichungen**

Bestimmen Sie die Lösungsmenge der Ungleichung

$$\frac{x+1}{x-2} < 3\,.$$

Lösung Um die Ungleichung umzuformen, multiplizieren wir sie mit $x - 2$ auf beiden Seiten. Nach den Äquivalenzumformungen müssen wir allerdings darauf achten, welches Vorzeichen der Term $x - 2$ hat, d. h. wir müssen unterscheiden, ob er positiv oder negativ ist (Null darf er ja sowieso nicht werden). Also

1. Fall $x - 2 > 0$, d. h. $x > 2$. Dann folgt

$$\frac{x+1}{x-2}\,(x-2) < 3\,(x-2)\,.$$

Wir kürzen die linke Seite, multiplizieren die rechte Seite aus und erhalten

$$x + 1 < 3x - 6\,.$$

»Nach x Auflösen« ergibt

$$7 < 2x \Rightarrow x > \frac{7}{2}\,.$$

Da x größer als 3,5 sein muss, erfüllt x auch die Bedingung $x > 2$, damit ist die Lösungsmenge

$$\mathbb{L}_1 = \left\{x \in \mathbb{R} : x > \frac{7}{2}\right\}.$$

2. Fall $x - 2 < 0$, d. h. $x < 2$. Dann dreht sich das Vorzeichen in der Ungleichung um und es folgt

$$\frac{x+1}{x-2}\,(x-2) > 3\,(x-2)\,.$$

Wir kürzen die linke Seite, multiplizieren die rechte Seite aus und erhalten

$$x + 1 > 3x - 6\,.$$

»Nach x Auflösen« ergibt

$$7 > 2x \Rightarrow x < \frac{7}{2}\,.$$

Da x kleiner als 3,5 und außerdem kleiner als 2 sein muss, ist die Lösungsmenge

$$\mathbb{L}_2 = \{x \in \mathbb{R} : x < 2\}\,.$$

Die gesamte Lösungsmenge ergibt sich als Vereinigungsmenge der beiden Teillösungsmengen, also

$$\mathbb{L} = \mathbb{L}_1 \cup \mathbb{L}_2 = \left\{ x \in \mathbb{R} : \left(x > \frac{7}{2} \right) \quad \text{oder} \quad (x < 2) \right\} = \mathbb{R} \setminus \left[2, \frac{7}{2} \right] .$$

■

Wir rechnen noch ein weiteres Beispiel einer Ungleichung mit Beträgen.

Learn a little ...do a little

Beispiel 3.11 **Betragsungleichung**

Bestimmen Sie die reellen Lösungen der Ungleichung

$$|x - 2| > x^2 .$$

Lösung **1. Fall: $x \geq 2$.** Dann ist $x - 2 \geq 0$, also folgt

$$|x - 2| = x - 2$$

und für die Ungleichung

$$|x - 2| > x^2 \Rightarrow x - 2 > x^2 .$$

Wir bringen alles auf eine Seite und erhalten

$$x^2 - x + 2 < 0 .$$

Auf der linken Seite steht ein quadratischer Term. Wenn wir die Funktion

$$y = x^2 - x + 2$$

betrachten, dann ist diese Funktion eine Parabel und zwar eine nach oben offene, da der Faktor vor dem x^2 eine positive Zahl (nämlich 1) ist.

Eine nach oben offene Parabel ist nur für diejenigen x kleiner als Null, die zwischen den Nullstellen der Parabel liegen. Also müssen die Nullstellen bestimmt werden. Es gilt mit der p-q-Formel

$$x_{1/2} = \frac{1}{2} \pm \sqrt{\frac{1}{4} - 2} = \frac{1}{2} \pm \sqrt{-\frac{7}{4}} ,$$

die Nullstellen existieren also nicht, damit hat die Parabel keine Nullstellen, wie auch aus ►Abbildung 3.1 (obere Kurve) ersichtlich ist. Sie schneidet die x-Achse nicht, sondern liegt immer oberhalb davon. Für $x \geq 2$ gibt es damit keine Lösung der Ungleichung.

2. Fall: $x < 2$. Dann ist $x - 2 < 0$, also folgt

$$|x - 2| = -(x - 2) = 2 - x$$

und für die Ungleichung

$$|x - 2| > x^2 \Leftrightarrow 2 - x > x^2 .$$

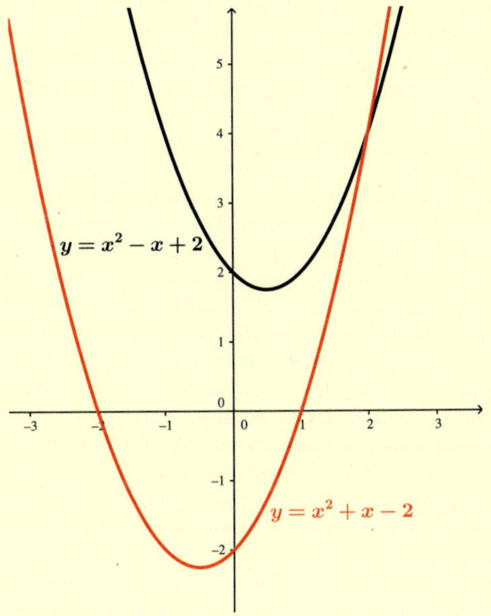

Abbildung 3.1 Parabeln zu Betragsungleichung

Wir bringen alles auf eine Seite und erhalten

$$x^2 + x - 2 < 0\,.$$

Es gilt mit der p-q-Formel

$$x_{1/2} = -\frac{1}{2} \pm \sqrt{\frac{1}{4} + 2} = -\frac{1}{2} \pm \sqrt{\frac{9}{4}} = -\frac{1}{2} \pm \frac{3}{2}\,,$$

also

$$x_1 = 1, x_2 = -2\,,$$

was man auch aus ►Abbildung 3.1 (untere Kurve) ablesen kann. Beide Nullstellen sind kleiner als 2, liegen also im betrachteten Bereich. Damit sind alle Punkte zwischen -2 und 1 Lösungen, die Lösungsmenge ist

$$\mathbb{L} = \{x \in \mathbb{R} : -2 < x < 1\} = (-2, 1)\,.$$

3.3 Lineare Gleichungssysteme

Oft hat man es nicht nur mit einzelnen Gleichungen zu tun, sondern es liegen mehrere Gleichungen mit in der Regel mehreren Unbekannten vor, die simultan gelöst werden müssen. D. h. man sucht eine Lösungsmenge, die für jede der Gleichungen gültig ist. Liegen mehrere Gleichungen vor, so spricht man auch von einem **Gleichungssystem**. Gleichungssysteme können ähnlich wie einzelne Gleichungen lösbar, eindeutig lösbar oder nicht lösbar sein. Zum Beispiel ist das Gleichungssystem

$$\begin{aligned} x + y &= 1 \\ x + y &= 3 \end{aligned}$$

widersprüchlich und damit unlösbar. Das Gleichungssystem

$$\begin{aligned} x + y &= 1 \\ y &= 2 \end{aligned}$$

ist eindeutig lösbar mit der Lösungsmenge

$$\mathbb{L} = \{(x, y) \in \mathbb{R}^2 : x = -1 \quad \text{und} \quad y = 2\} .$$

Es gibt nun verschiedene Methoden, ein Gleichungssystem zu lösen. In vielen Fällen wählt man sich eine Gleichung aus und stellt die Gleichung nach einer Variablen um. Der für die Variable gefundene Term wird dann in die anderen Gleichungen eingesetzt. Dann sucht man sich wieder eine Gleichung aus und wiederholt die Prozedur, bis man Klarheit über die Lösungsmenge erlangt hat. Diese Methode wird **Einsetzungsverfahren** genannt.

Learn a little ...do a little

Beispiel 3.12 **Einsetzungsverfahren**

Zu lösen ist das Gleichungssystem

$$\begin{aligned} 2x + 3y &= 7 \\ 3x - y &= 3 . \end{aligned}$$

Lösung Wir wählen die zweite Gleichung und lösen sie nach y auf:

$$3x - y = 3 \Leftrightarrow y = 3x - 3 .$$

Diesen Ausdruck für y setzen wir in die erste Gleichung ein und erhalten

$$2x + 3(3x - 3) = 7 .$$

Ausrechnen und Zusammenfassen ergibt

$$11x = 16 \Rightarrow x = \frac{16}{11} .$$

Für die Bestimmung von y setzten wir den gefundenen Wert für x in die zweite Gleichung ein und erhalten

$$y = 3x - 3 = 3\,\frac{16}{11} - 3 = \frac{48}{11} - \frac{33}{11} = \frac{15}{11}\,.$$

Die Lösungsmenge ist also

$$\mathbb{L} = \left\{(x, y) \in \mathbb{R}^2 \colon\ (x, y) = \left(\frac{16}{11}, \frac{15}{11}\right)\right\},$$

d. h. die Lösungsmenge besteht aus dem Paar (x, y) mit $x = \frac{16}{11}$ und $y = \frac{15}{11}$. ■

Eine andere Lösungsmethode besteht darin, dass man zwei Gleichungen nach derselben Unbekannten auflöst und die Ausdrücke gleichsetzt. Auch auf diese Weise lässt sich die Anzahl der Gleichungen und die Anzahl der Unbekannten oft schrittweise so verringern, dass am Ende nur noch eine Gleichung mit einer Unbekannten übrig bleibt. Diese Methode bezeichnet man als **Gleichsetzungsverfahren**.

Learn a little

...do a little

Beispiel 3.13 **Gleichsetzungsverfahren**

Wir lösen erneut das Gleichungssystem

$$\begin{aligned} 2x + 3y &= 7 \\ 3x - y &= 3\,, \end{aligned}$$

diesmal allerdings mit dem Gleichsetzungsverfahren.

Lösung Zunächst stellen wir beide Gleichungen nach y um und erhalten

$$\begin{aligned} y &= \frac{7}{3} - \frac{2}{3}x \\ y &= 3x - 3\,. \end{aligned}$$

Die beiden Terme auf der rechten Seite werden gleichgesetzt

$$\frac{7}{3} - \frac{2}{3}x = 3x - 3\,,$$

auf den Hauptnenner gebracht und umgestellt

$$\frac{7}{3} + \frac{9}{3} = \frac{9}{3}x + \frac{2}{3}x\,.$$

Ausrechnen ergibt

$$\frac{16}{3} = \frac{11}{3}x \Rightarrow x = \frac{16}{11}\,.$$

Und durch Einsetzten von $x = \frac{16}{11}$ in die zweite Gleichung erhält man wieder $y = \frac{15}{11}$. ■

Eine weitere Möglichkeit ein Gleichungssystem zu lösen, bietet das **Eliminationsverfahren**. Dabei wird eine Gleichung mit einer von Null verschiedenen Zahl multipliziert (das ist eine Äquivalenzumformung!), so dass man durch Addition oder Subtraktion mit einer zweiten Gleichung die Form der Gleichungen vereinfacht bzw. die Anzahl der Unbekannten verringert.

Learn a little

...do a little

Beispiel 3.14 **Eliminationsverfahren**

Wir lösen nochmals das Gleichungssystem

$$\begin{aligned} 2x + 3y &= 7 \\ 3x - y &= 3\,, \end{aligned}$$

diesmal mit dem Eliminationsverfahren.

Lösung Zunächst wird die zweite Gleichung mit 3 multipliziert und man erhält

$$\begin{aligned} 2x + 3y &= 7 \\ 9x - 3y &= 9\,. \end{aligned}$$

Nun wird die zweite Gleichung zur ersten addiert, damit die Terme mit y wegfallen

$$2x + 3y + 9x - 3y = 7 + 9 \Rightarrow 11x = 16 \Rightarrow x = \frac{16}{11}$$

und natürlich ergibt sich dieselbe Lösungsmenge. ■

Das in den letzten Beispielen durchgerechnete Gleichungssystem war ein sogenanntes **lineares Gleichungssystem**. Lineare Gleichungssysteme sind dadurch charakterisiert, dass die Unbekannten nur als Terme der Gestalt $ax + by$ vorkommen, d. h. alle Unbekannten kommen nur mit der Potenz 1 vor. Ausdrücke wie

$$ax^2, by^3, cx \cdot y, d\,\frac{x}{y}$$

sind in linearen Gleichungssystemen nicht erlaubt. Die linearen Gleichungssysteme spielen in vielen Teilgebieten der Mathematik eine wichtige Rolle, und wir wollen uns intensiver damit beschäftigen.

Wir betrachten in der Folge allgemeine lineare Gleichungssysteme, die genauso viele Gleichungen wie Unbekannte haben. Als durchgängige Beispiele sollen uns dabei Gleichungssysteme dienen, die aus drei Gleichungen mit drei Unbekannten bestehen. Alle in der Folge eingesetzten Verfahren und Lösungsmethoden kann man auf Systeme mit 2 oder 4 oder 5 usw. Gleichungen anwenden, ohne dass sich am methodischen Vorgehen Unterschiede ergeben. d. h. die Beschränkung auf Systeme mit drei Gleichungen/Unbekannten geschieht nur aus Gründen der Übersichtlichkeit. Ein lineares Gleichungssystem wird folgendermaßen definiert.

Definition eines lineares Gleichungssystems

Ein System von drei linearen Gleichungen in den drei Unbekannten x, y, z

$$\begin{aligned} a_{11}x + a_{12}y + a_{13}z &= b_1 \\ a_{21}x + a_{22}y + a_{23}z &= b_2 \\ a_{31}x + a_{32}y + a_{33}z &= b_3 \end{aligned}$$

nennt man ein **quadratisches lineares Gleichungssystem (LGS)**. Die $3 \cdot 3 = 9$ reellen Zahlen

$$a_{11}, a_{12}, \cdots, a_{33}$$

heißen die **Koeffizienten des LGS**. Abkürzend schreibt man das LGS in der Form

$$\left[\begin{array}{ccc|c} a_{11} & a_{12} & a_{13} & b_1 \\ a_{21} & a_{22} & a_{23} & b_2 \\ a_{31} & a_{32} & a_{33} & b_3 \end{array}\right].$$

Man nennt dieses Schema die **erweiterte Koeffizientenmatrix**, die aus **Zeilen** (waagerecht) und **Spalten** (senkrecht) besteht.

Als **Koeffizientenmatrix** bezeichnet man den Teil, der links vom Querstrich steht.

Ein LGS, bei dem

$$b_1 = b_2 = b_3 = 0$$

gilt, heißt **homogen**, ansonsten **inhomogen**.

Die für Gleichungen gültigen Äquivalenzumformungen gelten natürlich auch für die Gleichungen in einem LGS. Insbesondere gibt es folgende Regeln.

Folgende Umformungen ändern die Lösungen eines LGS nicht

1. Die Reihenfolge der Gleichungen/Zeilen kann vertauscht werden.
2. Eine Gleichung/Zeile kann mit einer reellen Zahl $t \neq 0$ multipliziert werden.
3. Zu einer Gleichung/Zeile kann ein Vielfaches einer anderen Gleichung/Zeile addiert werden.

Gauß-Verfahren

Eine spezielle Form des Eliminationsverfahrens ist das sogenannte **Gauß-Verfahren**. Dieses basiert auf der Beobachtung, dass man Gleichungssysteme, die in **Stufenform** vorliegen, besonders leicht lösen kann. Schauen wir uns ein Beispiel an.

Learn a little
...do a little

Beispiel 3.15 **Gleichungssystem in Stufenform**

Gegeben sei folgendes lineares Gleichungssystem

$$\begin{aligned} -x + y + z &= 0 \\ y + 2z &= 5 \\ z &= 3\ . \end{aligned}$$

Dieses liegt in Stufenform vor, da die letzte Gleichung nur noch eine Variable, die vorletzte zwei und die erste drei Variablen beinhalten.

Lösung Das Gleichungssystem lösen wir durch **rückwärtiges Einsetzen**, d. h. wir nehmen uns die letzte Gleichung und lesen dort den Wert für die Variable z ab:

$$z = 3\,.$$

Diesen Wert für z setzen wir in die zweitletzte Gleichung ein und ermitteln den Wert für y

$$y + 2 \cdot 3 = 5 \Rightarrow y = -1\,.$$

Schließlich nehmen wir die beiden gefundenen Werte für z und y und setzen sie in die erste Gleichung ein:

$$-x - 1 + 3 = 0 \Rightarrow -x = -2 \Rightarrow x = 2$$

und haben so durch rückwärtiges Einsetzen die eindeutige Lösung

$$(x, y, z) = (2, -1, 3)$$

des stufenförmigen Gleichungssystems gefunden. ■

Das Gauß-Verfahren liefert einen Algorithmus, wie man ein beliebiges lineares Gleichungssystem auf Stufenform bringen kann. Ist das passiert, kann man die Lösungen durch rückwärtiges Einsetzen ermitteln. Wir wollen das Verfahren zunächst an einem Beispiel erläutern.

Learn a little
...do a little

Beispiel 3.16 **Inhomogenes lineares Gleichungssystem**

Gesucht ist die Lösungsmenge des Linearen Gleichungssystems (LGS) mit den drei Gleichungen G_1, G_2 und G_3

$$\begin{aligned} G_1 &: -x + y + z = 0 \\ G_2 &: x - 3y - 2z = 5 \\ G_3 &: 5x + y + 4z = 3\ . \end{aligned}$$

Lösung Um das Gleichungssystem auf Zeilenstufenform zu bringen, eliminieren wir zunächst die Variable x aus den Gleichungen G_2 und G_3. Dazu addieren wir zu G_2 die Gleichung G_1 und erhalten als modifizierte 2. Gleichung G_2^*, d. h.

$$G_2^* = G_2 + G_1\,.$$

Ausgeschrieben

$$\begin{aligned} G_1 &: -x + y + z = 0 \\ G_2^* &: x - x - 3y + y - 2z + z = 5 + 0 \\ G_3 &: 5x + y + 4z = 3\,. \end{aligned}$$

Ausrechnen führt zu

$$\begin{aligned} G_1 &: -x + y + z = 0 \\ G_2^* &: -2y - z = 5 \\ G_3 &: 5x + y + 4z = 3\,, \end{aligned}$$

d. h. die Variable x ist in G_2^* nicht mehr vorhanden. Als nächstes eliminieren wir die Variable x aus G_3, indem wir das 5-Fache von G_1 zu G_3 addieren

$$G_3^* = G_3 + 5G_1,$$

d. h.

$$\begin{aligned} G_1 &: -x + y + z = 0 \\ G_2^* &: -2y - z = 5 \\ G_3^* &: 5x - 5x + y + 5y + 4z + 5z = 3 + 5 \cdot 0\,, \end{aligned}$$

woraus

$$\begin{aligned} G_1 &: -x + y + z = 0 \\ G_2^* &: -2y - z = 5 \\ G_3^* &: 6y + 9z = 3 \end{aligned}$$

resultiert. Mit diesen beiden Operationen haben wir die Variable x aus der zweiten und dritten Gleichung entfernt. Der nächste Schritt besteht darin, die Variable y aus G_3^* zu entfernen. Dazu addieren wir das 3-Fache von G_2^* zu G_3^*

$$G_3^{**} = G_3^* + 3G_2^*\,,$$

d. h.

$$\begin{aligned} G_1 &: -x + y + z = 0 \\ G_2^* &: -2y - z = 5 \\ G_3^{**} &: 6y - 6y + 9z - 3z = 3 + 15\,. \end{aligned}$$

Vereinfachen führt zu

$$\begin{aligned} G_1 &: -x + y + z = 0 \\ G_2^* &: -2y - z = 5 \\ G_3^{**} &: 6z = 18\,. \end{aligned}$$

Damit ist der 3. Schritt des Gauß-Verfahrens abgeschlossen, wir haben nunmehr ein gestaffeltes System von Gleichungen vorliegen und können rückwärts, d. h. beginnend mit der Gleichung G_3^{**}, in der nur noch die Variable z enthalten ist, die Lösungen bestimmen. Aus G_3^{**} folgt

$$6z = 18 \Rightarrow z = 3\,.$$

Dieser Wert für z wird nun in G_2^* eingesetzt, um den Wert von y zu bestimmen:

$$-2y - 3 = 5 \Rightarrow -2y = 8 \Rightarrow y = -4\,.$$

Nun nimmt man die gefundenen Werte für z und y und setzt sie in G_1 ein:

$$-x - 4 + 3 = 0 \Rightarrow -x = 1 \Rightarrow x = -1\,.$$

Das 3-Tupel (x, y, z) kann man als ein Element des $\mathbb{R}^3$ auffassen, d. h. die Lösungsmenge des Gleichungssystems ist

$$\mathbb{L} = \left\{(x, y, z) \in \mathbb{R}^3 \colon (x, y, z) = (-1, -4, 3)\right\}$$

und besteht nur aus einem Element. Die gefundene Lösung ist eindeutig. ■

Das Beispiel zeigt schon die wesentlichen Schritte des Gauß-Verfahrens, das in allgemeiner Form folgendermaßen lautet.

Merke

Algorithmus. Gauß-Verfahren als Spezialfall des Eliminationsverfahrens

1. Man wähle eine Gleichung mit einem Koeffizienten von x ungleich Null als erste Gleichung. d. h. die Reihenfolge der Gleichungen wird ev. verändert.

2. Dann **eliminiert** man die Variable x aus der zweiten und dritten Gleichung. Um x aus der zweiten Gleichung zu entfernen, wird das a_{21}-Fache der 1. Zeile vom a_{11}-Fachen der 2. Zeile subtrahiert. Steht zum Beispiel in der ersten Gleichung $2x$ und in der zweiten $3x$, so multipliziert man die zweite Gleichung auf beiden Seiten mit 2, dann steht als Zahl vor der Variablen x die 6. Nun multipliziert man die 1. Zeile (aber nur gedanklich!) mit 3, dann ist die (fiktive) Zahl vor der Variablen in der ersten Gleichung ebenfalls 6. Wenn man jetzt die (gedanklich) mit 6 multiplizierte erste Gleichung von der zweiten Gleichung subtrahiert, so heben sich in der zweiten Gleichung die Terme mit der Variablen x auf und die zweite Gleichung enthält diese Unbekannte nicht mehr.

   Ebenso **eliminiert** man die Variable x aus der 3. Zeile.

3. Schritt 2. wird auf das reduzierte System angewendet, indem die Unbekannte y aus der 3. Zeile **eliminiert** wird.

4. Die umgebildeten Gleichungen bilden dann ein Stufensystem, aus dem sich die Unbekannten rückwärts in der Reihenfolge z, y, x berechnen lassen.

Diese abstrakte allgemeine Vorgehensweise wollen wir an einigen weiteren Beispielen einüben. Wir werden sehen, dass das Gauß-Verfahren leicht anwendbar ist und schnell zum gewünschten Ziel führt.

Learn a little
...do a little

Beispiel 3.17 Inhomogenes lineares Gleichungssystem

Wir behandeln noch einmal das gleiche LGS wie im letzten Beispiel, wollen jetzt aber die Kurzschreibweise anwenden und einüben. In der Kurzform lautet das Gleichungssystem:

$$\left[\begin{array}{ccc|c} -1 & 1 & 1 & 0 \\ 1 & -3 & -2 & 5 \\ 5 & 1 & 4 & 3 \end{array}\right].$$

Lösung Die Kurzform enthält die Variablen x, y, z nicht mehr und der senkrechte Strich, der die erweiterte Koeffizientenmatrix teilt, ersetzt das Gleichheitszeichen. Die erste Spalte der Koeffizientenmatrix ist die x-Spalte, d. h. die Zahlen in der ersten Spalte sind die Koeffizienten von x in den drei Gleichungen. Ähnliches gilt für die zweite und dritte Spalte. Die letzte Spalte nach dem Querstrich ist die Ergebnisspalte. Wenn man für diese Erläuterungen eine Hilfestellung braucht, so kann man die Matrix auch um eine Kopfzeile erweitern und mit dieser dann weiterrechnen:

$$\left[\begin{array}{ccc|c} x & y & z & b_i \\ \hline -1 & 1 & 1 & 0 \\ 1 & -3 & -2 & 5 \\ 5 & 1 & 4 & 3 \end{array}\right].$$

Die Manipulationen mit dem Gauß-Verfahren werden folgendermaßen aufgeschrieben:

$$\left[\begin{array}{ccc|c} -1 & 1 & 1 & 0 \\ 1 & -3 & -2 & 5 \\ 5 & 1 & 4 & 3 \end{array}\right] \overset{Z_2 + Z_1}{\rightarrow} \left[\begin{array}{ccc|c} -1 & 1 & 1 & 0 \\ 0 & -2 & -1 & 5 \\ 5 & 1 & 4 & 3 \end{array}\right].$$

Der Pfeil kennzeichnet die Umformung des linken Gleichungssystems in das rechte. Oberhalb des Pfeils kann man die Operationen, die man durchgeführt hat, notieren. Das ist insbesondere am Anfang zu empfehlen, damit man weiß, welche Umformungen vorgenommen wurden, um die rechte Seite zu erhalten. Das Symbol $Z_2 + Z_1$ bedeutet, dass man zur 2. Zeile (Z_2) die 1. Zeile (Z_1) addiert. Wenn man diese Operation ausgeführt hat, so erkennt man auf der rechten Seite, dass der Koeffizient a_{21} von x (2. Zeile, 1. Spalte) Null geworden ist, d. h. die Variable x ist aus der 2. Zeile eliminiert worden. Der nächste Schritt besteht darin, auch den Koeffizienten $a_{31} = 5$ (3. Zeile, 1. Spalte) zu Null zu machen, indem wir das 5-Fache der ersten Zeile zur dritten addieren.

$$\left[\begin{array}{ccc|c} -1 & 1 & 1 & 0 \\ 0 & -2 & -1 & 5 \\ 5 & 1 & 4 & 3 \end{array}\right] \overset{Z_3 + 5Z_1}{\rightarrow} \left[\begin{array}{ccc|c} -1 & 1 & 1 & 0 \\ 0 & -2 & -1 & 5 \\ 0 & 6 & 9 & 3 \end{array}\right],$$

d. h. durch diese zwei Schritte haben wir erreicht, dass unterhalb der -1 in der ersten Spalte nur noch Nullen auftauchen. Nun wollen wir die Variable y aus der dritten Gleichung entfernen, d. h. wir wollen aus dem Koeffizienten $a_{32} = 6$ (3. Zeile, 2. Spalte) eine Null machen. Dazu addieren wir das 3-Fache der zweiten Zeile zur dritten.

$$\left[\begin{array}{rrr|r} -1 & 1 & 1 & 0 \\ 0 & -2 & -1 & 5 \\ 0 & 6 & 9 & 3 \end{array}\right] \overset{Z_3 + 3Z_2}{\rightarrow} \left[\begin{array}{rrr|r} -1 & 1 & 1 & 0 \\ 0 & -2 & -1 & 5 \\ 0 & 0 & 6 & 18 \end{array}\right].$$

Damit haben wir ein wichtiges Teilziel erreicht, wir haben die Koeffizientenmatrix auf **obere Dreiecksgestalt** gebracht, d. h. die Koeffizienten *unterhalb der* **Hauptdiagonalen** (gebildet von den Zahlen -1, -2, 6 von links oben nach rechts unten) sind alle gleich Null. Hat man dieses Ziel erreicht, geht man zur Bestimmung von x, y, z genauso wie im letzten Beispiel vor:

Die dritte Zeile Z_3 ist die Kurzform von

$$6z = 18\,,$$

woraus

$$z = 3$$

folgt. Dieser Wert für z wird nun in Z_2 eingesetzt, um den Wert von y zu bestimmen:

$$-2y - 3 = 5 \Rightarrow -2y = 8 \Rightarrow y = -4\,.$$

Nun nimmt man die gefundenen Werte für z und y und setzt sie in Z_1 ein:

$$-x - 4 + 3 = 0 \Rightarrow -x = 1 \Rightarrow x = -1\,.$$ ■

Im letzten Beispiel bestand die Lösungsmenge des linearen Gleichungssystems aus einem Element, d. h. es gab genau eine Lösung. Das muss aber nicht immer der Fall sein, wie das folgende Beispiel, das wir in der Kurzform ausrechnen, zeigt.

Learn a little

...do a little

Beispiel 3.18 **Inhomogenes lineares Gleichungssystem mit unendlich vielen Lösungen**

Gesucht ist die Lösungsmenge des LGS

$$\left[\begin{array}{rrr|r} 1 & -3 & 2 & 4 \\ -2 & 1 & 3 & 2 \\ 1 & -8 & 9 & 14 \end{array}\right].$$

Lösung Zunächst formen wir die erweiterte Koeffizientenmatrix mit dem Gauß-Verfahren so um, dass unterhalb der 1 in der ersten Spalte nur Nullen stehen. Dazu addieren wir das 2-Fache der 1. Zeile zur 2. Zeile und subtrahieren die 1. Zeile von der 3. Zeile

$$\left[\begin{array}{rrr|r} 1 & -3 & 2 & 4 \\ -2 & 1 & 3 & 2 \\ 1 & -8 & 9 & 14 \end{array}\right] \overset{\substack{Z_2 + 2Z_1 \\ Z_3 - Z_1}}{\rightarrow} \left[\begin{array}{rrr|r} 1 & -3 & 2 & 4 \\ 0 & -5 & 7 & 10 \\ 0 & -5 & 7 & 10 \end{array}\right],$$

d. h. wir haben zwei Rechenschritte gleichzeitig durchgeführt. Als nächstes eliminieren wir die Variable y aus der dritten Gleichung, indem wir von der dritten Zeile die zweite Zeile subtrahieren

$$\left[\begin{array}{ccc|c} 1 & -3 & 2 & 4 \\ 0 & -5 & 7 & 10 \\ 0 & -5 & 7 & 10 \end{array}\right] \overset{Z_3 - Z_2}{\rightarrow} \left[\begin{array}{ccc|c} 1 & -3 & 2 & 4 \\ 0 & -5 & 7 & 10 \\ 0 & 0 & 0 & 0 \end{array}\right].$$

Wir stellen fest, dass die dritte Zeile/Gleichung aus lauter Nullen besteht. Wenn wir das rückwärtige Einsetzen auf die letzte Zeile anwenden, so erhalten wir die Gleichung

$$0 \cdot z = 0\,.$$

Diese Gleichung ist immer erfüllt, egal welchen Wert für z wir einsetzen. Wir bezeichnen den beliebig wählbaren Wert von z mit t, d. h. wir setzen $z = t$, wobei t irgendeine reelle Zahl sein kann. Mit $z = t$ setzen wir das rückwärtige Einsetzen fort und betrachten die vorletzte Gleichung

$$-5y + 7t = 10 \Rightarrow y = -2 + \frac{7}{5}\,t\,.$$

Auch die Variable y ist unbestimmt, da t jeden beliebigen Wert annehmen kann. Nun setzten wir die für z und y gefundenen Werte in die erste Gleichung ein und erhalten

$$x - 3\left(-2 + \frac{7}{5}\,t\right) + 2t = 4\,.$$

Ausmultiplizieren und Zusammenfassen ergibt

$$\Rightarrow x + 6 - \frac{21t}{5} + \frac{10t}{5} = 4 \Rightarrow x = -2 + \frac{11t}{5}\,.$$

Wir erhalten erneut das Ergebnis, dass auch die Variable x beliebige viele Werte annehmen kann. Wir haben also für das lineare Gleichungssystem eine Lösungsmenge mit unendlich viele Lösungen gefunden, da t als beliebige reelle Zahl unendliche viele unterschiedliche Werte annehmen kann. Die Lösungsmenge schreibt man in diesem Fall in folgender Form auf:

$$\mathbb{L} = \left\{(x, y, z) \in \mathbb{R}^3 \colon (x, y, z) = \left(-2 + \frac{11}{5}\,t, -2 + \frac{7}{5}\,t, t\right); t \in \mathbb{R}\right\}.$$

■

Es gibt noch einen weiteren Fall, nämlich dass ein inhomogenes lineares Gleichungssystem überhaupt keine Lösung besitzt. Sehen wir uns dazu das nächste Beispiel an.

Learn a little ...do a little

Beispiel 3.19 Unlösbares inhomogenes lineares Gleichungssystem

Gesucht ist die Lösungsmenge des LGS

$$\left[\begin{array}{ccc|c} 1 & -3 & 2 & 4 \\ -2 & 1 & 3 & 2 \\ 2 & -16 & 18 & 27 \end{array}\right].$$

Lösung Wir formen die erweiterte Koeffizientenmatrix mit dem Gauß-Verfahren so um, dass unterhalb der 1 in der ersten Spalte nur Nullen stehen. Dazu addieren wir das 2-Fache der 1. Zeile zur 2. Zeile und addieren die 2. Zeile zur 3. Zeile

$$\left[\begin{array}{rrr|r} 1 & -3 & 2 & 4 \\ -2 & 1 & 3 & 2 \\ 2 & -16 & 18 & 27 \end{array}\right] \overset{\substack{Z_2+2Z_1 \\ Z_3+Z_2}}{\rightarrow} \left[\begin{array}{rrr|r} 1 & -3 & 2 & 4 \\ 0 & -5 & 7 & 10 \\ 0 & -15 & 21 & 29 \end{array}\right],$$

d. h. wir haben wieder zwei Rechenschritte gleichzeitig durchgeführt. Als nächstes eliminieren wir die Variable y aus der dritten Gleichung, indem wir von der 3. Zeile das 3-Fache der 2. Zeile subtrahieren

$$\left[\begin{array}{rrr|r} 1 & -3 & 2 & 4 \\ 0 & -5 & 7 & 10 \\ 0 & -15 & 21 & 29 \end{array}\right] \overset{Z_3-3Z_2}{\rightarrow} \left[\begin{array}{rrr|r} 1 & -3 & 2 & 4 \\ 0 & -5 & 7 & 10 \\ 0 & 0 & 0 & -1 \end{array}\right].$$

Wenden wir jetzt wieder das rückwärtige Einsetzen auf die letzte Gleichung an, so erhalten wir

$$0 \cdot z = -1 .$$

Diese Gleichung ist für keinen Wert von z erfüllbar. Daher ist das Gleichungssystem unlösbar, die Lösungsmenge ist die leere Menge:

$$\mathbb{L} = \emptyset .$$

Wir betrachten jetzt homogene lineare Gleichungssysteme, d. h. Gleichungssysteme, bei denen die rechte Seite immer Null ist.

Learn a little ...do a little

Beispiel 3.20 Homogenes lineares Gleichungssystem mit eindeutiger Lösung

Wir verwenden nochmals das Gleichungssystem aus Beispiel 3.17 und setzten die rechte Seite gleich Null

$$\left[\begin{array}{rrr|r} -1 & 1 & 1 & 0 \\ 1 & -3 & -2 & 0 \\ 5 & 1 & 4 & 0 \end{array}\right].$$

Da die Umformungen im Gauß-Algorithmus bei homogenen LGSen die Ergebnisspalte unverändert (Null) lassen, können wir die Ergebnis des obigen Beispiels nutzen und erhalten als Stufenform

$$\left[\begin{array}{rrr|r} -1 & 1 & 1 & 0 \\ 1 & -3 & -2 & 0 \\ 5 & 1 & 4 & 0 \end{array}\right] \rightarrow \left[\begin{array}{rrr|r} -1 & 1 & 1 & 0 \\ 0 & -2 & -1 & 0 \\ 0 & 0 & 6 & 0 \end{array}\right].$$

Durch rückwärtiges Einsetzen erhalten wir aus der letzten Zeile die Gleichung

$$6z = 0 \Rightarrow z = 0 .$$

Setzen wir das in die zweitletzte Gleichung ein, so ergibt sich

$$-2y - 1 \cdot 0 = 0 \Rightarrow y = 0\,.$$

Und ebenso für die erste Gleichung

$$-x + 0 + 0 = 0 \Rightarrow x = 0\,,$$

d. h. wir erhalten eine eindeutige Lösung, nämlich

$$(x, y, z) = (0, 0, 0)\,,$$

die sogenannte **Nulllösung**. Die Nulllösung ist für alle homogenen lineare Gleichungssysteme eine gültige Lösung, d. h.

Homogene LGSe haben immer mindestens eine Lösung.

Diesen Sachverhalt sieht man vielleicht leichter ein, wenn man das homogene LGS in Gleichungsform betrachtet:

$$\begin{array}{rcrcrcl} -x & + & y & + & z & = & 0 \\ x & - & 3y & - & 2z & = & 0 \\ 5x & + & y & + & 4z & = & 0\,. \end{array}$$

Wählt man

$$x = y = z = 0\,,$$

so ergibt sich ohne großes Nachrechnen, dass diese Wahl das Gleichungssystem löst. ■

Als letztes Beispiel in diesem Abschnitt betrachten wir ein homogenes LGS, das unendlich viele Lösungen hat.

Learn a little ...do a little

Beispiel 3.21 **Homogenes lineare Gleichungssystem mit unendlich vielen Lösungen**

Wie nehmen das LGS aus Beispiel 3.18 und setzen die rechte Seite gleich Null

$$\left[\begin{array}{rrr|r} 1 & -3 & 2 & 0 \\ -2 & 1 & 3 & 0 \\ 1 & -8 & 9 & 0 \end{array}\right].$$

Wie schon im vorherigen Beispiel erwähnt, ändern die im Gauß-Verfahren eingesetzten Umformungen die rechte Seite nicht, so dass wir ohne weiteres Nachrechnen die Stufenform aus dem obigen Beispiel übernehmen können

$$\left[\begin{array}{rrr|r} 1 & -3 & 2 & 0 \\ -2 & 1 & 3 & 0 \\ 1 & -8 & 9 & 0 \end{array}\right] \rightarrow \left[\begin{array}{rrr|r} 1 & -3 & 2 & 0 \\ 0 & -5 & 7 & 0 \\ 0 & 0 & 0 & 0 \end{array}\right].$$

Aus der letzten Zeile folgt die Gleichung

$$0 \cdot z = 0\,,$$

die für beliebiges z erfüllt ist. Wir setzen wieder $z = t$, wobei t eine beliebige reelle Zahl sein kann und setzen diesen Wert in die vorletzte Gleichung ein

$$-5y + 7t = 0 \Rightarrow y = \frac{7}{5}t\,.$$

Nun werden die beiden gefundenen Werte für z und y in die erste Gleichung eingesetzt

$$x - 3(\frac{7}{5}\,t) + 2t = 0 \Rightarrow x - \frac{21}{5}\,t + \frac{10}{5}\,t \Rightarrow x = \frac{11}{5}\,t\,.$$

Wir erhalten das Ergebnis, dass die Variablen x, y, z beliebig viele Werte annehmen können. Wir haben also für das homogene lineare Gleichungssystem eine Lösungsmenge mit unendlich vielen Lösungen gefunden, da t als beliebige reelle Zahl unendlich viele unterschiedliche Werte annehmen kann. Die Lösungsmenge schreibt man in folgender Form auf:

$$\mathbb{L} = \left\{(x, y, z) \in \mathbb{R}^3 \colon (x, y, z) = \left(\frac{11}{5}\,t, \frac{7}{5}\,t, t\right); t \in \mathbb{R}\right\}.$$ ■

Wir fassen die Ergebnisse der letzten Beispiele nochmals zusammen.

Merke

Lösungsverhalten linearer Gleichungssysteme

- Ein inhomogenes LGS besitzt entweder genau eine Lösung, unendlich viele Lösungen oder überhaupt keine Lösung.
- Ein homogenes LGS besitzt entweder genau eine Lösung, nämlich die Nulllösung

  $$x = y = z = 0,$$

  oder unendlich viele Lösungen.

Aufgaben zu Kapitel 3

1. Bestimmen Sie die Definitions- und Lösungsmengen folgender Gleichungen:

a. $\frac{1}{1+x} = 1$ **b.** $\frac{1}{1+x} = 0$

c. $\frac{a^2-1}{x-a} + \frac{a^2+1}{x+a} = a^2 + \frac{a^4}{x^2-a^2}, a \geq 2$ **d.** $\frac{1}{1+x} - \frac{1}{1-x} = 2$

e. $\frac{x^2-1}{(x+1)(x+2)} = 1$ **f.** $\frac{x-8}{x-9} = \frac{x-5}{x-7}$

g. $\frac{1}{2x-x^2} + \frac{x-4}{x^2+2x} + \frac{2}{x^2-4} = 0\,.$

2. Schreiben Sie als Summe zweier Quadrate:

a. $9x^2 + 6x + 2$ **b.** $x^2 + px + q$ mit $4q \geq p^2\,.$

3. Ermitteln Sie die Lösungen folgender Gleichungen:

a. $2x^2 - 7x + 5 = 0$ **b.** $2x^2 - 7x - 5 = 0$ **c.** $x^6 + 5x^3 - 36 = 0$

d. $x^3 + 4x^2 + x - 6 = 0$ **e.** $x^4 - 3x^2 - 2x = 0\,.$

4. Zerlegen Sie mit Polynomdivision:

a. $\frac{a^2-b^2}{a+b}$ **b.** $\frac{a^3+b^3}{a+b}$

c. $\frac{a^3-b^3}{a-b}$ **d.** $\frac{a^4-b^4}{a-b}\,.$

5. Bestimmen Sie die Lösungsmenge:

a. $\sqrt{x+4} = x+2$ **b.** $\sqrt{x-3} + \sqrt{2x+1} = \sqrt{5x-4}$

c. $\sqrt{x-1} = \sqrt{x^2-1}$ **d.** $3^{3x-5} = 9^{x+3}$

e. $\sqrt[3]{a^{5-2n}}\,\sqrt[4]{a^{2n-4}} = \sqrt[6]{a^x}, \quad a > 0\,.$

6. Für welche $a \in \mathbb{R}$ ist die Gleichung $2^x + 2^a = 2^{x+a}$ lösbar?

7. Lösen Sie die folgenden Gleichungen nach x auf:

a. $\ln 5^x = \ln 2^x + 2$ **b.** $\frac{1}{2}\ln x^2 + \frac{1}{3}\ln x^3 = 2e$

c. $2\log_2(x-1) = \log_2(x+1) + 3\,.$

8. Bestimmen Sie die Definitions- und Lösungsmenge folgender Ungleichungen:

a. $\frac{1}{x-1} \geq 2$ **b.** $\frac{4}{2x-3} > 5$ **c.** $ax < x + a + 1, \quad a \in \mathbb{R}$

d. $\frac{x-2}{x+3} > 6$ **e.** $(x+1)(x+2) > 0$ **f.** $\frac{x}{a+2} - \frac{1}{a-2} < \frac{1}{a^2-4}, \quad a \neq \pm 2\,.$

9. Bestimmen Sie die Definitions und Lösungsmengen folgender Betragsgleichungen:

a. $|x-3| = |x+5|$ **b.** $|x^2-9| = |x^2-4|$

c. $|9+8x-x^2| = 6x+1$ **d.** $|x^3-3| = 5$.

10. Bestimmen Sie die Definitions- und Lösungsmengen folgender Betragsungleichungen:

a. $|x-3| < 1$

b. $|(x-9)(x-4)| < x-2$ (Teichnen Sie zur Überprüfung die Graphen der beiden Funktionen $y = |(x-9)(x-4)|$ und $y = x-2$.)

c. $|x-2| < x^2$

d. $|x^3-3| > 5$.

11. Lösen Sie folgendes Gleichungssystem: $\frac{1}{x} + \frac{1}{y} = \frac{3}{10}$, $x - y = 5$.

12. Geben Sie die Lösungsmengen der folgenden linearen Gleichungssysteme an:

a.
$$\begin{aligned} x_1 + x_2 + x_3 &= 3 \\ x_1 - x_2 + 2x_3 &= 2 \\ 4x_1 + 6x_2 - x_3 &= 9 \end{aligned}$$

b.
$$\begin{aligned} x_1 - x_2 + 3x_3 &= 8 \\ x_1 + x_2 + x_3 &= 6 \\ 6x_1 + 2x_2 + 10x_3 &= 20 \end{aligned}$$

c.
$$\begin{aligned} 4x_1 + 4x_3 - 2x_4 &= 40 \\ 3x_1 + x_2 - 12x_4 &= 18 \\ 5x_1 - x_2 + 8x_3 + 8x_4 &= 62 \\ x_2 + x_3 &= 4\,. \end{aligned}$$

Zusammenfassung

- **Gleichungen** bestehen aus zwei Termen, die durch ein Gleichheitszeichen verbunden werden.
- Die **Definitionsmenge** einer Gleichung mit Variablen besteht aus allen reellen Zahlen, die die Variablen annehmen dürfen.
- Die **Äquivalenzumformungen** ändern die Lösungsmenge einer Gleichung nicht.
- **Wurzelgleichungen** werden oftmals nicht äquivalent umgeformt. Die so gefundenen Lösungen müssen mit der Definitionsmenge der Ursprungsgleichung abgeglichen werden.
- **Quadratische Gleichungen** werden durch die p-q-Formel oder mithilfe des Satzes von Vieta gelöst.
- Bei Gleichungen höherer Ordnung kann man oftmals eine ganzzahlige Lösung in der Menge aller Teiler des konstanten Koeffizienten finden.
- Hat man eine Lösung gefunden, so lässt sich die Gleichung durch **Polynomdivision** in eine Gleichung niedriger Ordnung vereinfachen.
- Enthält eine Gleichung Beträge, so werden die Lösungen durch Fallunterscheidungen ermittelt.
- Für Ungleichungen gibt es Äquivalenzumformungen, die die Lösungsmenge nicht verändern.
- Bei speziellen Umformungen wird die Ordnungsrelation der Ungleichung umgedreht.
- **Betragsungleichungen** werden durch Fallunterscheidungen gelöst.
- Bei **Gleichungssystemen** sucht man Lösungen, die jede einzelne Gleichung erfüllen.
- Gleichungssysteme kann man mit dem Einsetzungs-, dem Gleichsetzungs- oder dem Eliminationsverfahren lösen.
- Bei linearen Gleichungssystemen kommt häufig ein spezielles Eliminationsverfahren, der sogenannte **Gauß-Algorithmus** zum Einsatz.
- **Inhomogene lineare Gleichungssysteme** haben entweder keine oder eine einzige Lösung oder unendliche viele Lösungen.
- **Homogene lineare Gleichungssysteme** haben entweder die Nulllösung als einzige Lösung oder unendlich viele Lösungen.

Lernziele

In diesem Kapitel lernen Sie

- wie man reelle Funktionen definiert und durch ihre Graphen veranschaulicht,
- was Nullstellen und Symmetrien bei reellen Funktionen bedeuten,
- wann eine Funktion periodisch oder monoton ist,
- was die Verkettung von Funktionen bedeutet,
- was die Umkehrabbildung einer Funktion ist und dass streng monotone Funktionen umkehrbar sind,
- dass es einen Algorithmus zur Herleitung der Umkehrfunktion gibt,
- was Zahlenfolgen sind, wie man den Grenzwert von Zahlenfolgen berechnet und wie man den Grenzwert einer Funktion an einer Stelle x_0 definiert,
- wie man das Verhalten einer Funktion im Unendlichen durch Grenzwertberechnung untersuchen kann,
- dass es Rechenregeln für die Grenzwerte von Funktionen gibt,
- was eine stetige Funktion ist,
- wie man Polynome definiert und dass ein Polynom n-ten Grades höchstens n Nullstellen hat,
- wie man das Hornerschema zur Berechnung von Funktionswerten von Polynomen einsetzen kann,
- dass der Vietasche Wurzelsatz hilft, Nullstellen von Polynomen zu finden,
- dass gebrochenrationale Funktionen aus dem Quotienten zweier Polynome bestehen, und wie man die Null- und Polstellen von gebrochenrationalen Funktionen berechnet,
- wie man gebrochenrationale Funktionen zerlegen kann,
- wie man mithilfe von Asymptoten das Verhalten von gebrochenrationalen Funktionen im Unendlichen untersuchen kann,
- wie man die trigonometrischen Funktionen definiert und was die hauptsächlichen Eigenschaften der trigonometrischen Funktionen sind,
- welche Beziehungen es zwischen den trigonometrischen Funktionen gibt,
- wie man Exponential- und Logarithmusfunktionen definiert und welche hauptsächlichen Eigenschaften diese haben.

Reelle Funktionen

4

ÜBERBLICK

Übersicht

Oftmals steht man vor der Aufgabe, den Elementen einer Menge auf klare Weise Elemente einer anderen zuzuordnen, z.B. wenn man im Supermarkt jedem Produkt einen Preis zuordnen will. Eine solche eindeutige Vorschrift nennt man **Funktion**. Sind die Elemente, die man zuordnen will, und auch die Ergebnisse der Zuordnung reelle Zahlen, so spricht man von einer **reellen Funktion**. Eine Funktion f kann man sich als eine Maschine vorstellen: Man nehme eine Zahl x und stecke diese in die Maschine. Die Maschine arbeitet und wirft dann eine (und nur *eine*!) Zahl y als Output wieder heraus. Und bei gleichem Input x kommt auch immer der gleiche Output y heraus.

Abbildung 4.1 Die Funktionsmaschine f

Möchte man wissen, welcher Input x das Ergebnis y produziert hat, so schreibt man $y = f(x)$. Bevor wir die »ordentliche« Definition von Funktionen hinschreiben noch ein kleines Beispiel. Die Vorschrift f soll darin bestehen, das jeweils Doppelte des Input zu generieren. Einer Zahl x wird also die Zahl $2x$ zugeordnet, und das schreibt man dann kurz als

$$f(x) = 2x.$$

4.1 Allgemeine Funktionseigenschaften

Definition von Funktionen

Wir beginnen mit der Definition einer reellen Funktion.

Definition

Seien $\mathbb{D}$, $\mathbb{W}$ Teilmengen von $\mathbb{R}$. Unter einer **reellen Funktion f** versteht man eine Vorschrift, die jedem Element x aus $\mathbb{D}$ **genau ein** Element $y = f(x)$ aus $\mathbb{W}$ zuordnet. Man schreibt

$$f\colon \mathbb{D} \to \mathbb{W}.$$

Beachte: Zur Definition einer Funktion gehören neben der Funktionsvorschrift f auch die Mengen $\mathbb{D}$ und $\mathbb{W}$.

- Die Zahl x nennt man **unabhängige Variable** oder **Argument**.
- Die Zahl y heißt **abhängige Variable** oder **Funktionswert**.
- Die Menge $\mathbb{D}$ ist der **Definitionsbereich** und die Menge $\mathbb{W}$ der **Wertebereich** von f.
- Die Menge

  $$f(\mathbb{D}) = \{f(x) \in \mathbb{W}\colon x \in \mathbb{D}\}$$

  wird als **Bildbereich** von f bezeichnet.
- Die Menge

  $$G_f = \{(x, y)\colon x \in \mathbb{D} \quad \text{und} \quad y = f(x)\}$$

  nennt man den **Graphen** oder die **Kurve** von f. Um den Graphen einer Funktion darzustellen, wählen wir ein (x, y)-Koordinatensystem, tragen dort eine Reihe von x-Werten und die zugehörigen Funktionswerte $y = f(x)$ ein und verbinden die Punkte (x, y) durch eine Linie.

Wir schauen uns ein Beispiel an.

Learn a little

...do a little

Beispiel 4.1 **Quadratische Funktion**

Wir betrachten die Funktion

$$f\colon [-2, 2] \to \mathbb{R}, \quad f(x) = x^2.$$

Diese Funktion hat folgende Eigenschaften.

- Die Vorschrift f besagt, dass jeder Zahl x ihr Quadrat zugeordnet werden soll.
- Der Definitionsbereich von f ist das abgeschlossene Intervall $[-2, 2]$, also eine Teilmenge der reellen Zahlen.

- Der Wertebereich besteht aus der Menge der reellen Zahlen.
- Den Bildbereich erhalten wir dadurch, dass wir uns fragen, für welche $y \in \mathbb{R}$ es x-Werte gibt, so dass $y = x^2$ ist. Da die Quadratzahlen alle größer oder gleich Null sind und die x-Werte zwischen -2 und 2 liegen, ist

$$f(\mathbb{D}) = \left\{x^2 \colon x \in [-2, 2]\right\} = [0, 4] \, .$$

  Wir können festhalten: Der Bildbereich ist immer eine Teilmenge des Wertebereichs.
- Für den Graphen der Funktion stellen wir zunächst eine **Wertetabelle** auf:

x	-2	$-1{,}5$	-1	$-0{,}5$	0	$0{,}5$	1	$1{,}5$	2
$f(x) = x^2$	4	2,25	1	0,25	0	0,25	1	2,25	4

  Dann tragen wir diese Punkte in ein Koordinatensystem ein und verbinden sie wie in ► Abbildung 4.2.

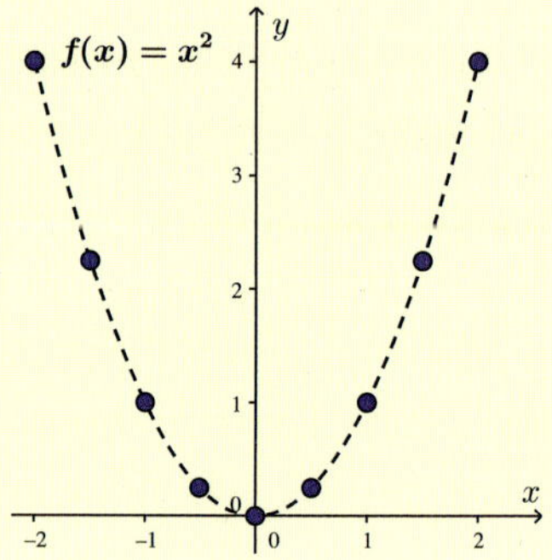

Abbildung 4.2 $f(x) = x^2$ auf dem Intervall $[-2, 2]$

Nullstellen, Symmetrie von Funktionen

Seien $\mathbb{D}, \mathbb{W} \subset \mathbb{R}$ und $f \colon \mathbb{D} \to \mathbb{W}$ eine Funktion.

- Ein $x_0 \in \mathbb{D}$ mit $f(x_0) = 0$ heißt **Nullstelle** von f. In einer Nullstelle schneidet oder berührt der Graph der Funktion die x-Achse. Zur Bestimmung der Nullstellen wird die Gleichung $f(x) = 0$ nach x aufgelöst. Falls dies nicht möglich ist, müssen *numerische Näherungsverfahren*, deren Behandlung allerdings über den Rahmen dieses Kurses hinausgeht, eingesetzt werden.
- Die Funktion f heißt **gerade**, wenn für alle $x \in \mathbb{D}$ gilt:

$$f(x) = f(-x) \, .$$

  Der Graph von f liegt dann **spiegelsymmetrisch zur y-Achse**.

- Die Funktion f heißt **ungerade**, wenn für alle $x \in \mathbb{D}$ gilt:

$$f(x) = -f(-x)\,.$$

Der Graph von f ist dann **zentralsymmetrisch (punktsymmetrisch) zum Ursprung des Koordinatensystems**.

- Es gibt natürlich Funktionen, die weder gerade noch ungerade sind. Die Funktion

$$f(x) = x + x^2$$

ist z. B. eine solche, denn es gilt

$$f(-x) = -x + (-x)^2 = -x + x^2 \neq \begin{cases} x + x^2 & = f(x) \\ -x - x^2 & = -f(x)\,. \end{cases}$$

Learn a little

...do a little

Beispiel 4.2 Gerade und ungerade Funktionen

a Die bekanntesten geraden Funktionen sind die Parabel $y = f(x) = x^2$ und die trigonometrische Funktion $y = \cos x$ (►Abbildung 4.3).

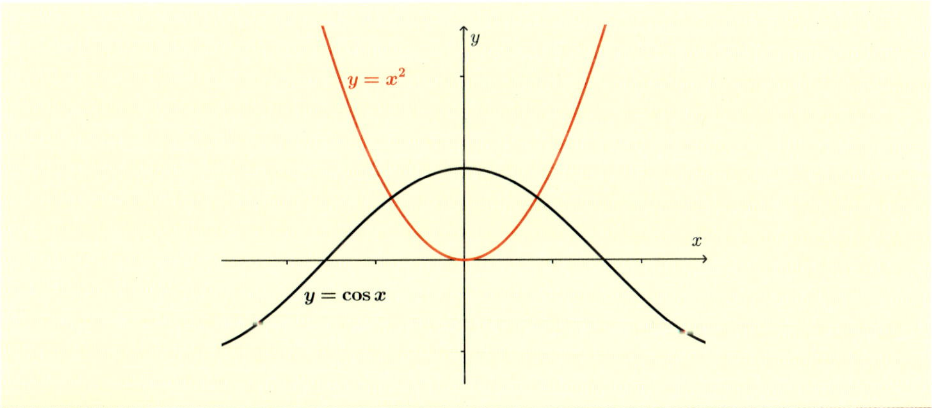

Abbildung 4.3 Graphen von $y = x^2$ und $y = \cos x$

Die Parabel hat eine einzige Nullstelle bei $x_0 = 0$. Der Kosinus hat unendlich viele Nullstellen, nämlich alle ungeraden ganzzahligen Vielfachen von $\frac{\pi}{2}$.

Learn a Little

...do a Little

b Dagegen sind die kubische Funktion $y = x^3$ sowie der Sinusfunktion ungerade.
► Abbildung 4.4 zeigt die Graphen der beiden Funktionen. ■

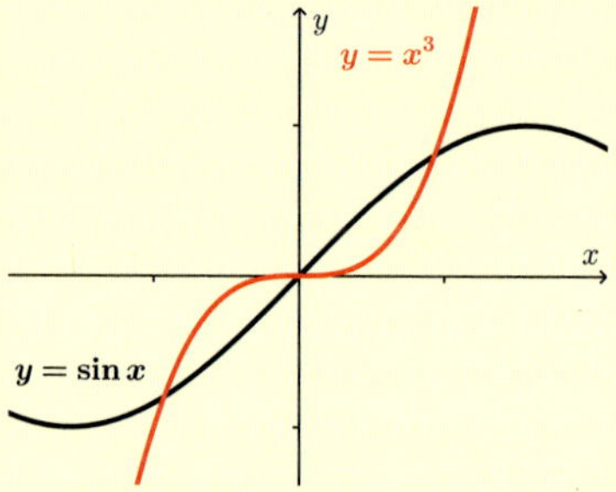

Abbildung 4.4 Graphen von $y = x^3$ und $y = \sin x$

Periodizität und Monotonie von Funktionen

Wir beginnen mit der Definition einer periodischen Funktion.

Definition

Seien $\mathbb{D}, \mathbb{W} \subset \mathbb{R}$ und $f\colon \mathbb{D} \to \mathbb{W}$ eine Funktion. Die Funktion f heißt **periodisch mit der Periode p**, falls für alle $x \in \mathbb{D}$ gilt:

$$f(x \pm p) = f(x)\,.$$

Learn a little

...do a little

Beispiel 4.3 **Periodische Funktionen**

Die bekanntesten periodischen Funktionen sind der Sinus und der Kosinus. Es gilt

$$\sin(x \pm 2\pi) = \sin x$$
$$\cos(x \pm 2\pi) = \cos x\,,$$

d. h. die Periode ist jeweils 2π. ■

Definition

Seien $\mathbb{D}, \mathbb{W} \subset \mathbb{R}$ und $f\colon \mathbb{D} \to \mathbb{W}$ eine Funktion.

1 f heißt **monoton wachsend**, falls für alle $x_1, x_2 \in \mathbb{D}$ mit $x_1 < x_2$ gilt:

$$f(x_1) \leq f(x_2)\,.$$

2 f heißt **streng monoton wachsend**, falls für alle $x_1, x_2 \in \mathbb{D}$ mit $x_1 < x_2$ gilt:

$$f(x_1) < f(x_2)\,.$$

3 f heißt **monoton fallend**, falls für alle $x_1, x_2 \in \mathbb{D}$ mit $x_1 < x_2$ gilt:

$$f(x_1) \geq f(x_2)\,.$$

4 f heißt **streng monoton fallend**, falls für alle $x_1, x_2 \in \mathbb{D}$ mit $x_1 < x_2$ gilt:

$$f(x_1) > f(x_2)\,.$$

Learn a little

...do a little

Beispiel 4.4 **Monotonie**

a Die konstante Funktion $f(x) = 10$ ist sowohl monoton wachsend als auch monoton fallend, aber nirgendwo streng monoton.

b Die Funktion $f(x) = -3x + 4$ ist streng monoton fallend.

c Wie wir der ► Abbildung 4.3 entnehmen können, ist die Parabel $f(x) = x^2$ für $x \leq 0$ streng monoton fallend und für $x \geq 0$ streng monoton wachsend.

d Die Funktion $f\colon \mathbb{R} \to \mathbb{R}$, $f(x) = x^3$ ist überall streng monoton wachsend. ■

Verkettung und Umkehrbarkeit von Funktionen

Manchmal steht man vor der Aufgabe mehrere Funktionen hintereinander ausführen zu müssen, d.h wenn man z. B. zwei Funktionen f und g vorliegen hat, so möchte man auf ein Element zunächst die Abbildung f anwenden und dann auf das erzielte Ergebnis die Abbildung g (► Abbildung 4.5).

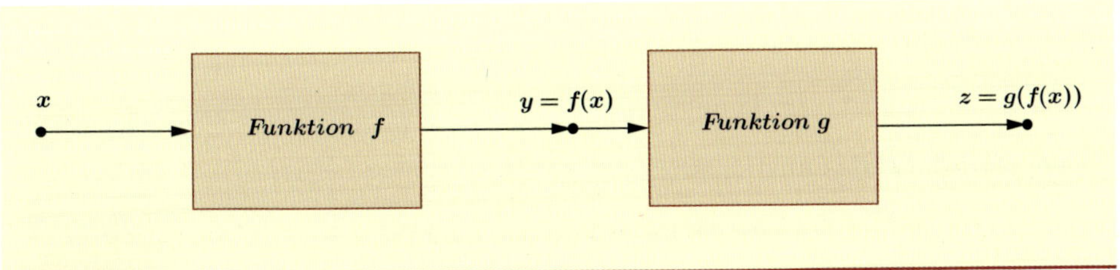

Abbildung 4.5 Verkettung von Funktionen

In unserem Bild von den Funktionsmaschinen bedeutet eine Verkettung, dass zunächst die Maschine f mit der Zahl x gefüttert wird und anschließend die Maschine g mit $y = f(x)$, dem Output von f. Der Output von g ist dann das gewünschte Ergebnis $z = g\,(f\,(x))$.

Damit so eine Hintereinanderschaltung von Funktionen überhaupt möglich ist, muss der Bildbereich von f im Definitionsbereich von g liegen. Wir betrachten hier den Fall, dass zwei Funktionen

$$f\colon \mathbb{D}_f \to \mathbb{W}_f$$

und

$$g\colon \mathbb{W}_f \to \mathbb{W}_g$$

vorliegen, d. h. es ist sichergestellt, dass der Bildbereich von f im Definitionsbereich von g liegt. Wenn nun x ein Element aus $\mathbb{D}_f$ ist, so bedeutet die **Verkettung der Funktionen** f und g, dass man das Element

$$z = g\left(f(x)\right)$$

aus der Menge $\mathbb{W}_g$ berechnet. Diese Verkettung spricht man »*g nach f*« oder »*zuerst f, dann g*« aus und es ist Vorsicht geboten, da der obige Ausdruck eine andere Reihenfolge suggeriert. Durch die Verkettung von f und g wird eine neue Funktion von der Menge $\mathbb{D}_f$ in die Menge $\mathbb{W}_g$ generiert. Diese schreibt man auch als

$$z = g \circ f\colon \mathbb{D}_f \to \mathbb{W}_g, g \circ f(x) = g\left(f(x)\right) \tag{4.1}$$

und der kleine Ring $\circ$ wird »Kringel« genannt. Die Verkettung von f und g kann man also auch »g Kringel f« aussprechen.

Learn a little

...do a little

Beispiel 4.5 Verkettung von Funktionen

a Seien f, g die Funktionen

$$f(x) = x + 10 \quad \text{und} \quad g(x) = x^2,$$

dann gilt

$$z(x) = g \circ f(x) = g\left(f(x)\right) = g\left(x + 10\right) = (x + 10)^2 = x^2 + 20x + 100\,.$$

Wir vertauschen bei der Verkettung die Reihenfolge der beiden Funktionen und erhalten

$$f \circ g(x) = f\left(g(x)\right) = f\left(x^2\right) = x^2 + 10\,.$$

Das heißt: Im Allgemeinen gilt

$$g \circ f(x) \neq f \circ g(x)\,,$$

die Verkettung ist nicht kommutativ!

b Wir betrachten die Funktionen

$$f(x) = \sqrt{x-3} \quad \text{sowie} \quad g(x) = \frac{1}{x-2}$$

und schauen zunächst, ob der Bildbereich von $f(x)$ im Definitionsbereich von $g(x)$ enthalten ist. Der Definitionsbereich von $f(x)$ ist das Intervall $[3, \infty)$, damit ist der Term unter der Wurzel größer gleich Null. Der Bildbereich von f ist damit das Intervall $[0, \infty)$. Der Definitionsbereich von $g(x)$ besteht aus allen reellen Zahlen ausgenommen $x = 2$. Da 2 aber im Bildbereich von $f(x)$ liegt, kann man die Verkettung $g \circ f(x)$ nicht (bzw. nicht ohne weitere Einschränkungen) durchführen.

c Seien f und g die Funktionen

$$f(x) = (x+1)^2 \quad \text{und} \quad g(x) = \sqrt{x} - 1\,.$$

Da alle Quadratzahlen größer gleich Null sind, ist in diesem Fall der Bildbereich von $f(x)$ im Definitionsbereich von $g(x)$ enthalten und es folgt

$$g \circ f(x) = g\,(f(x)) = g\left((x+1)^2\right) = \sqrt{(x+1)^2} - 1 = x + 1 - 1 = x\,.$$

Umgekehrt gilt

$$f \circ g(x) = f\,(g(x)) = f\left(\sqrt{x} - 1\right) = \left(\sqrt{x} - 1 + 1\right)^2 = \left(\sqrt{x}\right)^2 = x\,.$$

In diesem Beispiel erhält man dasselbe Resultat, hier spielt die Reihenfolge der Verkettungen keine Rolle. ■

Im letzten Beispiel kam als Ergebnis der Verkettung der Funktionen f und g wieder das Input-Element x heraus. Das führt zu folgender Definition.

Umkehrfunktion

Definition

Gibt es für eine Funktion $f\colon \mathbb{D} \to \mathbb{W} = f(\mathbb{D})$ eine Funktion $g\colon \mathbb{W} \to \mathbb{D}$ mit

$$g \circ f(x) = x\,,$$

so nennt man g die **Umkehrfunktion** und schreibt $g(x) = f^{-1}(x)$. Beachten Sie, dass der Definitionsbereich der Umkehrfunktion $f^{-1}(x)$ dem Bildbereich und der Wertebereich der Umkehrfunktion dem Definitionsbereich der Ausgangsfunktion $f(x)$ entsprechen:

$$f^{-1}\colon \mathbb{W} \to \mathbb{D}\,.$$

Die Umkehrfunktion macht also all das rückgängig, was die Funktion zugeordnet hat. In dem Maschinenbild ► Abbildung 4.6 schluckt die Umkehrmaschine den Output y

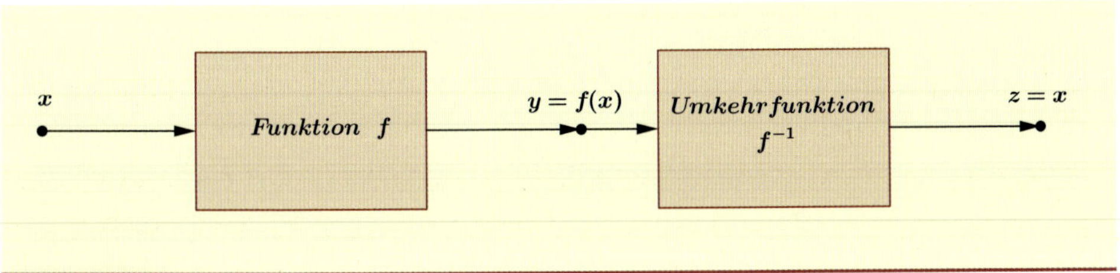

Abbildung 4.6 Umkehrfunktion

der ersten Maschine und macht daraus wieder den Input der ersten Maschine. d. h. eine Anordnung von solchen Maschinen hintereinander verändert nichts. Man kann sich die ganze Verarbeitung ersparen.

Es stellt sich nun die Frage: Gibt es zu jeder Funktion eine Umkehrfunktion? Und die Antwort darauf lautet: Nein!

Learn a little

...do a little

Beispiel 4.6 **Nicht jede Funktion ist umkehrbar**

Die Funktion $f\colon \mathbb{R} \to \mathbb{R}_+$ mit

$$f(x) = x^2$$

hat den Bildbereich $\mathbb{R}_+$, da Potenzen von reellen Zahlen größer gleich Null sind. Es gilt also für diese Funktion

$$\mathbb{W} = f(\mathbb{D})$$

und wir machen uns auf die Suche nach einer Umkehrfunktion

$$f^{-1}\colon \mathbb{W} \to f(\mathbb{D}) = \mathbb{R}_+ \to \mathbb{R}\,.$$

Wir wissen schon, dass die Funktion, die aus einer Quadratzahl die Zahl selbst macht, die Wurzelfunktion ist. Definieren wir

$$f^{-1}(x) = \sqrt{x}\,,$$

so ist f^{-1} auf den positiven reellen Zahlen definiert und es gilt z. B.

$$f^{-1}\left(f(1)\right) = f^{-1}\left(1^2\right) = \sqrt{1^2} = 1\,,$$

d. h. wir erhalten wie gewünscht wieder unseren Input 1. Nun schauen wir uns das Ganze für den Wert -1 an:

$$f^{-1}\left(f(-1)\right) = f^{-1}\left((-1)^2\right) = \sqrt{(-1)^2} = \sqrt{1} = 1\,,$$

d. h. wir erhalten *nicht* unseren Startwert -1, sondern wieder die 1. Die Funktion

$$f(x) = x^2$$

ist also nicht umkehrbar. Und zwar liegt das daran, dass es immer zwei Zahlen, nämlich x und $-x$, gibt, die den gleichen Funktionswert haben:

$$f(x) = x^2 = (-x)^2 = f\left(-x\right)\,.$$

■

Umkehrbarkeit von Funktionen

Aus dem letzten Beispiel ergibt sich unmittelbar die folgende Definition.

Definition

Eine Funktion $f\colon \mathbb{D} \to \mathbb{W} = f(\mathbb{D})$ heißt **umkehrbar**, wenn für zwei verschiedene Elemente x_1 und x_2 aus $\mathbb{D}$ auch die Funktionswerte verschieden sind:

$$x_1 \neq x_2 \Rightarrow f(x_1) \neq f(x_2)\,.$$

Ist eine Funktion umkehrbar, so existiert die Umkehrfunktion

$$f^{-1}\colon \mathbb{W} \to \mathbb{D}\,.$$

Wie prüft man nun, ob die oben angegebene Bedingung erfüllt ist? Das ist im Fall reeller Funktionen einfach, wenn wir uns erinnern, wie wir strenge Monotonie definiert haben:

- Die Funktion f ist streng monoton wachsend, wenn aus $x_1 < x_2$ immer $f(x_1) < f(x_2)$ folgt.
- Die Funktion f ist streng monoton fallend, wenn aus $x_1 < x_2$ immer $f(x_1) > f(x_2)$ folgt.

In beiden Fällen ist die obige Bedingung

$$x_1 \neq x_2 \Rightarrow f(x_1) \neq f(x_2)$$

erfüllt und die Schlussfolgerung ist: **Streng monotone Funktionen sind umkehrbar**!

Merke

Bestimmung der Funktionsgleichung der Umkehrfunktion

Haben wir eine streng monotone Funktion vorliegen, so müssen wir die dann existierende Umkehrfunktion finden. Das gelingt zwar nicht immer, aber oftmals hilft folgendes Vorgehen:

1. Wir gehen von der Funktionsgleichung $y = f(x)$ aus und lösen diese – wenn eindeutig möglich – nach x auf. Dadurch erhalten wir eine Gleichung der Form

$$x = g(y)\,.$$

2. Wir vertauschen die beiden Variablen x und y und definieren die Umkehrfunktion durch

$$f^{-1}(x) = g(x)\,.$$

Learn a little

...do a little

Beispiel 4.7 Bestimmung der Umkehrfunktion

a Die Funktion $f\colon [0,\infty) \to [1,\infty)$ mit

$$y = f(x) = 1 + x^2$$

ist auf dem Definitionsbereich $\mathbb{D} = [0,\infty)$ streng monoton wachsend.

b Der Wertebereich von f fällt mit dem Bildbereich

$$f(\mathbb{D}) = [1,\infty)$$

zusammen.

c Auflösen der Funktionsgleichung nach x ergibt

$$x = \pm\sqrt{y-1}\,.$$

Da nur positive x zugelassen sind, muss das Pluszeichen genommen werden, also

$$x = \sqrt{y-1}\,.$$

d Vertauschen von x und y liefert die Umkehrfunktion:

$$f^{-1}\colon [1,\infty) \to [0,\infty)$$

mit

$$f^{-1}(x) = \sqrt{x-1}\,.$$

e Man kann die Umkehrfunktion auch zeichnerisch ermitteln.

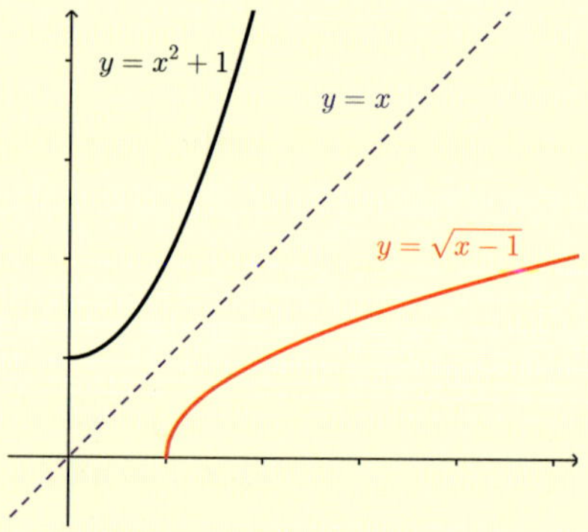

Abbildung 4.7 Umkehrfunktion von $y = x^2 + 1$

In ► Abbildung 4.7 sind die Funktion $y = x^2+1$ und die gestrichelte Winkelhalbierende $y = x$ eingezeichnet. **Die Umkehrfunktion $y = \sqrt{x-1}$ ergibt sich durch Spiegelung von $y = x^2 + 1$ an der Winkelhalbierenden.** ■

Aufgaben zum Abschnitt 4.1

1. Bestimmen Sie die Bildmenge der Funktion

$$f\colon [-1,1] \to \mathbb{R}, \quad f(x) = \frac{1}{x-2}.$$

2. Welchen Definitions- und Bildbereich hat die Funktion $f(x) = 4\sin(3x+2)$?

3. Welche Symmetrie hat die Funktion

$$f(x) = \frac{x^2+1}{x^2+3}?$$

4. Untersuchen Sie die Funktion $f(x) = 2x\left(x^2-1\right)$ auf Symmetrie.

5. Ist die Funktion $f(x) = 3x^3 + 2x^2 + 4x + 1$ gerade, ungerade oder keines von beidem?

6. Welche Periode hat die Funktion $f(x) = \cos 4x$?

7. Auf welchen Teilintervallen der reellen Zahlen ist die Funktion $f(x) = 2\,(x-1)^4 + 2$ streng monoton fallend bzw. wachsend?

8. Welche Nullstellen hat die Funktion

$$f(x) = \frac{x^2-1}{x^2+3}?$$

9. Bestimmen Sie die Nullstellen der Funktion

$$f(x) = \frac{1}{2+x^2}.$$

10. Seien

$$f\colon \begin{cases} \mathbb{R} & \to \mathbb{R} \\ x & \mapsto \sin x \end{cases}$$

die Sinusfunktion und g die Funktion

$$g: \begin{cases} \mathbb{R} & \to \mathbb{R} \\ x & \mapsto x+4 \end{cases}.$$

Geben Sie für die Funktion $f \circ g$ die Definitions- und Wertemengen sowie die Funktionsvorschrift an.

11. Bestimmen Sie die Definitions- und Bildbereiche der reellen Funktionen

a. $f(x) = 2 - x^2$ **b.** $g(x) = 3 + 2x^3$ **c.** $h(x) = \sqrt{2x-1}$

und skizzieren Sie ihre Graphen. Geben Sie ihre Umkehrfunktionen mit Definitions- und Wertebereichen an und skizzieren Sie auch diese.

4.2 Grenzwert und Stetigkeit

Grenzwert einer Folge

Eine Funktion f, deren Definitionsbereich die natürlichen und deren Wertebereich die reellen Zahlen sind, nennt man eine **Folge** oder auch **Zahlenfolge**. Ist n eine natürliche Zahl, so schreibt man die Funktionswerte $f(n)$ üblicherweise als

$$f(n) = a_n.$$

Zum Beispiel bilden die Zahlen

$$\begin{aligned} a_1 &= 1 \\ a_2 &= 4 \\ a_3 &= 9 \\ a_4 &= 16 \\ a_5 &= 25 \\ \vdots &= \vdots \end{aligned}$$

eine Folge. Die einzelnen Zahlen a_i heißen **Glieder** der Folge. Die Vorschrift, die jedem $n \in \mathbb{N}$ die reelle Zahl a_n zuordnet, nennt man das **Bildungsgesetz der Folge**. Da in dem Beispiel jeder natürlichen Zahl deren Quadrat zugeordnet wird, ist

$$a_n = n^2$$

das Bildungsgesetz.

Learn a little …do a little

Beispiel 4.8 **Zahlenfolgen**

a $(a_n) = 2, 4, 6, 8, \cdots$ Bildungsgesetz: $a_n = 2n$

b $(a_n) = 1, \frac{1}{2}, \frac{1}{3}, \frac{1}{4}, \cdots$ Bildungsgesetz: $a_n = \frac{1}{n}$

c $(a_n) = 0, \frac{1}{2}, \frac{2}{3}, \frac{3}{4}, \cdots$ Bildungsgesetz: $a_n = 1 - \frac{1}{n}$ ■

Wir interessieren uns für das Verhalten von Folgen, wenn wir n immer größer werden lassen. Im obigen Beispiel mit $a_n = n^2$ können wir die Frage leicht beantworten, da die Folge mit wachsendem n immer größere Zahlen produziert und unbeschränkt wächst. Liegt hingegen der Fall vor, dass sich die Folge immer mehr einer Zahl g annähert, je größer man n wählt, so sagt man die Folge **konvergiert** gegen den **Grenzwert** g.

Learn a little ...do a little

Beispiel 4.9 Grenzwert einer Folge

Wir betrachten die Folge

$$a_n = \frac{n+1}{n}$$

und schauen uns den Funktionsgraphen der Folge in ► Abbildung 4.8 an.

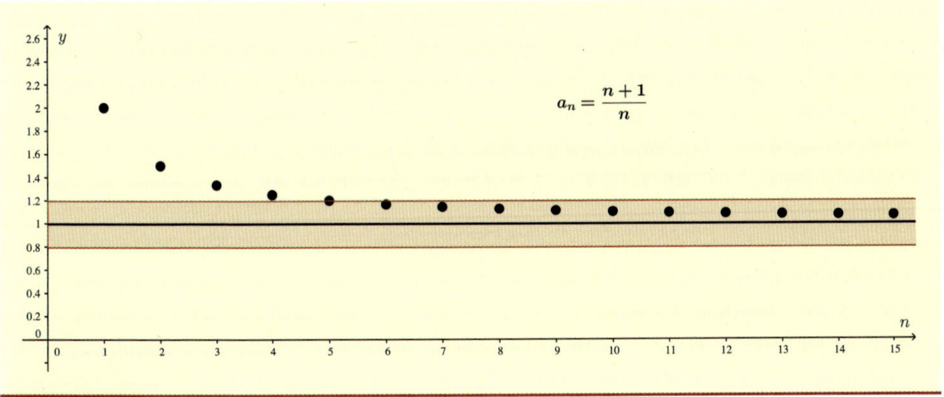

Abbildung 4.8 Funktionsgraph von $a_n = (n+1)/n$

In der Grafik sind die Folgenglieder a_n als schwarze Punkte eingetragen. Die Punkte nähern sich immer mehr der Linie $y = 1$ an, je größer n gewählt wird. Eingezeichnet ist außerdem ein Streifen zwischen 0,8 und 1,2 und wir sehen, dass sich alle Folgenglieder ab a_6 innerhalb des Streifens befinden, d. h. alle Folgenglieder ab a_6 haben einen Abstand zu 1, der kleiner als 0,2 ist. Wenn wir den Streifen schmaler machen würden, z. B. ihn zwischen 0,9 und 1,1 einzeichnen würden, so stellt sich die Frage, ob wir wieder ein Folgenglied finden können, ab dem alle weiteren in dem (verkleinerten) Streifen liegen. Das aber können wir ausrechnen, denn es muss dann gelten

$$a_n - 1 < 0{,}1\,,$$

d. h.

$$\frac{n+1}{n} - 1 < 0{,}1 \quad \text{bzw.} \quad 1 + \frac{1}{n} - 1 < 0{,}1\,,$$

woraus

$$\frac{1}{n} < 0{,}1$$

resultiert, was für alle n größer 10 erfüllt ist. Also liegen ab a_{11} alle weiteren Folgenglieder in dem verkleinerten Streifen. ■

Wir wollen den Gedankengang des letzten Beispiels verallgemeinern und uns fragen, wann eine Folge (a_n) einen bestimmten Grenzwert g hat. Wenn sich die Folge (a_n) immer mehr an die Zahl g annähert, so würden wir erwarten, dass sich in einer noch so kleinen

Umgebung von g fast alle Folgenglieder befinden. Mit Umgebung von g meinen wir ein Intervall

$$(g-\varepsilon, g+\varepsilon)\ ,$$

wobei $\varepsilon > 0$ eine beliebige (kleine) reelle Zahl sein kann. Mit »fast alle« meinen wir, dass sich außerhalb der gewählten Umgebung nur endlich viele Folgenglieder befinden dürfen. Diese Überlegungen fassen wir in folgender Definition nochmals zusammen.

Definition

Eine reelle Zahl g heißt **Grenzwert** oder **Limes** der Zahlenfolge (a_n), wenn in einer beliebig kleinen Umgebung von g **fast alle** Folgenglieder liegen. Man schreibt dann

$$\lim_{n\to\infty} a_n = g \quad \text{bzw.} \quad a_n \to g\,(n\to\infty)\,.$$

- Eine Zahlenfolge kann *höchstens einen* Grenzwert haben.
- Eine Folge heißt **divergent**, wenn sie keinen Grenzwert besitzt, z. B. ist $a_n = n^2$ divergent. Wächst bzw. fällt die Folge unbeschränkt, so schreibt man abkürzend

$$\lim_{n\to\infty} a_n = \infty \quad \text{bzw.} \quad \lim_{n\to\infty} a_n = -\infty\,.$$

- Wenn wir zeigen wollen, dass eine Zahl a der Grenzwert einer Folge (a_n) ist, so wählen wir eine beliebig kleine Zahl $\varepsilon > 0$ und müssen dazu eine natürliche Zahl N bestimmen, so dass für alle größeren natürlichen Zahlen $n > N$ dann alle Folgenglieder im Intervall $(g-\varepsilon, g+\varepsilon)$ liegen. Damit lägen unendlich viele Folgenglieder in diesem Intervall um g herum und außerhalb nur maximal N viele. ► Abbildung 4.9 illustriert nochmals diesen Sachverhalt.

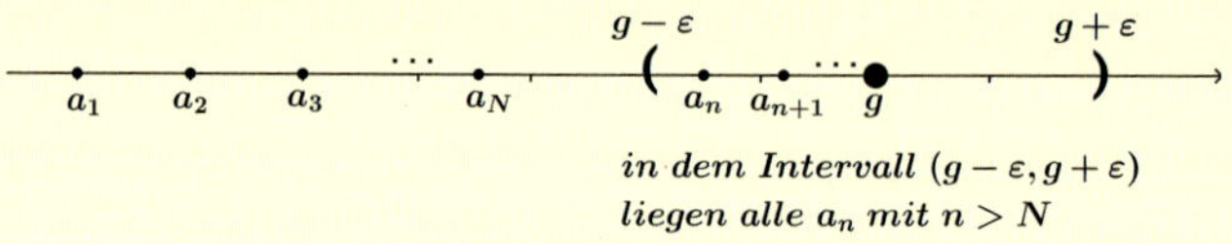

Abbildung 4.9 Grenzwert einer Folge

Learn a little ...do a little

Beispiel 4.10 Konvergente Nullfolge

Die Folge mit dem Bildungsgesetz

$$a_n = \frac{1}{n}$$

konvergiert gegen Null (»ist eine **Nullfolge**«). Wir wählen z. B.

$$\varepsilon = \frac{1}{1000}$$

und bestimmen

$$N = \frac{1}{\varepsilon} = 1000\,.$$

Dann gilt für alle $n > 1000$

$$0 < \frac{1}{n} < \frac{1}{1000}$$

und damit

$$0 < a_n < \frac{1}{1000} = \varepsilon\,,$$

d. h. für $n > 1000$ liegen alle Folgenglieder a_n im Intervall

$$(-\varepsilon, \varepsilon)\,.$$

■

Learn a little

...do a little

Beispiel 4.11 Eulersche Zahl

Wir schauen uns als Beispiel die Folge mit dem Bildungsgesetz

$$a_n = \left(1 + \frac{1}{n}\right)^n$$

an und wollen wissen, wie das Verhalten dieser Folge ist, wenn wir n immer größer wählen. Die ► Tabelle 4.1 zeigt, dass sich die Folge immer mehr einer reellen Zahl annähert, die auf fünf Stellen genau gleich 2,71828 ist.

n =	1	10	100	1.000	100.000	1.000.000	10.000.000
$(1 + \frac{1}{n})^n$	2	2,59874	2,70481	2,71692	2,71827	2,71828	2,71828

Tabelle 4.1 Eine Folge, deren Grenzwert die Eulersche Zahl ist.

Die Folge konvergiert also und man nennt den Grenzwert die **Eulersche Zahl** e:

$$e = \text{Grenzwert von } \left(1 + \frac{1}{n}\right)^n \approx 2{,}718281829\,.$$

■

Grenzwert einer Funktion

Den Begriff des Grenzwertes wollen wir auf Funktionen übertragen und schauen uns zunächst ein Beispiel an. Wir betrachten die Funktion

$$f(x) = x^2 + 1$$

und fragen uns, wie sich die Funktion verhält, wenn wir uns der Zahl $x = 2$ immer mehr annähern. d. h. wir wählen eine Folge x_n, die den Grenzwert 2 hat, berechnen die

Funktionswerte $f(x_n)$ und untersuchen, ob auch die Folge $f(x_n)$ einen Grenzwert hat. Als Folge x_n wählen wir

$$x_n = 2 + \frac{1}{n}\,.$$

Aus dem obigen Beispiel wissen wir, dass $\frac{1}{n}$ eine Nullfolge ist, d. h. x_n hat den Grenzwert 2. Nun berechnen wir für einige n die Werte von $f(x_n)$ (► Tabelle 4.2).

n	1	10	100	1.000	10.000	100.000
x_n	3	2,1	2,01	2,001	2,0001	2,00001
$f(x_n)$	10	5,41	5,040	5,004	5,000	5,000

Tabelle 4.2 Wert von $f(x_n)$ für einige n.

Wir stellen fest, dass sich $f(x_n)$ immer mehr der Zahl 5 annähert, je näher die Folge x_n ihrem Grenzwert 2 kommt. Die Folge $f\,(x_n)$ ist also auch konvergent und ihr Grenzwert ist 5. Wenn wir jetzt eine beliebige andere Folge x_n' auswählen würden, die ebenfalls gegen den Grenzwert 2 konvergiert, so würden wir feststellen, dass dann $f\,(x_n')$ ebenfalls gegen 5 konvergiert. Das genau ist die Eigenschaft, die den Grenzwert einer Funktion definiert.

Definition

Gilt für **jede** Folge (x_n), die gegen eine reelle Zahl x_0 konvergiert, stets $\lim_{n\to\infty} f(x_n) = g$, so heißt die reelle Zahl g der **Grenzwert von $f(x)$ an der Stelle x_0** und man schreibt

$$\lim_{x\to x_0} f(x) = g\,.$$

- Der Grenzübergang $x \to x_0$ bedeutet, dass x der Stelle x_0 beliebig nahe kommt, ohne sie jedoch jemals zu erreichen. Es ist stets $x \neq x_0$.
- Es wird *nicht* gefordert, dass f an der Stelle x_0 definiert sein muss! Es kann also der Fall eintreten, dass eine Funktion an einer Stelle x_0 einen Grenzwert besitzt, obwohl sie dort gar nicht definiert ist.
- Um zu zeigen, dass eine Funktion in einem Punkt x_0 *keinen* Grenzwert besitzt, genügt es zwei Folgen (x_n) und (x_n') anzugeben mit

$$\lim_{n\to\infty} x_n = \lim_{n\to\infty} x_n' = x_0 \quad \text{und zugleich} \quad \lim_{n\to\infty} f(x_n) \neq \lim_{n\to\infty} f(x_n').$$

Learn a little

...do a little

Beispiel 4.12 Grenzwerte von Funktionen

a Sei $f(x) = c$ mit einer reellen Zahl c eine konstante Funktion und $x_0 = 10$. Wir wählen eine beliebige Folge x_n mit $x_n \to 10$ für $n \to \infty$. Dann gilt

$$f(x_n) = c$$

für alle $n \in \mathbb{N}$. Also folgt auch

$$\lim_{x_n \to 10} f(x_n) = c\,.$$

Statt 10 können wir jede andere reelle Zahl x_0 wählen und erhalten immer den gleichen Grenzwert c für $x \to x_0$.

b Sei $f(x)$ die sogenannte **Heaviside-Funktion**

$$f(x) = \begin{cases} 0 & x < 0 \\ 1 & x \geq 0\,. \end{cases}$$

Wir wollen untersuchen, ob die Funktion in $x = 0$ einen Grenzwert besitzt, und wählen die Nullfolge

$$x_n = \frac{1}{n}\,,$$

dann sind alle Folgenglieder größer als Null und die zugehörigen Funktionswerte berechnen sich durch

$$f(x_n) = f\left(\frac{1}{n}\right) = 1 \Rightarrow \lim_{n \to \infty} f(x_n) = 1\,.$$

Als zweite Nullfolge wählen wir

$$x'_n = -\frac{1}{n}\,,$$

dann sind alle Folgenglieder kleiner als Null und die zugehörigen Funktionswerte berechnen sich durch

$$f(x'_n) = f\left(-\frac{1}{n}\right) = 0 \Rightarrow \lim_{n \to \infty} f(x'_n) = 0\,.$$

Wir haben also zwei Folgen gefunden, die beide gegen Null konvergieren, deren Funktionswerte aber verschiedene Grenzwerte haben. Also hat die Heaviside-Funktion in $x = 0$ *keinen* Grenzwert.

c Die Funktion

$$f(x) = \frac{x^2 - 3x}{x - 3}$$

ist an der Stelle 3 zwar nicht definiert, wir wollen aber untersuchen, ob die Funktion bei $x = 3$ einen Grenzwert besitzt. Sei also x_n eine beliebige Folge mit

$$x_n \to 3\,(n \to \infty)$$

und $x_n \neq 3$ für alle natürlichen Zahlen n. Dann gilt

$$f(x_n) = \frac{x_n^2 - 3x_n}{x_n - 3} = \frac{x_n\,(x_n - 3)}{x_n - 3}\,.$$

Da $x_n \neq 3$, können wir den letzten Bruch durch $x_n - 3$ kürzen und erhalten

$$f(x_n) = \frac{x_n\,(x_n - 3)}{x_n - 3} = x_n \to 3\,(n \to \infty)\,.$$

Also hat die Funktion an der Stelle $x = 3$ den Grenzwert 3. ■

Verhalten einer Funktion im Unendlichen

In vielen Fällen will man wissen, wie das Verhalten der Funktion »im Unendlichen« ist, d. h. wie der Verlauf der Funktion ist, wenn die Variable x unbeschränkt wächst bzw. unbeschränkt fällt. Wir betrachten als Beispiel die Funktion

$$f(x) = \frac{1}{x}$$

und wählen die unbeschränkt wachsende Folge $x_n = n$. Dann folgt

$$f(x_n) = f(n) = \frac{1}{n} \to 0\,(n \to \infty)\;,$$

d. h. die Funktionswerte nähern sich immer mehr der x-Achse an, wenn die Argumente größer werden. Wählen wir andererseits die unbeschränkt fallende Folge $x_n = -n$, dann erhalten wir

$$f(x_n) = f(-n) = \frac{1}{-n} = -\frac{1}{n} \to 0\,(n \to \infty)\;,$$

d. h. auch in diesem Fall nähern sich die Funktionswerte immer mehr der x-Achse an (► Abbildung 4.10).

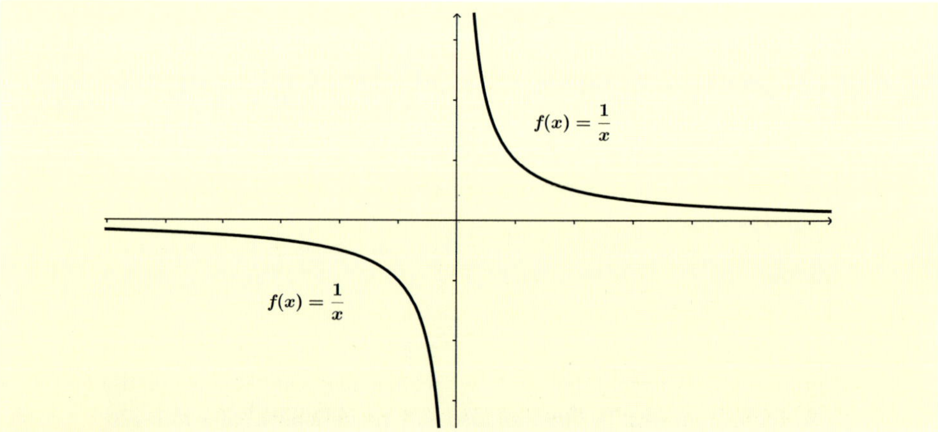

Abbildung 4.10 Verhalten der Funktion $f(x) = 1/x$ im Unendlichen

Wir definieren allgemein:

Definition

Gilt für eine beliebige Folge (x_n) mit

$$x_n \to \infty \, (n \to \infty)\,,$$

dass

$$f(x_n) \to g \, (n \to \infty)\,,$$

so heißt g der **Grenzwert der Funktion für $x \to \infty$** und man schreibt

$$g = \lim_{x \to \infty} f(x)\,.$$

- Gilt analog

$$x_n \to -\infty \, (n \to \infty) \quad \text{und} \quad f(x_n) \to g' \, (n \to \infty)\,,$$

so heißt g' der **Grenzwert der Funktion für $x \to -\infty$** und man schreibt

$$g' = \lim_{x \to -\infty} f(x)\,.$$

- Existieren für $x \to \pm\infty$ die Grenzwerte g und g' von $f(x)$, so können diese verschieden sein.

- Wächst oder fällt die Funktion für $x \to \infty$ bzw. $x \to -\infty$ unbeschränkt, so spricht man von einem **uneigentlichen Grenzwert** und schreibt z. B.

$$\lim_{x \to \infty} f(x) = \infty\,,$$

wenn die Funktion für $x \to \infty$ unbeschränkt wächst.

Learn a little ...do a little

Beispiel 4.13 Verhalten von $f(x) = e^x$ im Unendlichen

Wir betrachten die Funktion

$$f(x) = e^x\,,$$

wobei $e \approx 2{,}71828$ die Eulersche Zahl ist, und untersuchen ihr Verhalten im Unendlichen (► Abbildung 4.11). Da die Basis e größer als Eins ist, wächst die Funktion mit größer werdendem x über alle Grenzen, d. h. es gilt

$$\lim_{x \to \infty} e^x = \infty\,.$$

Lassen wir umgekehrt das x immer kleiner werden und beachten, dass für negative x

$$|x| = -x$$

und damit

$$e^x = e^{-|x|} = \frac{1}{e^{|x|}}$$

gilt, so nähert sich die Funktion immer mehr der x-Achse an, d. h.

$$\lim_{x \to -\infty} e^x = 0\,.$$

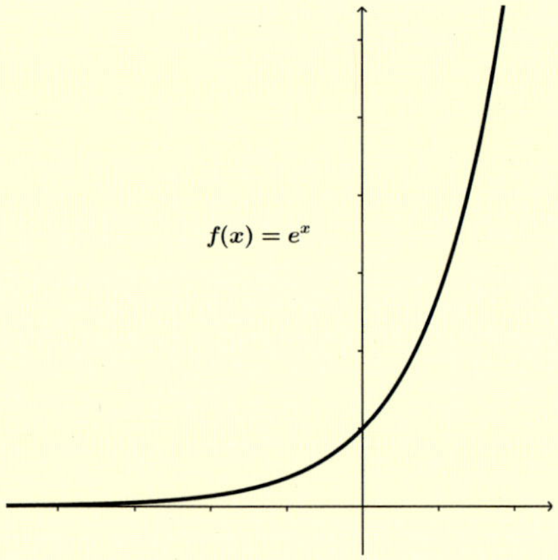

Abbildung 4.11 Verhalten von e^x im Unendlichen

Grenzwertsätze

Für die Berechnung von Grenzwerten von komplizierteren bzw. zusammengesetzten Funktionen gibt es einige Rechengesetze. Wir nehmen an, dass für die Funktionen $f(x)$ und $g(x)$ die Grenzwerte

$$\lim_{x \to x_0} f(x) = g \quad \text{und} \quad \lim_{x \to x_0} g(x) = g'$$

existieren, dann existieren auch die Grenzwerte von $f \pm g, f \cdot g$ sowie $\frac{f}{g}$ und es gilt:

1. $\lim_{x \to x_0} (f(x) \pm g(x)) = \lim_{x \to x_0} f(x) \pm \lim_{x \to x_0} g(x) = g \pm g'$

2. $\lim_{x \to x_0} (f(x) \cdot g(x)) = \lim_{x \to x_0} f(x) \cdot \lim_{x \to x_0} g(x) = g \cdot g'$

$$\lim_{x \to x_0} \frac{f(x)}{g(x)} = \frac{\lim\limits_{x \to x_0} f(x)}{\lim\limits_{x \to x_0} g(x)} = \frac{g}{g'}, \text{ falls } g(x) \neq 0 \text{ und } g' \neq 0.$$

Diese Regeln gelten entsprechend auch für Grenzwerte mit $x \to \infty$ bzw. $x \to -\infty$.

Learn a little ...do a little

Beispiel 4.14 Grenzwertsätze

a Sei $f(x)$ eine Funktion und x_0, a reelle Zahlen mit

$$\lim_{x \to x_0} f(x) = a$$

sowie c eine beliebige reelle Zahl. Definieren wir die Funktion g durch $g(x) = c$, dann folgt nach Beispiel 4.12

$$\lim_{x \to x_0} g(x) = c$$

und mit der 2. Rechenregel

$$\lim_{x \to x_0} (cf(x)) = \lim_{x \to x_0} (g(x) \cdot f(x)) = \lim_{x \to x_0} g(x) \cdot \lim_{x \to x_0} f(x) = c \cdot \lim_{x \to x_0} f(x) = c \cdot a\,.$$

b Wir berechnen den Grenzwert der Funktion

$$f(x) = \frac{x^2 - 3x + 4}{2\cos x}$$

für $x \to 0$, indem wir den Grenzwert des Zählers durch den Grenzwert des Nenners teilen. Für den Zähler gilt:

$$\lim_{x\to 0} x^2 - 3x + 4 = \lim_{x\to 0} x^2 - 3\lim_{x\to 0} x + \lim_{x\to 0} 4 = 0 - 3\cdot 0 + 4 = 4\,.$$

Wegen $\cos 0 = 1$ folgt für den Nenner

$$\lim_{x\to 0} 2\cos x = 2\lim_{x\to 0}\cos x = 2\cos 0 = 2$$

und insgesamt

$$\lim_{x\to 0}\frac{x^2 - 3x + 4}{2\cos x} = \frac{\lim_{x\to 0}(x^2 - 3x + 4)}{\lim_{x\to 0} 2\cos x} = \frac{4}{2} = 2\,.$$

c Wir untersuchen das Verhalten der Funktion

$$f(x) = \frac{4x^3 - 6}{6x^3 + 2x^2}$$

im Unendlichen, d. h. wir interessieren uns für den Grenzwert der Funktion für $x \to \infty$. Zuerst beobachten wir, dass für $x \to \infty$ sowohl der Zähler als auch der Nenner unbeschränkt wachsen. Wenn wir einfach nur die Rechenregeln für Grenzwerte anwenden, würden wir als Grenzwert einen undefinierten Ausdruck der Gestalt $\frac{\infty}{\infty}$ erhalten. Es gibt aber einen »Trick«, mit dem man weiterkommt und den man sich gut merken sollte: Wir dividieren den Zähler und den Nenner der Funktion durch die **höchste vorkommende Potenz von x**, in diesem Fall also durch x^3, und erhalten nach Kürzen:

$$\lim_{x\to\infty}\frac{4x^3 - 6}{6x^3 + 2x^2} = \lim_{x\to\infty}\frac{\frac{4x^3}{x^3} - \frac{6}{x^3}}{\frac{6x^3}{x^3} + \frac{2x^2}{x^3}} = \lim_{x\to\infty}\frac{4 - \frac{6}{x^3}}{6 + \frac{2}{x}}\,.$$

Jetzt liegt uns ein Term vor, bei dem wir die Rechenregeln anwenden können, und der Grenzwert der Funktion $f(x)$ für $x \to \infty$ ergibt sich wegen

$$\lim_{x\to\infty}\frac{1}{x^3} = 0 = \lim_{x\to\infty}\frac{1}{x}$$

zu

$$\lim_{x\to\infty} f(x) = \lim_{x\to\infty}\frac{4 - \frac{6}{x^3}}{6 + \frac{2}{x}} = \frac{\lim_{x\to\infty} 4 - \lim_{x\to\infty}\frac{6}{x^3}}{\lim_{x\to\infty} 6 + \lim_{x\to\infty}\frac{2}{x}} = \frac{4}{6} = \frac{2}{3}\,.$$ ■

Stetigkeit einer Funktion

Unter welchen Umständen ist eine Funktion stetig?

Definition

Eine in x_0 definierte Funktion f heißt **stetig in x_0**, wenn

$$\lim_{x \to x_0} f(x) = f(x_0)$$

ist. Dementsprechend ist die Funktion in x_0 **unstetig**, falls entweder

$$\lim_{x \to x_0} f(x) \neq f(x_0)$$

ist oder der Grenzwert von f an der Stelle x_0 nicht existiert.

- Die Stetigkeit einer Funktion $f(x)$ an der Stelle x_0 verlangt, dass x_0 im Definitionsbereich von $f(x)$ liegt.
- Eine Funktion, die in *jedem* Punkt ihres Definitionsbereiches stetig ist, wird als **stetige Funktion** bezeichnet.
- Ist eine Funktion stetig, so hat der Graph der Funktion keine Lücken oder Sprungstellen. Er kann auf einem Blatt Papier durchgängig gezeichnet werden, d. h. ohne dass man den Stift absetzen muss.

Learn a little

...do a little

Beispiel 4.15 **Stetigkeit von Funktionen**

a Die oben betrachtete Funktion $f(x) = x^2 + 1$ ist im Punkt $x_0 = 2$ stetig, denn es gilt

$$\lim_{x \to 2} \left(x^2 + 1\right) = \lim_{x \to 2} x^2 + 1 = 5$$

und

$$f(2) = 5\,,$$

also ist

$$\lim_{x \to 2} f(x) = \lim_{x \to 2} \left(x^2 + 1\right) = 5 = f(2)\,.$$

b Die **Vorzeichenfunktion**

$$\operatorname{sign}(x) = \begin{cases} 1 & x > 0 \\ 0 & x = 0 \\ -1 & x < 0 \end{cases}$$

ist an der Stelle $x_0 = 0$ nicht stetig, da dort der Grenzwert nicht existiert (vgl. die Berechnung zur Heaviside-Funktion im ► Beispiel 4.12).

Die Unstetigkeit der Funktion in Null können wir auch an ► Abbildung 4.12 direkt ablesen: Sie hat dort eine Sprungstelle.

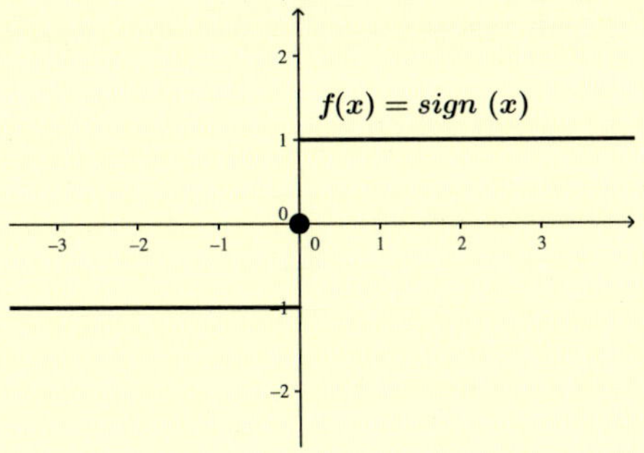

Abbildung 4.12 Die Vorzeichenfunktion

c Sei

$$f(x) = \frac{x^2 - 3x}{x - 3}$$

die Funktion aus ► Beispiel 4.12. Die Funktion $f(x)$ hat an der Stelle $x = 3$ eine Definitionslücke. Sie ist also dort auch nicht stetig, obwohl sie für $x \to 3$ den Grenzwert 3 besitzt.

Definiert man als **stetige Erweiterung** der Funktion $f(x)$ eine neue Funktion $\tilde{f}(x)$ durch

$$\tilde{f}(x) = \begin{cases} f(x) & x \neq 3 \\ 3 & x = 3\,, \end{cases}$$

dann ist die Funktion $\tilde{f}$ auch in $x = 3$ und damit überall stetig. ■

Aufgaben zum Abschnitt 4.2

1. Berechnen Sie den Grenzwert der Folge

$$a_n = \frac{2n^3 - 1}{3n^3 + n^2}.$$

2. Hat die Folge

$$a_n = \frac{n - 1}{2n^2 + 1}$$

einen Grenzwert?

3. Berechnen Sie die Grenzwerte

a. $\lim\limits_{x \to \infty} \left(\dfrac{1 + x^2}{x^3} \right)$

b. $\lim\limits_{x \to \infty} \left(\dfrac{1 + x^3}{x^3} \right)$.

4. Prüfen Sie, ob die Funktion

$$f(x) = \frac{1}{x}$$

an der Stelle $x = 0$ einen Grenzwert hat.

5. Es sei $f(x) = \sqrt{2x + 1}$. Bestimmen Sie

$$\lim_{h \to 0} \frac{f(x + h) - f(x)}{h}.$$

6. Gegeben sei die Funktion

$$f(x) = \frac{2x^2 - 2}{x - 1}.$$

a. Hat die Funktion in $x = 1$ einen Grenzwert?

b. Ist sie in $x = 1$ stetig?

4.3 Polynome

Definition und spezielle Polynome

Wie ist ein Polynom definiert?

Definition

Eine Funktion $f\colon \mathbb{R} \to \mathbb{R}$ der Form

$$f(x) = a_n x^n + a_{n-1} x^{n-1} + \cdots + a_1 x + a_0$$

mit $a_n \neq 0$ heißt **Polynom** (oder **ganzrationale Funktion n-ten Grades**). Die reellen Zahlen $a_0, a_1, \cdots, a_n$ heißen **Koeffizienten** des Polynoms. Ein Polynom ist also die Summe von Potenzfunktionen verschiedenen Grades.

Learn a little

...do a little

Beispiel 4.16 **Polynom 5. Grades**

Die Funktion

$$f(x) = x^5 - 2x^4 + 2x^2 - 3x - 1$$

ist ein Polynom 5-ten Grades mit den fünf Koeffizienten

$$a_0 = -1, \quad a_1 = -3, \quad a_2 = 2, \quad a_3 = 0, \quad a_4 = -2, \quad a_5 = 1$$

und dem Graphen aus ► Abbildung 4.13.

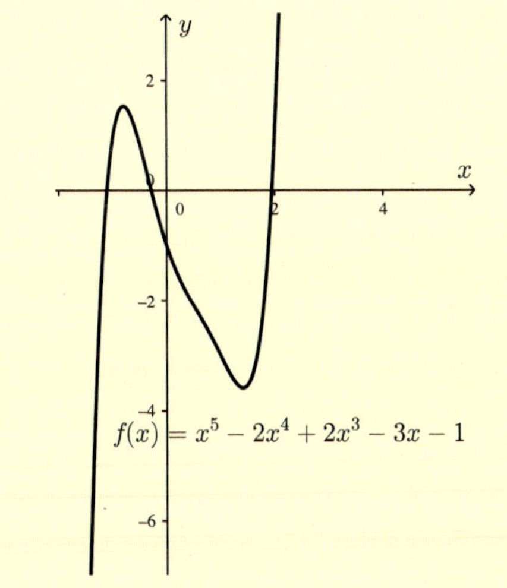

Abbildung 4.13 Polynom $f(x) = x^5 - 2x^4 + 2x^2 - 3x - 1$

Wir betrachten einige Spezialfälle von ganzrationalen Funktionen.

Spezielle Polynome

- Ein Polynom ersten Grades der Form

$$y = f(x) = ax + b$$

  mit $a \neq 0$ heißt **lineare Funktion**. Der Graph der Funktion ist eine Gerade mit der Steigung a, die die y-Achse bei b schneidet. Jede lineare Funktion besitzt genau eine Nullstelle, nämlich

$$x_0 = -\frac{b}{a}\,.$$

- Ist $a = 0$, so erhält man

$$y = f(x) = b\,,$$

  eine **konstante Funktion**. Konstante Funktionen sind die **Polynome nullten Grades**.

- Ein Polynom zweiten Grades der Form

$$y = f(x) = a_2x^2 + a_1x + a_0$$

  mit $a_2 \neq 0$ heißt **quadratische Funktion**. Der Graph einer quadratischen Funktion ist eine **Parabel**.

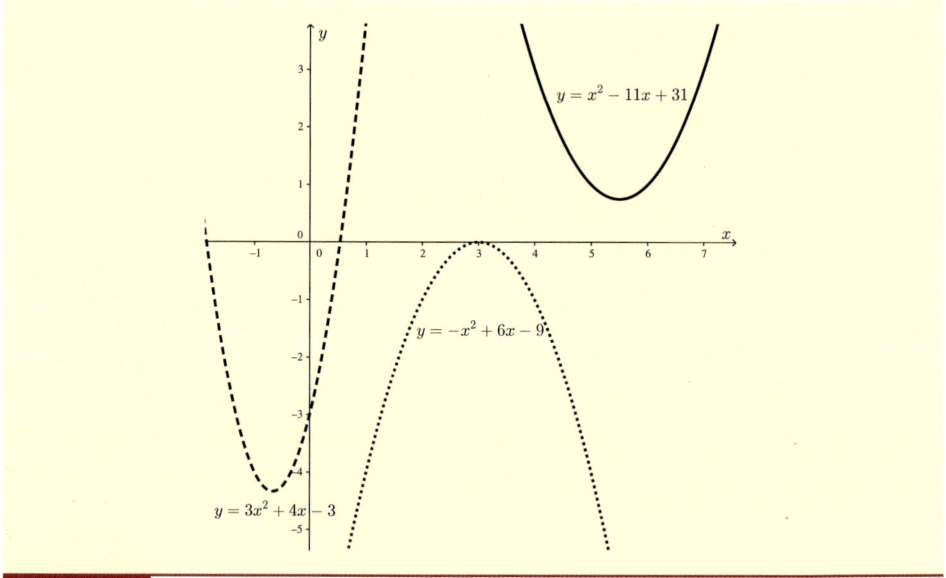

Abbildung 4.14 Parabeln

In ► Abbildung 4.14 sind drei Parabeln dargestellt. Der Graph einer Parabel ist nach oben geöffnet, wenn der Faktor a_2 vor dem Term x^2 positiv ist (in der Grafik bei der gestrichelten und bei der durchgezogenen Kurve). Ist der Faktor a_2 negativ, so zeigt die Öffnung nach unten (gepunktete Funktion). Eine Parabel kann zwei Nullstellen (gestrichelte Kurve), eine doppelte Nullstelle (gepunktete Kurve) oder keine Nullstelle (durchgezogene Kurve) haben. Die Nullstellen werden mit der **p-q-Formel** (3.2) berechnet.

- Eine Polynom dritten Grades der Form

$$y = f(x) = a_3x^3 + a_2x^2 + a_1x + a_0$$

mit $a_3 \neq 0$ heißt **kubische Funktion**. Den Graphen einer kubischen Funktion nennt man **kubische Parabel**.

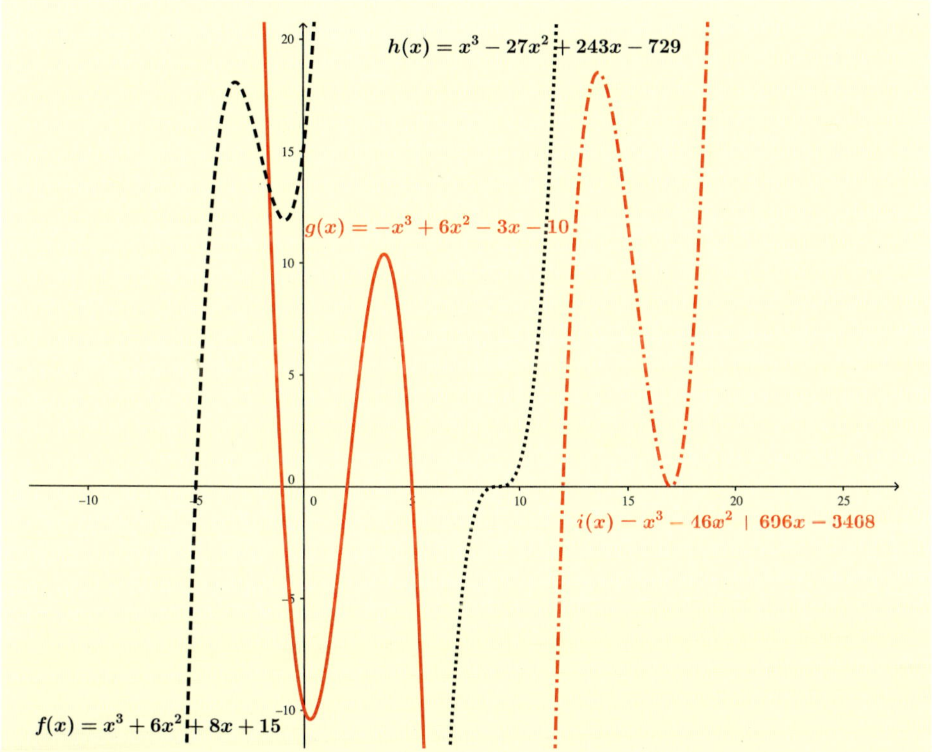

Abbildung 4.15 Kubische Parabeln

Eine kubische Parabel hat immer *mindestens eine Nullstelle*. Für die Nullstellen einer kubischen Parabel gibt es folgende Möglichkeiten (► Abbildung 4.15): Sie kann

a. *eine einfache Nullstelle* (gestrichelte Funktion $f(x)$) oder

b. *drei verschiedene Nullstellen* (durchgezogene Funktion $g(x)$) oder

c. *eine dreifache Nullstelle* (gepunktete Funktion $h(x)$) oder

d. *eine einfache und eine doppelte Nullstelle* (punkt-gestrichene Funktion $i(x)$) haben.

Die Nullstellen einer kubischen Funktion bestimmt man mit dem Verfahren aus ► Beispiel 3.7.

Allgemeine Eigenschaften von Polynomen

Für Polynome beliebigen Grades gelten folgende Aussagen.

1. **Jedes Polynom n-ten Grades besitzt höchstens n Nullstellen.**

2. **Koeffizientenvergleich**: Zwei Polynome

$$f(x) = a_n x^n + a_{n-1} x^{n-1} + \cdots + a_1 x + a_0$$

und

$$g(x) = b_m x^m + b_{m-1} x^{m-1} + \cdots + b_1 x + b_0$$

sind genau dann gleich, wenn $n = m$ und $a_i = b_i$ für alle $i = 1, 2, \cdots, n$ gilt.

Zwei Polynome sind also gleich, wenn sie gleichen Grades sind und alle Koeffizienten übereinstimmen.

3. Besitzt die ganzrationale Funktion

$$f(x) = a_n x^n + a_{n-1} x^{n-1} + \cdots + a_1 x + a_0$$

mit $a_n \neq 0$ an der Stelle x_1 eine Nullstelle, so ist f darstellbar als

$$f(x) = (x - x_1) \cdot f_1(x) \, ,$$

wobei $f_1(x)$ das sogenannte **reduzierte Polynom** vom Grad $n-1$ und $(x - x_1)$ ein **Linearfaktor** ist.

4. Sind $x_1, x_2, \cdots, x_n$ die Nullstellen eines Polynoms

$$f(x) = a_n x^n + a_{n-1} x^{n-1} + \cdots + a_1 x + a_0$$

n-ten Grades, so kann f in der Form

$$f(x) = a_n (x - x_1)(x - x_2) \cdots (x - x_n) \, ,$$

also als Produkt von Linearfaktoren geschrieben werden.

Learn a little

...do a little

Beispiel 4.17 **Nullstellen von Polynomen**

a Das Polynom dritten Grades

$$f(x) = -x^3 + 6x^2 - 3x - 10$$

hat eine Nullstelle bei $x_1 = 5$, denn es gilt

$$f(5) = -5^3 + 6 \cdot 5^2 - 3 \cdot 5 - 10 = -125 + 150 - 15 - 10 = 0\,.$$

Um das reduzierte Polynom zweiten Grades f_1 zu finden, dividieren wir $f(x)$ durch den Linearfaktor $x - 5$ und erhalten durch **Polynomdivision** (► Beispiel 3.7)

$$\begin{array}{l}
-x^3 + 6x^2 - 3x - 10 : (x - 5) = -x^2 + x + 2 \\
\underline{-(-x^3 + 5x^2) \quad \downarrow} \quad | \\
\qquad\quad x^2 \; (-3x) \quad | \\
\qquad\quad \underline{x^2 - 5x \quad \downarrow} \\
\qquad\qquad\quad 2x \, (-10) \\
\qquad\qquad\quad \underline{2x \; -10} \\
\qquad\qquad\qquad\quad 0\,,
\end{array}$$

also ist das reduzierte Polynom

$$f_1(x) = -x^2 + x + 2$$

und wir erhalten

$$f(x) = (x - 5) f_1(x) = (x - 5)\left(-x^2 + x + 2\right).$$

b Das Polynom zweiten Grades

$$g(x) = x^2 - x - 2$$

hat zwei Nullstellen, die wir mit der p-q-Formel ausrechnen

$$x_{2,3} = \frac{1}{2} \pm \sqrt{\frac{1}{4} + 2} = \frac{1}{2} \pm \sqrt{\frac{9}{4}} = \frac{1}{2} \pm \frac{3}{2}\,,$$

also sind $x_2 = 2, x_3 = -1$ die beiden Nullstellen.

c Wir betrachten wieder die Funktion aus **a**.

$$f(x) = -x^3 + 6x^2 - 3x - 10\,,$$

die mit **b** die drei Nullstellen

$$x_1 = 5, \quad x_2 = 2, \quad x_3 = -1$$

hat. Der Koeffizient vor dem Term x^3 ist $a_3 = -1$, d. h. wir können $f(x)$ in der Gestalt

$$f(x) = -(x - 5)(x - 2)(x + 1)$$

schreiben. Die Funktion $f(x)$ lässt sich also in Linearfaktoren zerlegen. ■

Hornerschema

Möchte man ein Polynom an einer bestimmten Stelle x_0 ausrechnen oder will man die Nullstellen eines Polynoms sowie die dazugehörigen reduzierten Polynome bestimmen, so ist die im Folgenden beschriebene Rechenmethode in den allermeisten Fällen besonders geeignet. Die Methode ist für Polynome beliebigen Grades anwendbar, wir betrachten hier aber der Übersichtlichkeit halber beispielhaft ein Polynom vierten Grades.

Verfahren zur Berechnung von Funktionswerten von Polynomen

Das Verfahren basiert auf der Tatsache, dass für jedes Polynom f vierten Grades und jeden Wert x_0 folgende Umformung möglich ist:

$$\begin{aligned} f(x) &= a_4x^4 + a_3x^3 + a_2x^2 + a_1x + a_0 \\ &= (x - x_0)\big(b_4x^3 + b_3x^2 + b_2x + b_1\big) + r \end{aligned}$$

mit noch unbekannten Zahlen r sowie b_1, b_2, b_3, b_4. Um diese unbekannten Größen zu bestimmen, rechnen wir die untere rechte Seite der Gleichung aus und erhalten

$$\begin{aligned} &(x - x_0)(b_4x^3 + b_3x^2 + b_2x + b_1) + r \\ &\qquad = b_4x^4 + b_3x^3 + b_2x^2 + b_1x - x_0b_4x^3 - x_0b_3x^2 - x_0b_2x - x_0b_1 + r \\ &\qquad = b_4x^4 + (b_3 - x_0b_4)\,x^3 + (b_2 - x_0b_3)\,x^2 + (b_1 - x_0b_2)\,x - x_0b_1 + r\,. \end{aligned}$$

Der letzte Ausdruck soll nun gleich

$$a_4x^4 + a_3x^3 + a_2x^2 + a_1x + a_0$$

sein. Dazu müssen die Koeffizienten vor den Potenzen von x übereinstimmen, d. h. es muss in der absteigenden Reihenfolge der Exponenten n von x^n gelten:

$$\begin{array}{llcl} n = 4: & & & b_4 = a_4 \\ n = 3: & b_3 - x_0b_4 = a_3 & \Rightarrow & b_3 = a_3 + x_0b_4 \\ n = 2: & b_2 - x_0b_3 = a_2 & \Rightarrow & b_2 = a_2 + x_0b_3 \\ n = 1: & b_1 - x_0b_2 = a_1 & \Rightarrow & b_1 = a_1 + x_0b_2 \\ n = 0: & -x_0b_1 + r = a_0 & \Rightarrow & r = a_0 + x_0b_1\,. \end{array} \tag{4.2}$$

Wenn wir jetzt $f(x_0)$ ausrechnen wollen, so gilt also

$$f(x_0) = (x_0 - x_0)\big(b_4x_0^3 + b_3x_0^2 + b_2x_0 + b_1\big) + r = r\,,$$

da der erste Faktor gleich Null ist. Wir müssen also das r bestimmen und halten schon einmal fest, dass $r = 0$ sein muss, wenn x_0 eine Nullstelle von $f(x)$ ist.

Zur Berechnung von r betrachten wir wieder das Polynom

$$f(x) = a_4 x^4 + a_3 x^3 + a_2 x^2 + a_1 x + a_0$$

und benutzen statt (4.2) die alternative tabellarische Darstellung

	a_4		a_3		a_2		a_1		a_0
x_0:		$+$	$x_0 \cdot b_4$	$+$	$x_0 \cdot b_3$	$+$	$x_0 \cdot b_2$	$+$	$x_0 \cdot b_1$
	$b_4 = a_4$	$\nearrow$	b_3	$\nearrow$	b_2	$\nearrow$	b_1	$\nearrow$	$r = f(x_0)$.

Wir tragen als erstes die Koeffizienten a_4, a_3, a_2, a_1, a_0 von $f(x)$ in die erste Zeile der Tabelle ein, lassen aber die erste Spalte frei. In die erste Spalte der zweiten Zeile schreiben wir den zu berechnenden x-Wert x_0 hinein. Dann übertragen wir wegen

$$b_4 = a_4$$

den Koeffizienten a_4 in die zweite Spalte der dritten Zeile. Nun beginnen wir die Koeffizienten b_3, b_2, b_2, b_1 nach (4.2) auszurechnen. Wir tragen das Produkt

$$x_0 \cdot b_4$$

in die dritte Spalte der zweiten Zeile ein und erhalten b_3 durch

$$a_3 + x_0 \cdot b_4 ,$$

was wir in die dritte Zeile einschreiben. Diese Prozedur wiederholen wir, bis wir b_1 ausgerechnet haben. Dann ergibt sich schließlich die gesuchte Größe

$$f(x_0) = r$$

durch

$$a_0 + x_0 \cdot b_1 .$$

Dieses sukzessive Verfahren der Bestimmung der b_i und r nennt man **Hornerschema**.

Ist der zu berechnende x-Wert eine Nullstelle des Polynoms, also

$$f(x_0) = r = 0 ,$$

so liefert das Hornerschema auch die Koeffizienten b_i des reduzierten Polynoms. d. h. es gilt dann

$$f(x) = (x - x_0)\left(b_4 x^3 + b_3 x^2 + b_2 x + b_1\right) .$$

Achtung! Ist einer der Koeffizienten $a_i = 0$, so muss er trotzdem ins Hornerschema eingetragen werden.

Learn a little

...do a little

Beispiel 4.18 **Hornerschema**

Ist $x_0 = 1$ eine Nullstelle des Polynoms

$$f(x) = x^3 + 2x^2 - 13x + 10?$$

Lösung Wir überprüfen mit dem Hornerschema

	1		2		-13		10
$x_0 = 1$:		$+$	$1 \cdot 1$	$+$	$1 \cdot 3$	$+$	$1 \cdot (-10)$
	1	$\nearrow$	3	$\nearrow$	-10	$\nearrow$	$0 = f(1)$

Also folgt

$$f(x) = (x-1)\left(x^2 + 3x - 10\right).$$

Das gleiche Ergebnis erhält man natürlich auch durch *Polynomdivision*:

$$\begin{array}{l}
x^3 + 2x^2 - 13x + 10 : (x-1) = x^2 + 3x - 10 \\
\underline{(x^3 - x^2) \quad \downarrow} \\
\quad 3x^2 \, (-13x) \\
\quad \underline{3x^2 - 3x \quad \downarrow} \\
\qquad - 10x \, (+10) \\
\qquad \underline{- 10x \, +10} \\
\qquad\qquad 0\,.
\end{array}$$

Das Hornerschema liefert keine Methode, die Nullstellen eines Polynoms direkt zu bestimmen. Für den quadratischen Fall hilft dafür die p-q-Formel, für $n = 3$ bzw. $n = 4$ sind die Lösungsformeln wesentlich komplizierter und für $n \geq 5$ gibt es keine geschlossenen Lösungsformeln mehr. Hilfreich ist die folgende Aussage.

Merke

Vietascher Wurzelsatz

Ist

$$f(x) = a_n x^n + a_{n-1} x^{n-1} + \cdots + a_1 x + a_0$$

ein Polynom n-ten Grades mit ganzzahligen Koeffizienten und $a_n = \pm 1$, dann sind die rationalen Nullstellen von f ganzzahlig und Teiler von a_0.

Die Strategie ist dann, alle Teiler von a_0 zu ermitteln und (mit dem Hornerschema) die entsprechenden Funktionswerte auszurechnen. Dadurch findet man alle ganzzahligen Nullstellen. Ist keiner der Teiler eine Nullstelle, so hat das Polynom entweder keine Nullstelle oder nur irrationale Zahlen als Nullstellen.

Learn a little

...do a little

Beispiel 4.19 **Nullstellen von Polynomen**

a Bei dem Polynom

$$f(x) = x^3 + 2x^2 - 13x + 10$$

aus ► Beispiel 4.18 ist $a_0 = 10$. Die Teiler von a_0 sind $1, -1, 2, -2, 5, -5, 10, -10$ und durch Einsetzen und Berechnen ergibt sich

$$\begin{aligned} f(1) &= 0 \\ f(2) &= 0 \\ f(-5) &= 0\,, \end{aligned}$$

also hat das Polynom nur *ganzzahlige* Nullstellen und lässt sich als Produkt von Linearfaktoren beschreiben

$$f(x) = (x-1)(x-2)(x+5)\,.$$

b Die quadratische Funktion

$$f(x) = x^2 - 2$$

hat die beiden *irrationalen* Nullstellen $\sqrt{2}$ und $-\sqrt{2}$ und lässt sich in Linearfaktoren zerlegen

$$f(x) = \left(x - \sqrt{2}\right)\left(x + \sqrt{2}\right).$$

c Das Polynom zweiten Grades

$$f(x) = x^2 + 1$$

hat *keine* Nullstellen und lässt sich nicht in Linearfaktoren zerlegen. ■

Aufgaben zum Abschnitt 4.3

1. Berechnen Sie durch Polynomdivision

a. $\dfrac{x^3 + x^2 - 10x + 8}{x - 1}$

b. $\dfrac{x^3 + x^2 - 10x + 8}{x - 2}$

c. $\dfrac{x^3 + x^2 - 10x + 8}{x + 4}$

d. $\dfrac{12x^4 + x^3 - 5x^2 + 4x - 5}{3x^2 + x - 2}$.

2. Berechnen Sie für das Polynom $f(x) = x^3 - x^2 - 14x + 24$

a. für alle ganzzahligen Teiler von 24 die korrespondierenden Funktionswerte mit dem Hornerschema,

b. alle Linearfaktoren und stellen Sie $f(x)$ als Produkt der Linearfaktoren dar.

Skizzieren Sie den Funktionsgraphen.

3. Zerlegen Sie das Polynom $f(x) = x^4 - 3x^3 - 6x^2 + 28x - 24$ in Linearfaktoren.

4. Sei $f(x) = x^5 + 2x^4 - 17x^3 - 8x^2 + 22x + 60$. Benutzen Sie das Hornerschema, um

a. $f(2), f(3)$ und $f(-5)$ zu berechnen,

b. $f(x)$ so weit wie möglich in Linearfaktoren zu zerlegen.

5. Zeigen Sie, dass das Polynom $f(x) = 2x^4 + 15x^3 + 19x^2 - 60x - 108$ die Nullstellen $-3, -2, 2$ hat. Zerlegen Sie das Polynom in Linearfaktoren.

6. Die Funktion $f(x) = x^4 - 3x^2 - 10x - 6$ besitzt die Nullstelle $x_1 = 1 - \sqrt{3}$.

a. Bestätigen Sie diese Aussage mit dem Hornerschema.

b. Versuchen Sie eine weitere Nullstelle zu erraten.

c. Gibt es weitere reelle Nullstellen?

4.4 Gebrochenrationale Funktionen

Bildet man die Summe oder das Produkt von zwei Polynomen, so erhält man wieder ein Polynom. Anders ist es bei der Division von Polynomen, das Ergebnis ist im Allgemeinen kein Polynom.

Definition von gebrochenrationalen Funktionen

Definition

Funktionen, die sich als Quotient zweier Polynomfunktionen $g(x)$ und $h(x)$ darstellen lassen, heißen **gebrochenrationale Funktionen**:

$$f(x) = \frac{g(x)}{h(x)} = \frac{a_m x^m + a_{m-1} x^{m-1} + \cdots + a_1 x + a_0}{b_n x^n + b_{n-1} x^{n-1} + \cdots + b_1 x + b_0}\,.$$

- Der Definitionsbereich $\mathbb{D}$ einer gebrochenrationalen Funktion besteht aus allen reellen Zahlen, die *nicht* Nullstellen des Nennerpolynoms sind, also

  $$\mathbb{D} = \{x \in \mathbb{R} : h(x) \neq 0\}\,.$$

  Die Nullstellen von $h(x)$ nennt man auch **Definitionslücken** von f.
- Ist der Grad m des Zählerpolynoms
  - **a.** kleiner als der Grad des Nennerpolynoms n, also $m < n$, so heißt die Funktion f **echt gebrochenrational**,
  - **b.** größer als der Grad des Nennerpolynoms oder gleich, also $m \geq n$, so heißt f **unecht gebrochenrational**.
- Ist x_0 eine Nullstelle von g, aber keine Definitionslücke, so ist x_0 eine **Nullstelle** von f.
- x_0 heißt **Polstelle** von f, wenn x_0 Definitionslücke ist und der Betrag der Funktion immer größer wird, je mehr man sich der Lücke nähert.

Learn a little ...do a little

Beispiel 4.20 **Gebrochenrationale Funktionen**

a Die Funktion

$$f(x) = \frac{3x - 5}{4x^2 + 3x - 7}$$

ist echt gebrochenrational.

b Die Funktion

$$f(x) = \frac{x^4 + 2x^3 + 5}{2x^2 + 5x - 2}$$

ist unecht gebrochenrational.

Null- und Polstellen

Merke

Um die Null- und Polstellen zu bestimmen, wenden wir folgendes Verfahren an:

1. Wir zerlegen die Zähler- und Nennerpolynome soweit möglich in Linearfaktoren und kürzen gemeinsame Faktoren heraus.
2. Die im Zähler verbleibenden Linearfaktoren, die *keine* Definitionslücken beinhalten, liefern dann die Nullstellen, die im Nenner verbleibenden Linearfaktoren die Polstellen.

Wir schauen uns ein Beispiel an.

Learn a little …do a little

Beispiel 4.21 Null- und Polstellen

Welche Null- und Polstellen hat die Funktion

$$f(x) = \frac{g(x)}{h(x)} = \frac{2x^3 + 2x^2 - 32x + 40}{x^3 + 2x^2 - 13x + 10}\,?$$

Lösung Wir zerlegen zunächst das Zählerpolynom

$$g(x) = 2\left(x^3 + x^2 - 16x + 20\right)$$

in Linearfaktoren. Dazu »raten« wir die erste Nullstelle $x_0 = 2$ und ermitteln das reduzierte Polynom mithilfe des Hornerschemas

	1		1		-16		20
$x_0 = 2$:		+	2·1	+	2·3	+	2·(-10)
	1	↗	3	↗	-10	↗	0

.

Also ergibt sich

$$g(x) = 2\left((x-2)\left(x^2 + 3x - 10\right)\right).$$

Für die Ermittlung der beiden anderen Nullstellen von $g(x)$ verwenden wir die p-q-Formel

$$x_1 = -\frac{3}{2} + \sqrt{\frac{9}{4} + 10} = -\frac{3}{2} + \sqrt{\frac{49}{4}} = -\frac{3}{2} + \frac{7}{2} = 2$$

$$x_2 = -\frac{3}{2} - \sqrt{\frac{9}{4} + 10} = -\frac{3}{2} - \sqrt{\frac{49}{4}} = -\frac{3}{2} - \frac{7}{2} = -5\,.$$

Insgesamt folgt

$$g(x) = 2\left((x-2)(x-2)(x+5)\right).$$

Für das Nennerpolynom gilt mit ► Beispiel 4.18

$$h(x) = x^3 + 2x^2 - 13x + 10 = (x-1)(x-2)(x+5)\,,$$

d. h. wir erhalten insgesamt

$$f(x) = \frac{2x^3 + 2x^2 - 32x + 40}{x^3 + 2x^2 - 13x + 10} = \frac{2(x-2)^2(x+5)}{(x-1)(x-2)(x+5)}\,.$$

Wir lesen ab, dass 1, 2, −5 Definitionslücken sind und nach Kürzen der gemeinsamen Linearfaktoren ergibt sich:

- 1 ist Polstelle.
- Es gibt *keine* Nullstellen!

Der Graph von $f(x)$ hat die in ► Abbildung 4.16 gezeigte Gestalt.

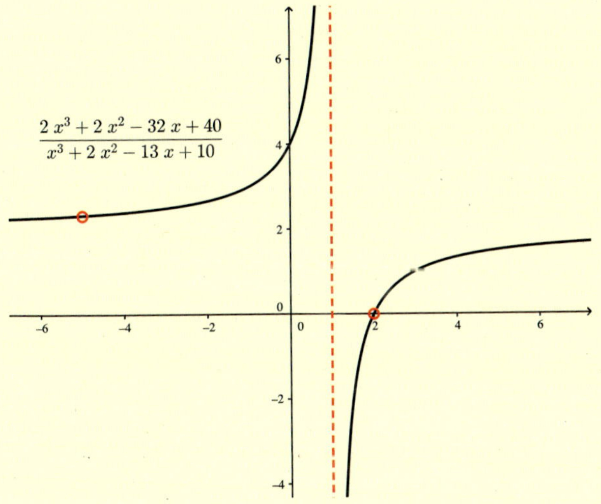

Abbildung 4.16 Gebrochenrationale Funktion

Am Verlauf des Graphen erkennt man, dass die Funktionswerte von $f(x)$ immer größer werden, wenn sich die Funktion von links der Polstelle (durch die gestrichelte **Polgerade** gekennzeichnet) nähert und immer kleiner, wenn sie von rechts kommt. Bei $x = -5$ und $x = 2$ liegen Definitionslücken vor, daher ist die Funktion dort nicht definiert, was die Kreise an diesen Stellen verdeutlichen. ■

Ähnlich wie die Umwandlung eines unechten Bruches in eine ganze Zahl und in einen echten Bruch möglich ist, kann man eine unecht gebrochenrationale Funktion in eine Summe aus einem Polynom und einer echt gebrochenrationalen Funktion aufteilen.

Zerlegung von gebrochenrationalen Funktionen

Jede **unecht** gebrochenrationale Funktion lässt sich durch Polynomdivision eindeutig in eine Summe aus einem Polynom und einer echt gebrochenrationalen Funktion zerlegen. Ist

$$f(x) = \frac{g(x)}{h(x)} = \frac{a_m x^m + a_{m-1} x^{m-1} + \cdots + a_1 x + a_0}{b_n x^n + b_{n-1} x^{n-1} + \cdots + b_1 x + b_0}$$

eine gebrochenrationale Funktion mit $m \geq n$, so liefert die Polynomdivision

$$g(x) : h(x)$$

eine Darstellung von f der Gestalt

$$f(x) = p(x) + \frac{r(x)}{h(x)},$$

wobei $p(x)$ ein Polynom vom Grad $m - n$ ist und $r(x)$ ein Polynom von höchstens $(n-1)$-tem Grad. Die Funktion

$$\frac{r(x)}{h(x)}$$

ist also eine echt gebrochenrationale Funktion.

Learn a little

...do a little

Beispiel 4.22 Zerlegung einer unecht gebrochenrationalen Funktion

Wir betrachten die unecht gebrochenrationale Funktion

$$f(x) = \frac{g(x)}{h(x)} = \frac{x^3 + 6x^2 - 3x - 1}{x^2 - 1}$$

und zerlegen diese durch Polynomdivision in ein Polynom und eine echt gebrochenrationale Funktion:

$$\begin{array}{l}
x^3 + 6x^2 - 3x - 1 : (x^2 - 1) = x + 6 - \dfrac{2x - 5}{x^2 - 1} \\
\underline{(x^3 + \downarrow \quad - x \quad |} \\
\qquad 6x^2 - 2x \quad \downarrow \\
\underline{\qquad 6x^2 \qquad\quad - 6} \\
\qquad\qquad - 2x + 5,
\end{array}$$

also folgt mit

$$p(x) = x + 6$$

und

$$\frac{r(x)}{h(x)} = -\frac{2x - 5}{x^2 - 1}$$

die Darstellung

$$f(x) = \frac{x^3 + 6x^2 - 3x - 1}{x^2 - 1} = x + 6 - \frac{2x + 5}{x^2 - 1} = p(x) + \frac{r(x)}{h(x)}.$$ ■

Asymptoten und das Verhalten im Unendlichen bei gebrochenrationalen Funktionen

Das Polynom $p(x)$ nennt man auch die **Asymptote** von f. Die Asymptote beschreibt den Verlauf der Funktion $f(x)$ für sehr große und sehr kleine x-Werte. Man sagt, dass sich die Funktion $f(x)$ **im Unendlichen an die Asymptote anschmiegt**. Das folgende Beispiel zeigt den Verlauf der Funktion aus dem letzten Beispiel.

Learn a little

...do a little

Beispiel 4.23 **Graph und Asymptote**

Wir zeichnen die Graphen der Funktion

$$f(x) = \frac{x^3 + 6x^2 - 3x - 1}{x^2 - 1}$$

und ihrer Asymptote

$$p(x) = x + 6\,.$$

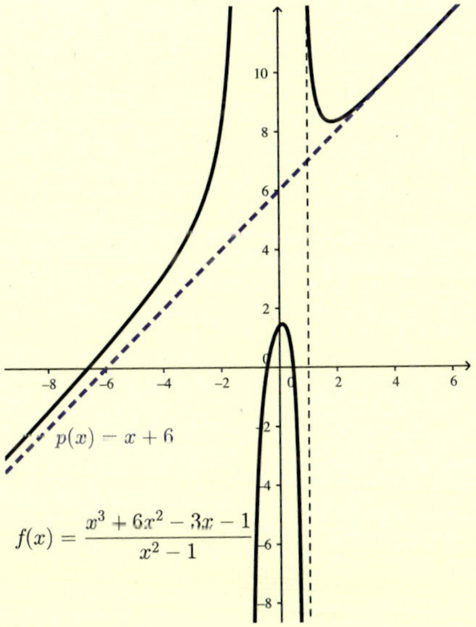

Abbildung 4.17 Gebrochenrationale Funktion mit Asymptote

In Abbildung ► 4.17 sehen wir, dass sich die Verläufe der Funktion $f(x)$ (durchgezogene Linie) und ihrer Asymptote $p(x)$ (gestrichelt) immer mehr annähern, wenn x sehr groß oder sehr klein gewählt wird. ■

Aufgaben zum Abschnitt 4.4

Bestimmen Sie die Definitionslücken, Nullstellen, Polstellen und behebbaren Definitionslücken und skizzieren Sie die Graphen folgender Funktionen:

1. $f(x) = \dfrac{x^2 - 2}{x^2 + 5}$.

2. $g(x) = \dfrac{x^3}{3 - x^2}$.

3. $h(x) = \dfrac{6x^4 - 1}{3x^2}$.

4. $i(x) = \dfrac{x^3 - 5x^2 - 2x + 24}{x^3 + 3x^2 + 2x}$.

Berechnen Sie die Asymptoten und skizzieren Sie die Graphen folgender Funktionen:

5. $f(x) = \dfrac{x^2 + 3x - 4}{x - 2}$.

6. $f(x) = \dfrac{x^2 + 3x + 1}{x^2 + 1}$.

7. $f(x) = \dfrac{x^3 - 4x + 8}{4x - 8}$.

8. $f(x) = \dfrac{x^3 - 13x + 12}{x^2 - 5x + 6}$.

9. $f(x) = \dfrac{2x^3 - 7x^2 + 2x - 1}{x^2 + 4x + 7}$.

10. $f(x) = \dfrac{x^4 + 2x^3 + 5}{2x^2 + 5x - 2}$.

Winkelfunktionen für beliebige Winkel

Bislang haben wir die trigonometrischen Funktionen nur für spitze Winkel berechnen können, da wir die Beziehungen im rechtwinkligen Dreieck untersucht haben. Wir wollen unsere bisherigen Ergebnisse verallgemeinern und betrachten dazu einen veränderlichen Winkel α beliebiger Größe mit einem festen Schenkel und legen ein rechtwinkliges (x, y)-Koordinatensystem so in die Figur, dass die positive x-Achse mit dem festen Schenkel des Winkels und der Koordinatenursprung mit dem Scheitelpunkt des Winkels übereinstimmen. Das Koordinatensystem unterteilt die Ebene $\mathbb{R}^2$ in 4 Teilbereiche I, II, III, IV (auch **Quadranten** genannt) mit

$$\begin{aligned} I &= \{(x,y) \in \mathbb{R}^2 : x \geq 0, y \geq 0\} \\ II &= \{(x,y) \in \mathbb{R}^2 : x < 0, y \geq 0\} \\ III &= \{(x,y) \in \mathbb{R}^2 : x < 0, y < 0\} \\ IV &= \{(x,y) \in \mathbb{R}^2 : x \geq 0, y < 0\}. \end{aligned}$$

Um den Koordinatenursprung zeichnen wir einen Kreis mit dem Radius r, den der freie Scheitel des Winkels in einem Punkt $P = (x, y)$ schneidet. Dabei kann je nach Größe des Winkels α der Punkt P in jedem Quadranten liegen. Die ► Abbildung 4.20 veranschaulicht diese Definitionen.

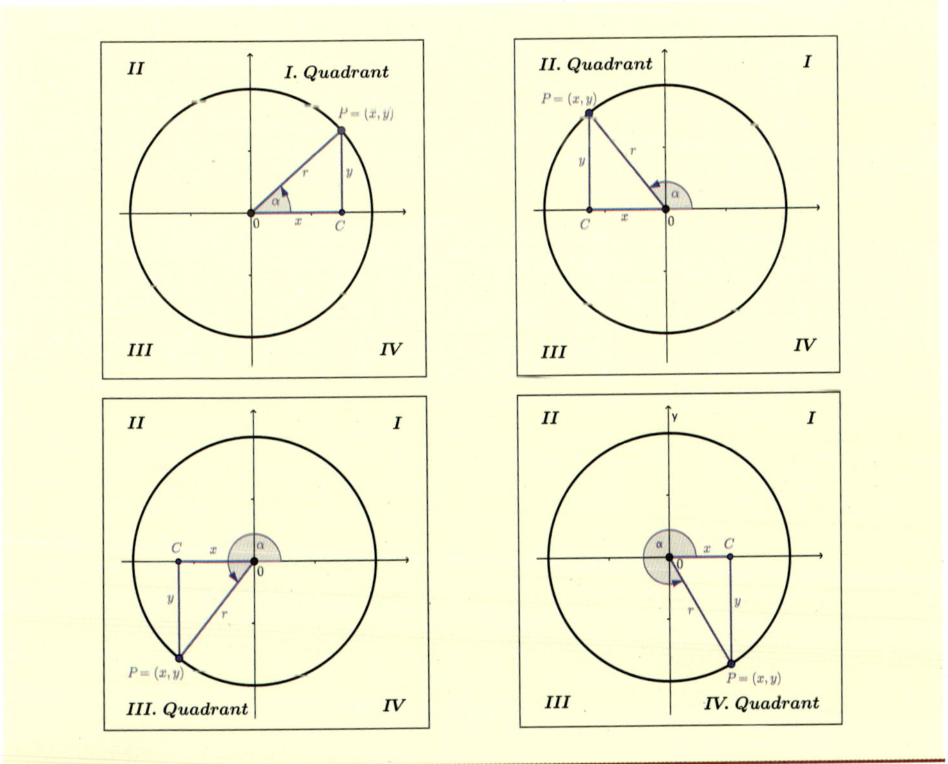

Abbildung 4.20 Winkelfunktionen am Kreis mit Radius r

Schauen wir zunächst oben links auf den I. Quadranten. Dort ist auf der Kreislinie der Punkt $P = (x, y)$ eingezeichnet. Der Punkt P hat die x-Koordinate $x = \overline{OC}$ und die y-Koordinate $y = \overline{CP}$. Das blaue Dreieck OCP ist rechtwinklig und der blaue Winkel α ist spitzwinklig, d. h. der Sinus errechnet sich zu

$$\sin\alpha = \frac{\text{Gegenkathete}}{\text{Hypotenuse}} = \frac{y}{r}\,.$$

Ebenso gilt

$$\cos\alpha = \frac{\text{Ankathete}}{\text{Hypotenuse}} = \frac{x}{r}$$

und entsprechend

$$\tan\alpha = \frac{\sin\alpha}{\cos\alpha} = \frac{\frac{y}{r}}{\frac{x}{r}} = \frac{y}{x}$$

sowie

$$\cot\alpha = \frac{1}{\tan\alpha} = \frac{x}{y}\,.$$

Wir definieren nun die trigonometrischen Funktionen für **beliebige Winkel** dadurch, dass diese Festlegungen für alle Quadranten Gültigkeit haben sollen. Es soll also z. B. auch für den stumpfen Winkel α im II. Quadranten oben rechts

$$\sin\alpha = \frac{y}{r}; \quad \cos\alpha = \frac{x}{r}; \quad \tan\alpha = \frac{y}{x}; \quad \cot\alpha = \frac{x}{y}$$

gelten. Gleiches gilt für die überstumpfen Winkel im III. und IV. Quadranten.

Beispiel 4.26 **Winkelfunktionen bei $0°$ und $90°$**

Aus der letzten Definition folgt sofort, dass

$$\sin 0° = \frac{0}{r} = 0, \quad \cos 0° = \frac{r}{r} = 1, \quad \tan 0° = 0$$

gilt, der Kotangens ist für den Winkel $0°$ nicht definiert, da $y = 0$ ist und durch Null nicht dividiert werden darf. Ebenso erhält man

$$\sin 90° = \frac{r}{r} = 1, \quad \cos 90° = \frac{0}{r} = 0, \quad \cot 90° = 0\,.$$

Hier ist der Tangens für $\alpha = 90°$ nicht definiert. ■

Beispiel 4.27 **Winkelfunktionen für die wichtigsten Winkel**

Die bisher gefundenen Werte für die trigonometrischen Funktionen fassen wir in ► Tabelle 4.3 zusammen.

Funktion	0°	30°	45°	60°	90°
$\sin\alpha$	0	$\frac{1}{2}$	$\frac{\sqrt{2}}{2}$	$\frac{\sqrt{3}}{2}$	1
$\cos\alpha$	1	$\frac{\sqrt{3}}{2}$	$\frac{\sqrt{2}}{2}$	$\frac{1}{2}$	0
$\tan\alpha$	0	$\frac{\sqrt{3}}{3}$	1	$\sqrt{3}$	n. d.
$\cot\alpha$	n. d.	$\sqrt{3}$	1	$\frac{\sqrt{3}}{3}$	0

Tabelle 4.3 Winkelfunktionen für die wichtigsten Winkel

Um sich die zu diesen Winkeln gehörigen **Sinuswerte** zu merken, gibt es eine »Eselsbrücke«:

$$\begin{aligned}
\sin 0° &= \frac{1}{2}\sqrt{0}\\
\sin 30° &= \frac{1}{2}\sqrt{1}\\
\sin 45° &= \frac{1}{2}\sqrt{2}\\
\sin 60° &= \frac{1}{2}\sqrt{3}\\
\sin 90° &= \frac{1}{2}\sqrt{4}\,.
\end{aligned}$$

Kennt man diese Sinuswerte, so kann man mit den Umrechnungsformeln (4.3) die Werte für die anderen Funktionen leicht ermitteln. ■

Winkelfunktionen am Einheitskreis

Bislang haben wir die trigonometrischen Funktionen als Seitenverhältnisse im rechtwinkligen Dreieck definiert. Man kann sich die Funktionswerte aber auch als Strecken vorstellen. Dazu benutzt man einen Kreis mit dem Radius 1, den sogenannten **Einheitskreis**. Wir beschränken uns bei der folgenden Darstellung auf den ersten Quadranten. Da der Radius des Einheitskreises $r = 1$ ist, gilt für einen Winkel α

$$\sin\alpha = \frac{y}{r} = y \quad \text{und} \quad \cos\alpha = \frac{x}{r} = x\,.$$

Die ► Abbildung 4.21 veranschaulicht dies nochmals.

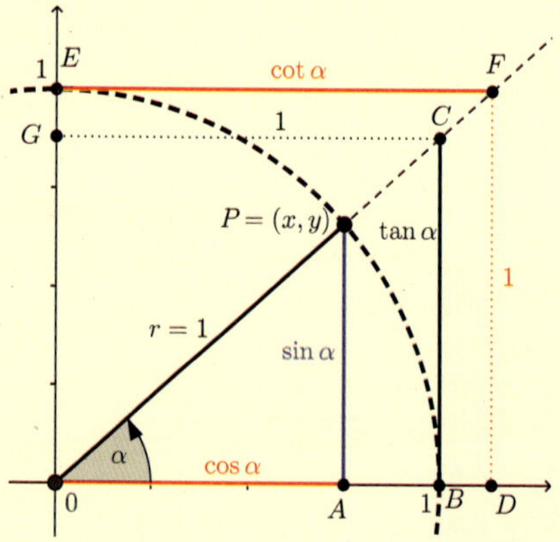

Abbildung 4.21 Winkelfunktionen am Einheitskreis

In ► Abbildung 4.21 sind der schwarz-gestrichelte Kreisbogen sowie der Punkt $P = (x, y)$ mit dem zugehörigen Winkel α eingetragen. Da der Radius r gleich 1 ist, gilt

$$\sin\alpha = \overline{AP} = y$$
$$\cos\alpha = \overline{0A} = x\,.$$

Bei einem vollen Umlauf auf dem Einheitskreis nimmt der Winkel α alle Werte von $0°$ bis $360°$ an und der Sinus und Kosinus alle Werte zwischen -1 und $+1$. Bei nochmaligem Umlauf wiederholen sich die Funktionswerte von Sinus und Kosinus. Diese Funktionen sind also **periodisch mit Periode $360° = 2\pi$** und damit für beliebige Winkel auch außerhalb des Intervalls $[0, 2\pi]$ definiert.

Mit dem **Strahlensatz** der elementaren Geometrie folgt, dass

$$\overline{BC} : \overline{GC} = \sin\alpha : \cos\alpha = \tan\alpha$$

ist, woraus mit $\overline{GC} = 1$

$$\tan\alpha = \overline{BC}$$

folgt. Ebenfalls mit dem Strahlensatz erhält man

$$\overline{DF} : \overline{EF} = \sin\alpha : \cos\alpha$$

und daraus wegen $\overline{DF} = 1$

$$\frac{1}{\overline{EF}} = \frac{\sin\alpha}{\cos\alpha} \Rightarrow \cot\alpha = \frac{\cos\alpha}{\sin\alpha} = \overline{EF}\,.$$

Aus den Definitionen von Sinus und Kosinus folgt mit dem Satz des Pythagoras

$$\sin^2\alpha + \cos^2\alpha = y^2 + x^2 = r^2 = 1\,,$$

also

$$\sin^2\alpha + \cos^2\alpha = 1\,. \qquad (4.4)$$

Diese *wichtige Beziehung* wird **trigonometrischer Pythagoras** genannt.

Die trigonometrischen Funktionen als reelle Funktionen

Wir betrachten ab jetzt die Größen sin, cos, tan, cot als reelle Funktionen und bezeichnen die Variable mit x, d. h. wir schreiben z. B.

$$y = f(x) = \sin x$$

für die Sinusfunktion. Dabei ist es üblich, die Variable x im Bogenmaß anzugeben. Die wichtigsten funktionalen Eigenschaften der trigonometrischen Funktionen sind in den folgenden Tabellen zusammengefasst.

Eigenschaften trigonometrischer Funktionen

Funktion	$\sin x$
Definitionsbereich	$\mathbb{R}$
Wertebereich	$\mathbb{R}$
Bildbereich	$[-1, 1]$
Periode	$\sin x = \sin(x + 2\pi) \Rightarrow$ Periode gleich 2π
Symmetrie	$\sin(-x) = -\sin x \Rightarrow$ ungerade
Nullstellen	alle ganzzahligen Vielfachen von π
Polstellen	keine
Monotonie	keine
Graph:	► Abbildung 4.22

Tabelle 4.4 Die Sinusfunktion $f(x) = \sin x$

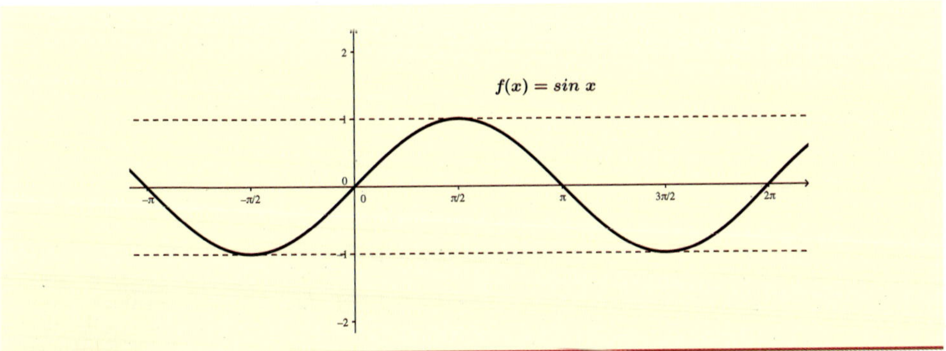

Abbildung 4.22 Die Sinusfunktion

Funktion	$\cos x$
Definitionsbereich	$\mathbb{R}$
Wertebereich	$\mathbb{R}$
Bildbereich	$[-1, 1]$
Periode	$\cos x = \cos(x + 2\pi) \Rightarrow$ Periode gleich 2π
Symmetrie	$\cos(-x) = \cos x \Rightarrow$ gerade
Nullstellen	alle ungeraden ganzzahligen Vielfachen von $\pi/2$
Polstellen	keine
Monotonie	keine
Graph:	► Abbildung 4.23

Tabelle 4.5 Die Cosinusfunktion $f(x) = \cos x$

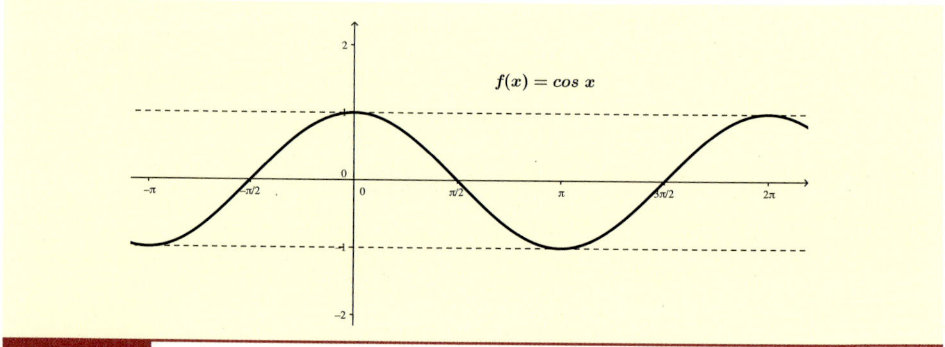

Abbildung 4.23 Die Cosinusfunktion

Funktion	$\tan x$
Definitionsbereich	$\mathbb{R} \setminus \{\pi/2 + k \cdot \pi, k \in \mathbb{Z}\}$
Wertebereich	$\mathbb{R}$
Bildbereich	$\mathbb{R}$
Periode	$\tan x = \tan(x + \pi) \Rightarrow$ Periode gleich π
Symmetrie	$\tan(-x) = -\tan x \Rightarrow$ ungerade
Nullstellen	alle ganzzahligen Vielfachen von π
Polstellen	$\pi/2 + k \cdot \pi$, wobei $k \in \mathbb{Z}$ beliebig gewählt werden kann
Monotonie	keine
Graph:	► Abbildung 4.24

Tabelle 4.6 Die Tangensfunktion $f(x) = \tan x$

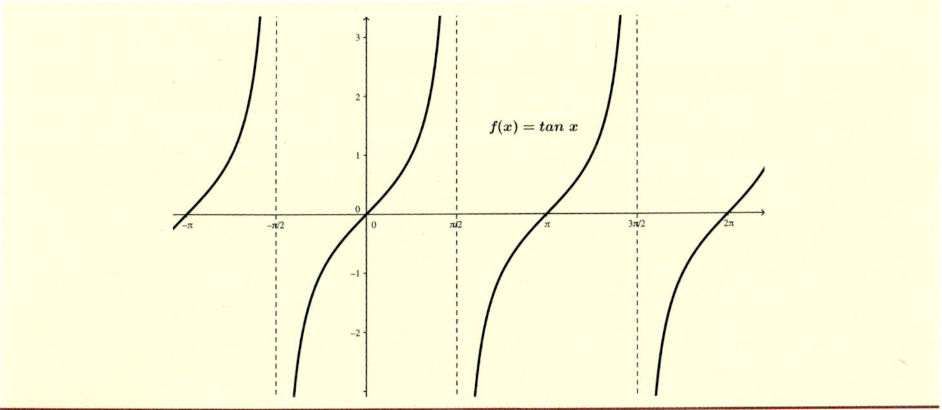

Abbildung 4.24 Die Tangensfunktion

Funktion	$\cot x$
Definitionsbereich	$\mathbb{R} \setminus \{k \cdot \pi, k \in \mathbb{Z}\}$
Wertebereich	$\mathbb{R}$
Bildbereich	$\mathbb{R}$
Periode	$\cot x = \cot(x + \pi) \Rightarrow$ Periode gleich π
Symmetrie	$(-x) = -\cot x \Rightarrow$ ungerade
Nullstellen	$\pi/2 + k \cdot \pi$, wobei $k \in \mathbb{Z}$ beliebig gewählt werden kann
Polstellen	alle ganzzahligen Vielfachen von π
Monotonie	keine
Graph:	► Abbildung 4.25

Tabelle 4.7 Die Kotangensfunktion $f(x) = \cot x$

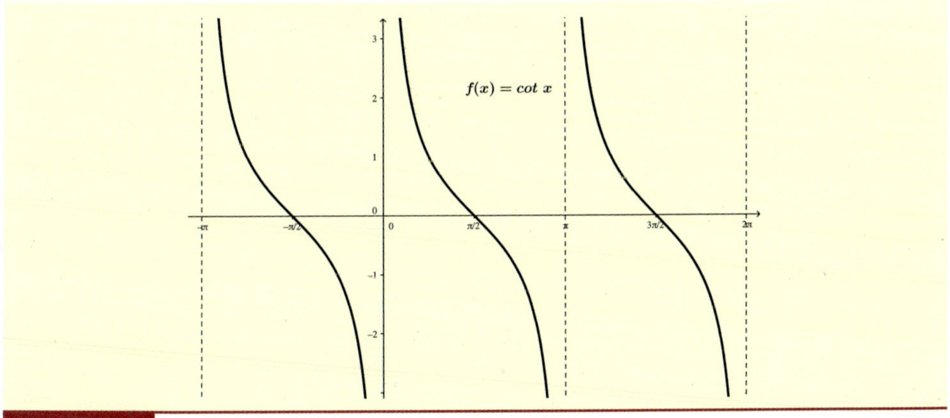

Abbildung 4.25 Die Kotangensfunktion

Beziehungen zwischen den trigonometrischen Funktionen

Neben den Umrechnungsformeln (4.3) gibt es weitere Möglichkeiten eine trigonometrische Funktion durch die jeweils anderen auszudrücken.

Learn a little ...do a little

Beispiel 4.28 **Zusammenhang zwischen den Winkelfunktionen desselben Winkels**

Mithilfe des trigonometrischen Pythagoras können wir die Zusammenhänge zwischen den Winkelfunktionen desselben Winkels darstellen. Es gilt z. B.

$$\begin{aligned} \cos x &= \pm\sqrt{1-\sin^2 x} \\ \sin x &= \pm\sqrt{1-\cos^2 x} \\ \tan x &= \frac{\sin x}{\cos x} = \frac{\sin x}{\pm\sqrt{1-\sin^2 x}} \\ \cot x &= \frac{\cos x}{\sin x} = \frac{\cos x}{\pm\sqrt{1-\cos^2 x}}, \end{aligned} \tag{4.5}$$

wobei das Vorzeichen vor den Wurzeln vom Quadranten des Winkels x abhängt! Die nachfolgende ► Tabelle 4.8 listet für alle trigonometrischen Funktionen die entsprechenden Zusammenhänge auf.

Gesucht\Gegeben	$\sin x$	$\cos x$	$\tan x$	$\cot x$
$\sin x$	$\sin x$	$\pm\sqrt{1-\cos^2 x}$	$\frac{\tan x}{\pm\sqrt{1+\tan^2 x}}$	$\frac{1}{\pm\sqrt{1+\cot^2 x}}$
$\cos x$	$\pm\sqrt{1-\sin^2 x}$	$\cos x$	$\frac{1}{\pm\sqrt{1+\tan^2 x}}$	$\frac{\cot x}{\pm\sqrt{1+\cot^2 x}}$
$\tan x$	$\frac{\sin x}{\pm\sqrt{1-\sin^2 x}}$	$\frac{\pm\sqrt{1-\cos^2 x}}{\cos x}$	$\tan x$	$\frac{1}{\cot x}$
$\cot x$	$\frac{\pm\sqrt{1-\sin^2 x}}{\sin x}$	$\frac{\cos x}{\pm\sqrt{1-\cos^2 x}}$	$\frac{1}{\tan x}$	$\cot x$

Tabelle 4.8 Zusammenhang zwischen den Winkelfunktionen desselben Winkels

Learn a little ...do a little

Beispiel 4.29 **Kotangens mit Sinus berechnen**

Berechnen Sie den Kotangens, wenn $\sin x = \frac{1}{2}\sqrt{3}$ gegeben ist.

Lösung Es gilt

$$\cot x = \pm\frac{\sqrt{1-\sin^2 x}}{\sin x} = \pm\frac{\sqrt{1-\frac{3}{4}}}{\frac{1}{2}\sqrt{3}} = \pm\frac{\sqrt{\frac{1}{4}}}{\sqrt{\frac{3}{4}}} = \pm\sqrt{\frac{1}{3}} = \pm\frac{1}{3}\sqrt{3}.$$

■

Additionstheoreme der trigonometrischen Funktionen

Wir kommen nun zu den wichtigen sogenannten **Additionstheoremen** der trigonometrischen Funktionen: Für die Summe zweier Winkel gilt:

$$\sin(x+y) = \sin x \cos y + \cos x \sin y \tag{4.6}$$

$$\cos(x+y) = \cos x \cos y - \sin x \sin y\,. \tag{4.7}$$

Learn a little

...do a little

Beispiel 4.30 **Anwendung der Additionstheoreme**

Berechnen Sie den genauen Wert von $\cos 75°$ mithilfe der Additionstheoreme.

Lösung

$$\begin{aligned}\cos 75° &= \cos(30° + 45°)\\ &= \cos 30° \cos 45° - \sin 30° \sin 45°\\ &= \frac{1}{2}\sqrt{3}\cdot\frac{1}{2}\sqrt{2} - \frac{1}{2}\cdot\frac{1}{2}\sqrt{2}\\ &= \frac{1}{4}\sqrt{2}\left(\sqrt{3}-1\right).\end{aligned}$$

■

Learn a little

...do a little

Beispiel 4.31 **Beziehungen zwischen den trigonometrischen Funktionen**

a Es gilt

$$\sin(2x) = 2\sin x \cos x\,,$$

denn

$$\sin(2x) = \sin(x+x) = \sin x \cos x + \cos x \sin x = 2\sin x \cos x\,.$$

b Es gilt

$$\cos(2x) = \cos^2 x - \sin^2 x\,,$$

denn

$$\cos(2x) = \cos(x+x) = \cos x \cos x - \sin x \sin x = \cos^2 x - \sin^2 x\,.$$

■

Anwendungsbeispiel aus der Schwingungslehre

Die trigonometrischen Funktionen werden zur Beschreibung von mechanischen oder elektromagnetischen Schwingungsvorgängen in ihrer allgemeinsten Form benötigt.

Learn a little

...do a little

Beispiel 4.32 Harmonische Schwingung

Unter einer harmonischen Schwingung versteht man eine periodische Bewegung eines Teilchens (z. B. eines Federpendels), die durch eine von der Zeit t abhängige Funktion der Form

$$y(t) = A \sin\left(\frac{2\pi}{T}\,t + \varphi\right) = A \sin(\omega t + \varphi)$$

beschrieben wird.

- Dabei ist $A \geq 0$ die **Amplitude** der Schwingung, d. h. A ist der Maximalwert der Funktion, die maximale Auslenkung des Teilchens aus der Ruhelage.
- Die **Schwingungsdauer** T ist die Zeitspanne von einem Maximalpunkt der Sinusfunktion zum nächsten.
- Für die **Kreisfrequenz** $\omega > 0$ muss $\omega T = 2\pi$ gelten, denn die Sinusfunktion wiederholt ja ihre Werte (auch die Maximalwerte), wenn ihr Argument um 2π weiterrückt.
- Die Größe φ nennt man die **Phase**. Die Zahl $y_0 = A \sin \varphi$ ist der Wert der schwingenden Größe zur Zeit $t = 0$, und die y-Achse ist um φ/ω nach rechts verschoben, wenn $\varphi > 0$ ist. Die nachfolgende Abbildung zeigt den Graphen einer harmonischen Schwingung.

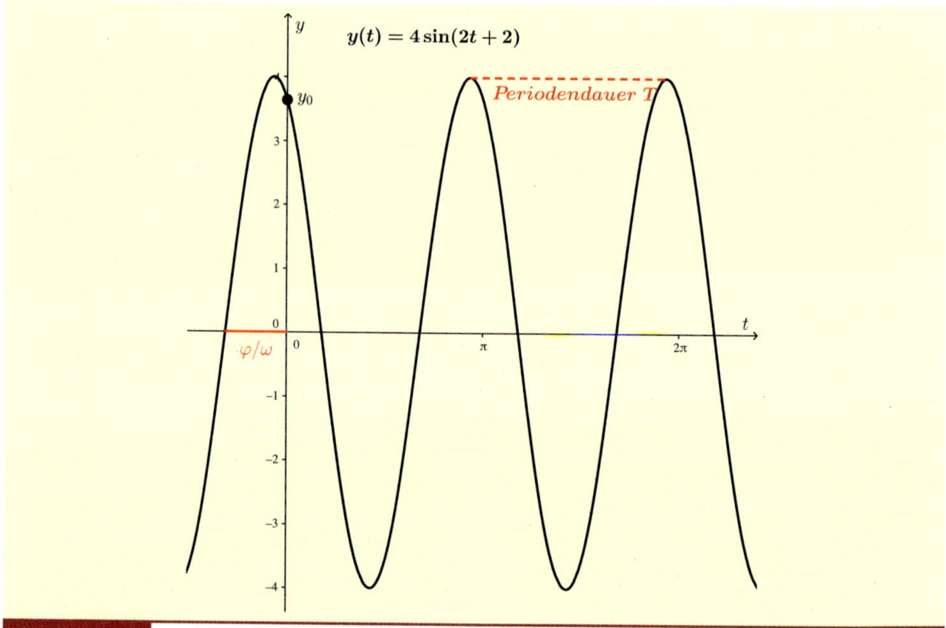

Abbildung 4.26 Harmonische Schwingung $y(t) = 4\sin(2t + 2)$

Aufgaben zum Abschnitt 4.5

1. Bestimmen Sie jeweils die Werte der anderen drei trigonometrischen Funktionen für

a. $\sin x = \dfrac{3}{5}$ **b.** $\cos x = \dfrac{3}{4}$ **c.** $\tan x = 2\,.$

2. Vereinfachen Sie die folgenden Ausdrücke

a. $\dfrac{\sin x}{\tan x}$ **b.** $\dfrac{\cos x}{\cot x}$ **c.** $\sqrt{1 + \tan^2 x} \cdot \cos x\,.$

3. Zeigen Sie mithilfe der Additionstheoreme, dass folgende Beziehungen gelten:

a. $\sin(\pi - x) = \sin x$ **b.** $\cos(\pi - x) = -\cos x\,.$

4. Beweisen Sie die Beziehungen

a. $\cos x = \sin\left(x + \dfrac{\pi}{2}\right)$

b. $\cos x = -\sin\left(x - \dfrac{\pi}{2}\right).$

5. Bestimmen Sie die fehlenden Seiten und Winkel der durch folgende Stücke gegebenen Dreiecke

a. $c = 10\,\text{cm}$, $\alpha = 90°$, $\beta = 25°40'$

b. $b = 5\,\text{cm}$, $c = 12\,\text{cm}$, $\alpha = 90°$

c. $a = 24{,}32\,\text{cm}$, $\alpha = 90°$, $\gamma = 38°17'$

d. $a = 19{,}23\,\text{cm}$, $b = 8{,}09\,\text{cm}$, $\alpha = 90°\,.$

6. Leiten Sie aus den Additionstheoremen die Formeln für den doppelten Winkel her:

a. $\cos 2\alpha$ **b.** $\tan 2\alpha$ **c.** $\cot 2\alpha\,.$

7. Stellen Sie $\sin 3\alpha$ in Abhängigkeit von $\sin x$ und Potenzen von $\sin x$ dar.

8. Berechnen Sie den spitzen Winkel $\gamma = \alpha - \beta$, wenn $\sin\alpha = \dfrac{4}{5}$ und $\sin\beta = \dfrac{5}{13}$ bekannt sind.

9. Berechnen Sie $\sin 15°$, $\cos 15°$ $\tan 15°$, $\cot 15°$.

10. Finden Sie für $x \in [0, 2\pi]$ die Lösungsmenge von

a. $\sin 2x = 2\sin x$ **b.** $\sin x = 1 + \cos x\,.$

4.6 Exponential- und Logarithmusfunktionen

Exponentialfunktion

Wir beginnen mit der Definition der Exponentialfunktion.

Definition

Die **Exponentialfunktion exp** wird definiert durch

$$\exp : \begin{cases} \mathbb{R} \to & \mathbb{R} \\ x \mapsto & e^x \,, \end{cases}$$

wobei e die **Eulersche Zahl** (siehe Definition auf Seite 46) ist.

Die Eigenschaften der Exponentialfunktion ergeben sich alle direkt aus den Rechengesetzen für Potenzen.

Eigenschaften der Exponentialfunktion

1. $\exp(0) = e^0 = 1$
2. $\exp(1) = e^1 = e$
3. $\exp(-1) = e^{-1} = \dfrac{1}{e}$
4. $\exp(x+y) = e^{x+y} = e^x e^y = \exp(x)\exp(y)$
5. $\exp(x) > 0$ für alle $x \in \mathbb{R} \Rightarrow$ der Bildbereich ist $\exp(\mathbb{R}) = \{x \in \mathbb{R} : x > 0\} = \mathbb{R}_{>0}$
6. $\exp(x)$ ist streng monoton wachsend.
7. Für kleiner werdende x Werte nähert sich $\exp(x)$ immer mehr der x-Achse an, d. h. die Gerade $y = 0$ ist eine Asymptote.
8. Die ► Abbildung 4.27 zeigt den Graphen der Exponentialfunktion.

Learn a little

...do a little

Beispiel 4.33 **Exponentielles Wachstum**

Die Exponentialfunktion wird häufig genutzt, um Wachstumsvorgänge zu beschreiben. Ein Organismus mit der Masse $m(t)$ unterliege dem Wachstumsgesetz

$$m(t) = ae^{bt} \,.$$

Zur Zeit $t = 0$ hat er die Masse $m(0) = 70\,\text{kg}$ und zur Zeit $t = 5$ die Masse $m(5) = 80\,\text{kg}$. Berechnen Sie die Größen a und b.

Lösung Es gilt

$$70 = m(0) = ae^{b \cdot 0} = a \cdot 1 = a$$

und

$$80 = m(5) = ae^{b \cdot 5} = 70e^{5b} \quad \Rightarrow \quad e^{5b} = \frac{8}{7} \,.$$

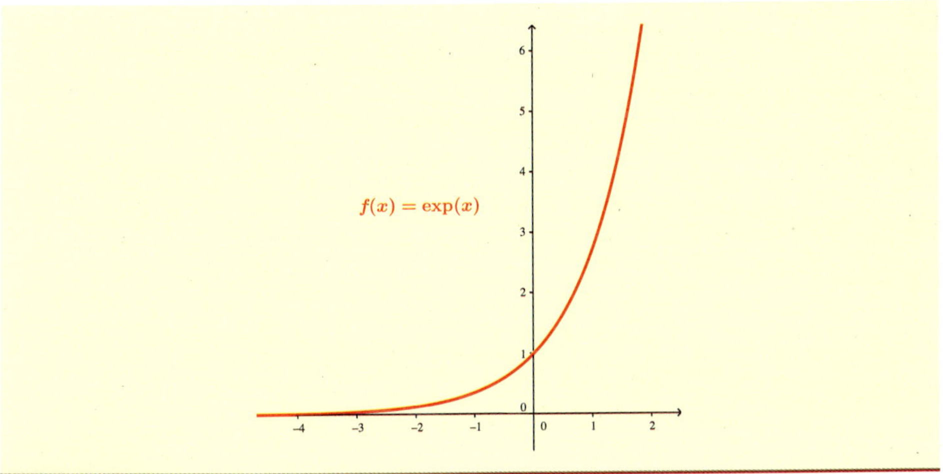

Abbildung 4.27 Die Exponentialfunktion

Die letzte Gleichung wird logarithmiert und es ergibt sich

$$\ln\left(e^{5b}\right) = \ln\left(\frac{8}{7}\right) \Rightarrow 5b = \ln\frac{8}{7} \Rightarrow b = \frac{1}{5}\ln\frac{8}{7} = 0{,}0267\,.$$

Logarithmusfunktion

Wie ist die Logarithmusfunktion definiert?

Definition

Da die Exponentialfunktion auf ihrem Definitionsbereich $\mathbb{R}$ streng monoton wachsend ist, existiert auf ihrem Bildbereich ihre Umkehrfunktion

$$exp^{-1}: \begin{cases} \mathbb{R}_{>0} \to & \mathbb{R} \\ x \mapsto & exp^{-1}(x) =: \ln x\,, \end{cases}$$

die **natürliche Logarithmusfunktion** genannt wird. Es gelten die Beziehungen

$$\begin{aligned} e^{\ln x} &= x, \quad \text{für } x > 0 \\ \ln(e^x) &= x, \quad \text{für } x \in \mathbb{R}\,. \end{aligned}$$

Die Eigenschaften der Logarithmusfunktion ergeben sich direkt aus denen der Exponentialfunktion.

Eigenschaften der Logarithmusfunktion

1. $\ln 1 = 0$
2. $\ln(e) = 1$

3. $\ln \frac{1}{e} = -1$

4. $\ln(x \cdot y) = \ln x + \ln y$

5. $\ln(x^y) = y \ln x$

6. $\ln x$ ist streng monoton wachsend.

7. $\ln x$ hat eine Polstelle bei $x = 0$.

8. Die ► Abbildung 4.28 zeigt den Graphen der Logarithmusfunktion.

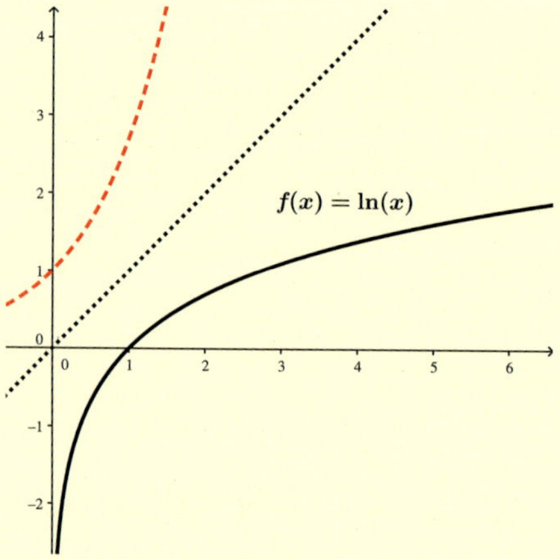

Abbildung 4.28 Die Logarithmusfunktion

Learn a little ...do a little

Beispiel 4.34 Logarithmische Gleichung

Was sind die Lösungen der Gleichung

$$x^{\ln x} = 2\,?$$

Lösung Die Gleichung ist nur für x-Werte definiert, die größer als Null sind. Wir logarithmieren beide Seiten und erhalten

$$\ln\left(x^{\ln x}\right) = \ln 2\,.$$

Nach den Rechenregeln für den Logarithmus gilt

$$\ln\left(x^{\ln x}\right) = \ln x \cdot \ln x = (\ln x)^2\,,$$

d. h. es ergibt sich

$$(\ln x)^2 = \ln 2 \quad \Rightarrow \quad \ln x = \pm\sqrt{\ln 2}\,.$$

Jetzt wenden wir die Exponentialfunktion auf die letzte Gleichung an

$$\exp(\ln x) = x = \exp\left(\pm\sqrt{\ln 2}\right) = e^{\pm\sqrt{\ln 2}}\,.$$

Es gibt also zwei Lösungen

$$x_1 = e^{\sqrt{\ln 2}}, \quad x_2 = e^{-\sqrt{\ln 2}}\,.$$

■

Aufgaben zum Abschnitt 4.6

1. Lösen Sie die allgemeine Exponentialgleichung

$$a^{bx+c} = d^{ex+f}$$

mit $a, b, c, d, e, f \in \mathbb{R}$ und $a, d > 0$, $a \neq d$ nach der Variablen x auf.

2. Lösen Sie die beiden Gleichungen

a. $5^{x+3} - 5^{x+1} = 3^{x+4} - 3^{x-2}$ **b.** $2^{(3^x)} = 3^{(2^x)}$.

3. Die Funktion

$$N(t) = N_0 e^{-\lambda t}$$

beschreibt den Zerfall eines radioaktiven Teilchens. Die Größe λ wird Zerfallskonstante genannt. N_0 ist die Anzahl der Teilchen zum Zeitpunkt $t = 0$. Bestimmen Sie für $\lambda = 0{,}005$ die Halbwertzeit der Teilchen, d. h. die Zeit, nach der die Anzahl der Teilchen auf die Hälfte gesunken ist.

4. Bestimmen Sie die Nullstellen der Funktion

$$f(x) = -3e^{2x^2} + 5$$

und geben Sie ihre Umkehrfunktion mit Definitions- und Bildbereich an.

5. Lösen Sie für $a > 0$ die logarithmische Gleichung $\ln(ax) = b$.

6. Finden Sie die Lösung von $3^{2 \ln x} = \ln 9$.

7. Skizzieren Sie die Funktion

$$f(x) = \ln x^2 .$$

Geben Sie ihren Definitions- und Bildbereich an. Geben Sie außerdem die Umkehrfunktion mit Definitions- und Bildbereich an und skizzieren Sie auch den Graphen dieser Umkehrfunktion.

Zusammenfassung

Allgemeine Funktionseigenschaften

- Unter einer **reellen Funktion** f versteht man eine Vorschrift, die jedem Element x aus einer Menge $\mathbb{D} \subset \mathbb{R}$ genau ein Element $y = f(x) \in \mathbb{W} \subset \mathbb{R}$ zuordnet.
- Ein $x_0 \in \mathbb{D}$ mit $f(x_0) = 0$ heißt **Nullstelle** von f.
- f heißt **gerade**, wenn für alle $x \in \mathbb{D}$ gilt: $f(x) = f(-x)$.
- f heißt **ungerade**, wenn für alle $x \in \mathbb{D}$ gilt: $f(x) = -f(-x)$.
- f heißt **periodisch** mit Periode p , wenn für alle $x \in \mathbb{D}$ gilt: $f(x \pm p) = f(x)$.
- Gilt für alle $x_1, x_2 \in \mathbb{D}$ mit $x_1 < x_2$:

$$f(x_1) \begin{cases} \leq & f(x_2), \\ < & f(x_2), \\ \geq & f(x_2), \\ > & f(x_2), \end{cases} \quad \text{so heißt } f \quad \begin{cases} \textbf{monoton} & \textbf{steigend} \\ \textbf{streng monoton} & \textbf{steigend} \\ \textbf{monoton} & \textbf{fallend} \\ \textbf{streng monoton} & \textbf{fallend}\,. \end{cases}$$

- f heißt **umkehrbar**, wenn für zwei verschiedene Elemente x_1 und x_2 aus $\mathbb{D}$ auch die Funktionswerte verschieden sind.
- Ist f streng monoton wachsend oder streng monoton fallend, so ist $f$umkehrbar.
- Bei der Umkehrung einer Funktion werden Definitionsbereich und Wertebereich vertauscht.
- Zeichnerisch erhält man den Graphen der Umkehrfunktion durch Spiegelung von f an der Winkelhalbierenden $y = x$.

Grenzwert und Stetigkeit einer Funktion

- Eine **Folge** ist eine bestimmte Anordnung (unendlich vieler) reeller Zahlen.
- Eine reelle Zahl a heißt **Grenzwert** oder **Limes** der Folge (a_n), wenn in einer beliebig kleinen Umgebung von a unendlich viele Folgenglieder liegen und außerhalb davon nur endlich viele.
- Die **Eulersche Zahl** e wird als Grenzwert einer Folge definiert:

$$e = \text{der Grenzwert von } \left(1 + \frac{1}{n}\right)^n \approx 2{,}718281829\,.$$

- Gilt für jede Folge (x_n), die gegen eine reelle Zahl x_0 konvergiert, stets

$$\lim f(x_n) = g, \quad (n \to \infty) \ ,$$

so heißt die reelle Zahl g der Grenzwert von $f(x)$ an der Stelle x_0.

- Für die Berechnung von Grenzwerten gibt es bestimmte Rechenregeln.

- Eine in x_0 definierte Funktion f heißt **stetig in x_0**, wenn der Grenzwert von f an der Stelle x_0 existiert und gleich $f(x_0)$ ist.

Polynome

- Eine Funktion $f\colon \mathbb{R} \to \mathbb{R}$ der Form

$$(x) = a_n x^n + a_{n-1} x^{n-1} + \cdots + a_1 x + a_0$$

mit $a_n \neq 0$ heißt **Polynom** (oder ganzrationale Funktion) n-ten Grades.

- Ein Polynom ersten Grades der Form $y = f(x) = ax + b$ mit $a \neq 0$ heißt **lineare Funktion**.

- Ein Polynom zweiten Grades der Form $y = f(x) = a_2 x^2 + a_1 x + a_0$ mit $a_2 \neq 0$ heißt **quadratische Funktion**.

- Der Graph einer quadratischen Funktion ist eine **Parabel**.

- Eine Parabel kann zwei Nullstellen, eine doppelte oder keine Nullstelle haben.

- Ein Polynom dritten Grades der Form $y = f(x) = a_3 x^3 + a_2 x^2 + a_1 x + a_0$ mit $a_3 \neq 0$ heißt **kubische Funktion**.

- Eine kubische Parabel hat immer mindestens eine Nullstelle.

- Jedes Polynom n-ten Grades besitzt höchstens n Nullstellen.

- Zwei Polynome sind gleich, wenn sie gleichen Grades sind und alle Koeffizienten übereinstimmen.

- Besitzt die ganzrationale Funktion

$$f(x) = a_n x^n + a_{n-1} x^{n-1} + \cdots + a_1 x + a_0$$

mit $a_n \neq 0$ an der Stelle x_1 eine Nullstelle, so ist f darstellbar als

$$f(x) = (x - x_1) \cdot f_1(x) \ ,$$

wobei $f_1(x)$ das reduzierte Polynom vom Grad $n-1$ und $(x - x_1)$ ein Linearfaktor ist.

- Sind $x_1, x_2, \cdots, x_n$ die Nullstellen eines Polynoms

$$f(x) = a_n x^n + a_{n-1} x^{n-1} + \cdots + a_1 x + a_0 ,$$

so kann f als Produkt von Linearfaktoren geschrieben werden:

$$f(x) = a_n (x - x_1)(x - x_2) \cdots (x - x_n) .$$

- Das **Hornerschema** ist ein Umformungsverfahren für Polynome, um die Berechnung von Funktionswerten zu erleichtern. Es wird hauptsächlich zur Berechnung von Nullstellen und zur Ermittlung des reduzierten Polynoms eingesetzt.

- **Vietascher Wurzelsatz:** Ist

$$f(x) = a_n x^n + a_{n-1} x^{n-1} + \cdots + a_1 x + a_0$$

ein Polynom n-ten Grades mit ganzzahligen Koeffizienten und $a_n = \pm 1$, dann sind die rationalen Nullstellen von f ganzzahlig und Teiler von a_0.

Gebrochenrationale Funktionen

- Funktionen, die sich als Quotient zweier Polynomfunktionen $g(x)$ und $h(x)$ darstellen lassen, heißen **gebrochenrationale Funktionen**:

$$f(x) = \frac{g(x)}{h(x)} = \frac{a_m x^m + a_{m-1} x^{m-1} + \cdots + a_1 x + a_0}{b_n x^n + b_{n-1} x^{n-1} + \cdots + b_1 x + b_0} .$$

- Der Definitionsbereich $\mathbb{D}$ einer gebrochenrationalen Funktion besteht aus allen reellen Zahlen, die nicht Nullstellen des Nennerpolynoms sind. Die Nullstellen von $h(x)$ nennt man Definitionslücken von f.

- Ist x_0 eine Nullstelle von g, aber keine Definitionslücke, so ist x_0 eine Nullstelle von f.

- x_0 heißt **Polstelle** von f, wenn x_0 Definitionslücke ist und der Betrag der Funktion immer größer wird, je mehr man sich der Lücke nähert.

- Zur Bestimmung der Null- und Polstellen einer gebrochenrationalen Funktion zerlegt man die Zähler- und Nennerpolynome soweit möglich in Linearfaktoren und kürzt gemeinsame Faktoren heraus. Die im Zähler verbleibenden Linearfaktoren, die *keine* Definitionslücken beinhalten, liefern dann die Nullstellen, die im Nenner verbleibenden Linearfaktoren die Polstellen.

Trigonometrische Funktionen

- Für die trigonometrischen Funktionen gelten folgende Umrechnungsformeln

$$\sin\alpha = \cos(90^\circ - \alpha) \qquad \cos\alpha = \sin(90^\circ - \alpha)$$
$$\tan\alpha = \cot(90^\circ - \alpha) \qquad \cot\alpha = \tan(90^\circ - \alpha)\,.$$

- Es gilt der **trigonometrische Satz des Pythagoras**: $\sin^2\alpha + \cos^2\alpha = 1$.
- **Additionstheoreme der Winkelfunktionen**:

$$\sin(\alpha+\beta) = \sin\alpha\cos\beta + \cos\alpha\sin\beta$$
$$\cos(\alpha+\beta) = \cos\alpha\cos\beta - \sin\alpha\sin\beta$$

- Die **Sinusfunktion** hat folgende Eigenschaften:

Funktion	$\sin x$
Definitionsbereich	$\mathbb{R}$
Wertebereich	$\mathbb{R}$
Bildbereich	$[-1, 1]$
Periode	$\sin x = \sin(x + 2\pi) \Rightarrow$ Periode gleich 2π
Symmetrie	$\sin(-x) = -\sin x \Rightarrow$ ungerade
Nullstellen	alle ganzzahligen Vielfachen von π
Polstellen	keine
Monotonie	keine

- Die **Kosinusfunktion** hat folgende Eigenschaften:

Funktion	$\cos x$
Definitionsbereich	$\mathbb{R}$
Wertebereich	$\mathbb{R}$
Bildbereich	$[-1, 1]$
Periode	$\cos x = \cos(x + 2\pi) \Rightarrow$ Periode gleich 2π
Symmetrie	$\cos(-x) = \cos x \Rightarrow$ gerade
Nullstellen	alle ungeraden ganzzahligen Vielfachen von $\pi/2$
Polstellen	keine
Monotonie	keine

- Die **Tangensfunktion** hat folgende Eigenschaften:

Funktion	$\tan x$
Definitionsbereich	$\mathbb{R}$
Wertebereich	$\mathbb{R}$
Bildbereich	$\mathbb{R}$
Periode	$\tan x = \tan(x+\pi) \Rightarrow$ Periode gleich π
Symmetrie	$\tan(-x) = -\tan x \Rightarrow$ ungerade
Nullstellen	alle ganzzahligen Vielfachen von π
Polstellen	$\pi/2 + k \cdot \pi$, wobei $k \in \mathbb{Z}$ beliebig gewählt werden kann
Monotonie	keine

- Die **Kotangensfunktion** hat folgende Eigenschaften:

Funktion	$\cot x$
Definitionsbereich	$\mathbb{R}$
Wertebereich	$\mathbb{R}$
Bildbereich	$\mathbb{R}$
Periode	$\cot x = \cot(x+\pi) \Rightarrow$ Periode gleich π
Symmetrie	$(-x) = -\cot x \Rightarrow$ ungerade
Nullstellen	$\pi/2 + k \cdot \pi$, wobei $k \in \mathbb{Z}$ beliebig gewählt werden kann
Polstellen	alle ganzzahligen Vielfachen von π
Monotonie	keine

Exponential- und Logarithmusfunktionen

- Die **Exponentialfunktion exp** wird definiert durch

$$\exp : \begin{cases} \mathbb{R} \to & \mathbb{R} \\ x \mapsto & e^x, \end{cases}$$

wobei e die Eulersche Zahl ist.

- Die Exponentialfunktion hat folgende Eigenschaften:
  - $\exp 0 = 1; \quad \exp(1) = e; \quad \exp(-1) = \frac{1}{e}.$
  - $\exp(x + y) = \exp(x)\exp(y).$
  - $\exp(x) > 0$ für alle $x \in \mathbb{R}$.
  - $\exp(x)$ ist streng monoton wachsend.
  - Für kleiner werdende x Werte nähert sich $\exp(x)$ immer mehr der x-Achse an, d. h. die Gerade $y = 0$ ist eine Asymptote.
- Die **natürliche Logarithmusfunktion ln x** ist die Umkehrung der Exponentialfunktion.
- Die natürliche Logarithmusfunktion hat folgende Eigenschaften:
  - $\ln 1 = 0; \quad \ln(e) = 1; \quad \ln \frac{1}{e} = -1.$
  - $\ln(x \cdot y) = \ln x + \ln y.$
  - $\ln(x^y) = y \ln x.$
  - $\ln x$ ist streng monoton wachsend
  - $\ln x$ hat eine Polstelle bei $x = 0$.

Lernziele

In diesem Kapitel lernen Sie

- was die Steigung einer Funktion ist,
- dass die Steigung eine lokale Eigenschaft der Funktion ist,
- dass nur die Geraden überall die gleiche Steigung haben,
- dass die Steigung einer Geraden durch den Differenzenquotienten berechenbar ist,
- dass die Steigung/1. Ableitung einer beliebigen Funktion durch den Grenzwert des Differenzenquotienten definiert wird,
- dass die Ableitung der Exponentialfunktion wieder die Exponentialfunktion ist,
- welche einfachen Ableitungsregeln es gibt,
- was die Produkt- und Quotientenregel der Differenzialrechnung sind,
- dass die Ableitung einer verketteten Funktion das Produkt aus äußerer und innerer Ableitung ist.
- wie die Ableitung der Umkehrfunktion aus der Kettenregel folgt,
- was höhere Ableitungen sind und wie man sie berechnet,
- dass die 1. Ableitung etwas über die Monotonie einer Funktion aussagt,
- dass die 2. Ableitung etwas über die Krümmung des Funktionsgraphen aussagt,
- wie man mithilfe der Differenzialrechnung die Extrempunkte einer Funktion ermitteln kann,
- was Wende- und Sattelpunkte einer Funktion sind,
- was eine Kurvendiskussion beinhaltet.

Differenzialrechnung

5

ÜBERBLICK

Übersicht

In Kapitel 4 haben wir einige grundlegende Eigenschaften reeller Funktionen besprochen. Das wollen wir in diesem Kapitel fortführen und vertiefen. Wir werden uns beispielsweise fragen, welche Änderungsrate eine Funktion in einem Punkt hat oder an welchen Stellen die Werte einer Funktion am größten oder am kleinsten sind. Die Antworten auf diese Fragen werden in vielen wissenschaftlichen Disziplinen genutzt, etwa um herauszufinden, wie schnell sich gewisse Größen mit der Zeit verändern. Informationen über Änderungsraten sind an vielen Stellen erforderlich, z. B. um die Bewegung der Planeten zu berechnen oder das Wachstum einer biologischen Population vorherzusagen. Das zentrale Konzept zur Beschreibung der Änderungsrate einer Funktion ist die **Ableitung**, die wir mit geometrischen Mitteln einführen wollen.

5.1 Definition der Ableitung einer Funktion

Steigung einer Funktion

Die Steigung einer Funktion gibt an, wie steil sie ist, wieviele Einheiten sie also nach oben oder unten geht, wenn man eine Einheit nach rechts geht. Geht man 3 Meter nach oben, wenn man einen Meter nach rechts geht, so ist die Steigung 3. Geht es 3 Meter nach unten statt nach oben, ist die Steigung negativ, d. h. -3. Wenn wir uns vorstellen, dass die Funktion den Weg beschreibt, den wir in hügeligem Gelände entlanggehen, so wird klar, dass die Steigung einer Funktion eine **lokale** Eigenschaft ist, die sich normalerweise von Punkt zu Punkt ändert. Die einzigen Funktionen, die überall die gleiche Steigung besitzen, sind die Geraden.

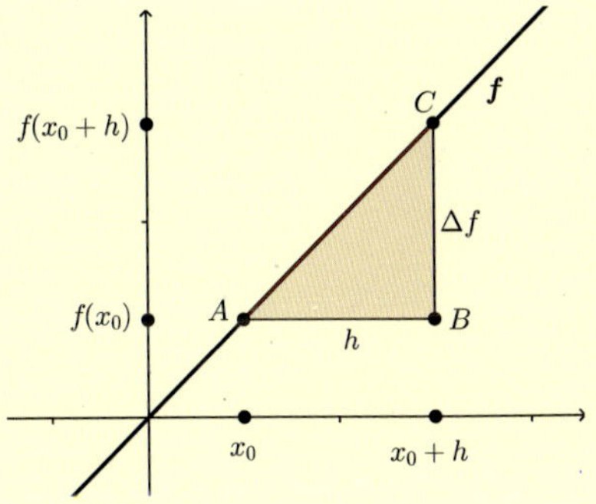

Abbildung 5.1 Steigung einer Geraden

In ► Abbildung 5.1 ist die Gerade f eingezeichnet. Das Dreieck ABC nennt man **Steigungsdreieck**. Die (überall gleiche) Steigung der Geraden erhält man folgendermaßen. Man geht auf der x-Achse vom Punkt x_0 zum Punkt $x_0 + h$ und teilt die Differenz der zugehörigen Funktionswerte

$$\triangle f = f(x_0 + h) - f(x_0)$$

durch die Differenz der x-Werte

$$h = (x_0 + h) - x_0\,,$$

d. h. es gilt

$$\text{Steigung von } f = \frac{\triangle f}{h} = \frac{f(x_0 + h) - f(x_0)}{h}\,.$$

Den Ausdruck

$$\frac{\triangle f}{h} = \frac{f(x_0 + h) - f(x_0)}{h}\,,$$

der ja der Quotient zweier Differenzen ist, nennt man daher auch **Differenzenquotient**, d. h. die Steigung einer Geraden ist gleich dem Differenzenquotienten.

Learn a little ...do a little

Beispiel 5.1 Steigung einer Geraden

Welche Steigung hat die Gerade

$$f(x) = 2x + 1\,?$$

Lösung Wir wählen einen beliebigen Punkt x_0 auf der x-Achse und eine beliebige Schrittweite h, z. B. $x_0 = 0$ und $h = 1$, dann folgt

$$\text{Steigung von } f = \frac{\triangle f}{h} = \frac{f(0+1) - f(0)}{1} = \frac{3-1}{1} = 2\,.$$

Wir hätten auch $x_0 = 1$ und $h = 2$ wählen können, denn dann gilt ebenso

$$\text{Steigung von } f = \frac{\triangle f}{h} = \frac{f(1+2) - f(1)}{2} = \frac{7-3}{2} = \frac{4}{2} = 2\,.$$

Ist die Funktion f keine Gerade, so ändert sich die Steigung von Punkt zu Punkt und wir müssen eine andere Definition für die Steigung finden. Dazu schauen wir uns die ► Abbildung 5.2 an.

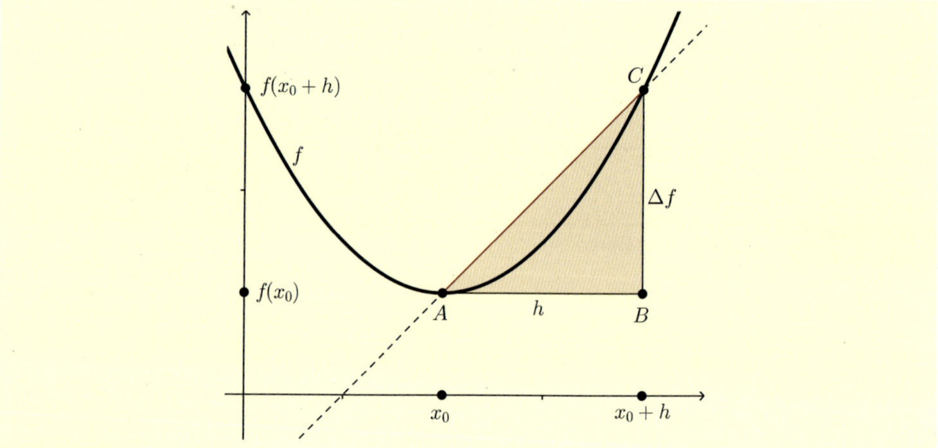

Abbildung 5.2 Steigung einer Parabel

In ► Abbildung 5.2 sind auf der Parabel f die beiden Punkte $A = (x_0, f(x_0))$ und $C = (x_0 + h, f(x_0 + h))$ eingezeichnet und durch eine gestrichelte Linie, die man **Sekante** nennt, verbunden. Wir sind an der Steigung von f im Punkt A interessiert. Das Steigungsdreieck ABC liefert nur die Steigung der Sekante, die aber nicht mit der Steigung von f im Punkt A identisch ist. Die Idee ist jetzt, die Schrittweite h immer weiter zu verkleinern und den Punkt C immer näher an A heranzubringen und den **Grenzwert der Sekantensteigung** $\frac{\triangle f}{h}$ für $h \to 0$ als Steigung der Funktion im Punkt A zu definieren. Existiert dieser Grenzwert, so nennt man ihn die **Ableitung der Funktion an der Stelle x_0** oder auch **Differenzialquotient an der Stelle x_0**.

Geometrisch bedeutet die Grenzwertbildung, dass sich die Sekante immer mehr der Tangente, die den Funktionsgraphen im Punkt A berührt, annähert. Die Steigung der Funktion im Punkt A ist die Steigung der Tangente im Punkt A. Die nachfolgende Grafik veranschaulicht diesen Zusammenhang.

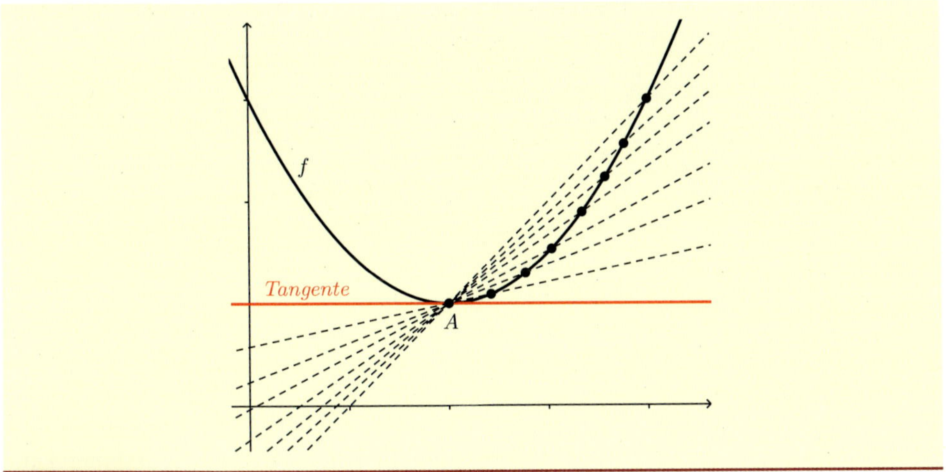

Abbildung 5.3 Tangente im Punkt A

In ► Abbildung 5.3 sieht man, dass sich die Sekanten durch die Punkte immer mehr der (waagerechten) Tangente annähern, je näher die Punkte an A herankommen.

Learn a little

...do a little

Beispiel 5.2 Steigung der Parabel

Wir wollen die Steigung der Parabel aus der letzten Abbildung

$$f(x) = (x-1)^2 + 0{,}5$$

im Punkt $A = (1, 0{,}5)$ ausrechnen, d. h. wir bilden den Grenzwert

$$\lim_{h\to 0} \frac{\triangle f}{h} = \lim_{h\to 0} \frac{f(x_0+h) - f(x_0)}{h}\,.$$

Für $x_0 = 1$ ergibt sich

$$\begin{aligned}\lim_{h\to 0} \frac{f(1+h) - f(1)}{h} &= \lim_{h\to 0} \frac{(1+h-1)^2 + 0.5 - \left((1-1)^2 + 0.5\right)}{h} \\ &= \lim_{h\to 0} \frac{h^2 + 0.5 - 0^2 - 0.5}{h} = \lim_{h\to 0} \frac{h^2}{h} = \lim_{h\to 0} h = 0\,.\end{aligned}$$

Also ergibt sich auch rechnerisch, was wir in ► Abbildung 5.3 schon ablesen konnten: Die Steigung von f im Punkt A ist Null. ■

Differenzierbarkeit einer Funktion

Wann ist eine Funktion differenzierbar?

Definition

Eine Funktion $y = f(x)$ heißt **an der Stelle $x = x_0$ differenzierbar**, wenn der Grenzwert

$$\lim_{h \to 0} \frac{\triangle f}{h} = \lim_{h \to 0} \frac{f(x_0 + h) - f(x_0)}{h}$$

existiert. Er wird **(erste) Ableitung von f an der Stelle $x = x_0$** genannt und durch das Symbol $f'(x_0)$ gekennzeichnet.

- Neben $f'(x_0)$ sind auch die Bezeichnungen $y'(x_0)$, $\frac{df(x_0)}{dx}$ oder $\left.\frac{dy}{dx}\right|_{x=x_0}$ für die Ableitung von $y = f(x)$ an der Stelle $x = x_0$ gebräuchlich.
- Den Vorgang zur Bestimmung der Ableitung nennt man **Differenzieren**.
- Existiert für die Funktion $f(x)$ die erste Ableitung in jedem Punkt ihres Definitionsbereiches, so nennt man $f(x)$ **differenzierbar**. Für differenzierbare Funktionen kann man die Ableitung selbst wieder als Funktion auffassen: Jedem x wird die Steigung der Tangenten im Punkt $(x, f(x))$ zugeordnet. Diese Zuordnung wird **Ableitungsfunktion** (oder kurz: **Ableitung**) genannt und mit $f'(x)$, $y'(x)$ oder $\frac{dy}{dx}$ gekennzeichnet.

Learn a little

...do a little

Beispiel 5.3 **Nicht jede Funktion ist differenzierbar**

Wir untersuchen die Funktion $f(x) = |x|$ an der Stelle $x = 0$ auf Differenzierbarkeit. Der Differenzenquotient bei Null ist

$$\frac{f(0+h) - f(0)}{h} = \frac{|0+h| - |0|}{h} = \frac{|h|}{h}.$$

Wir betrachten zwei Nullfolgen $h_n = \frac{1}{n}$ und $h'_n = -\frac{1}{n}$. Dann ist

$$|h_n| = \left|\frac{1}{n}\right| = \frac{1}{n} \quad \text{und} \quad |h'_n| = \left|-\frac{1}{n}\right| = \frac{1}{n}.$$

Nun berechnen wir für beide Folgen die jeweiligen Grenzwerte des Differenzenquotienten. Es gilt

$$\lim_{n \to \infty} \frac{f(0+h_n) - f(0)}{h_n} = \lim_{n \to \infty} \frac{|h_n|}{h_n} = \lim_{n \to \infty} \frac{\frac{1}{n}}{\frac{1}{n}} = \lim_{n \to \infty} 1 = 1$$

und

$$\lim_{n \to \infty} \frac{f(0+h'_n) - f(0)}{h'_n} = \lim_{n \to \infty} \frac{|h'_n|}{h'_n} = \lim_{n \to \infty} \frac{\frac{1}{n}}{-\frac{1}{n}} = \lim_{n \to \infty} -1 = -1.$$

Als Ergebnis erhalten wir, dass der Grenzwert

$$\lim_{h \to 0} \frac{f(0+h) - f(0)}{h}$$

nicht existiert. Damit ist die Funktion $f(x) = |x|$ an der Stelle $x = 0$ nicht differenzierbar. Wir schauen uns in ► Abbildung 5.4 den Graphen der Funktion an.

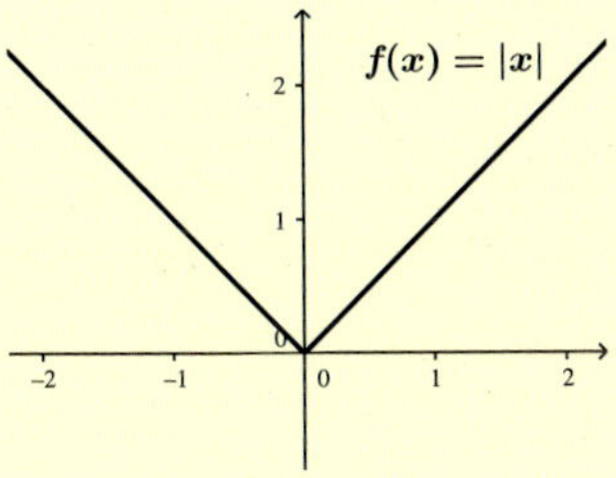

Abbildung 5.4 Betragsfunktion $f(x) = |x|$

Der Graph hat an der Stelle $x = 0$ einen **Knick**. Dies führt dazu, dass der Grenzwert des Differenzenquotienten nicht existiert. Differenzierbare Funktionen dürfen keine Knicke enthalten, deshalb werden sie auch **glatte Funktionen** genannt. ■

Den Graphen der Funktion aus ► Beispiel 5.3 kann man zeichnen, ohne dass der Stift abgesetzt werden muss. Die Funktion ist also auch an der kritischen Stelle $x = 0$ stetig. Das deutet darauf hin, dass die Differenzierbarkeit eine stärkere Forderung an die Funktion ist als die Stetigkeit, und das ist auch tatsächlich so:

Ist eine Funktion an einer Stelle $x = x_0$ differenzierbar, so ist sie dort auch stetig. Merke

Die Umkehrung gilt nicht, wie ja das letzte Beispiel gezeigt hat.

5.2 Ableitungen einfacher Funktionen

Einfache Polynome

Learn a little ...do a little

Wir berechnen als Beispiele einige Ableitungen von einfachen Funktionen.

Beispiel 5.4 **Ableitungen einfacher Polynome**

a Konstante Funktion: $f(x) = a$ mit $a \in \mathbb{R}$:

$$f'(x) = \lim_{h\to 0} \frac{f(x+h) - f(x)}{h} = \lim_{h\to 0} \frac{a-a}{h} = \lim_{h\to 0} 0 = 0\,.$$

b Lineare Funktion: $f(x) = ax + b$ mit $a, b \in \mathbb{R}$:

$$f'(x) = \lim_{h\to 0} \frac{f(x+h) - f(x)}{h} = \lim_{h\to 0} \frac{a(x+h) + b - (ax+b)}{h} = \lim_{h\to 0} \frac{ah}{h} = \lim_{h\to 0} a = a\,.$$

c Quadratische Funktion: $f(x) = x^2$:

$$\begin{aligned} f'(x) &= \lim_{h\to 0} \frac{f(x+h) - f(x)}{h} = \lim_{h\to 0} \frac{(x+h)^2 - x^2}{h} \\ &= \lim_{h\to 0} \frac{x^2 + 2hx + h^2 - x^2}{h} = \lim_{h\to 0} (2x + h) = 2x\,. \end{aligned}$$

d Kubische Funktion: $f(x) = x^3$:

$$\begin{aligned} f'(x) &= \lim_{h\to 0} \frac{f(x+h) - f(x)}{h} = \lim_{h\to 0} \frac{(x+h)^3 - x^3}{h} \\ &= \lim_{h\to 0} \frac{x^3 + 3hx^2 + 3h^2x + h^3 - x^3}{h} = \\ &= \lim_{h\to 0} \frac{3hx^2 + 3h^2x + h^3}{h} = \lim_{h\to 0} \left(3x^2 + 3hx + h^2\right) \\ &= \lim_{h\to 0} 3x^2 + 3x \cdot \lim_{h\to 0} h + \lim_{h\to 0} h^2 = 3x^2\,. \end{aligned}$$

■

Trigonometrische Funktionen, Exponentialfunktion

Learn a little ...do a little

Beispiel 5.5 **Ableitung von $\sin x$, $\cos x$, e^x**

Ohne weitere Herleitung (die ist den Mathematikvorlesungen vorbehalten) geben wir die Ableitungen der Sinusfunktion, der Kosinusfunktion und der Exponentialfunktion an.

$$\begin{aligned} (\sin x)' &= \cos x \\ (\cos x)' &= -\sin x \\ (e^x)' &= e^x\,. \end{aligned}$$

■

5.3 Ableitungsregeln

Die in diesem Abschnitt behandelten Ableitungsregeln erleichtern das Differenzieren einer **zusammengesetzten** Funktion $f(x)$ erheblich. Anstatt den Grenzwert des Differenzenquotienten von $f(x)$ zu berechnen, führen wir die Ableitung von $f(x)$ auf die Ableitungen derjenigen Funktionen zurück, aus denen $f(x)$ zusammengesetzt ist. Wir unterstellen in diesem Abschnitt durchgehend, dass die Bestandteile von $f(x)$ differenzierbare Funktionen sind.

Faktorregel

Die einfachste zusammengesetzte Funktion entsteht dadurch, dass eine Funktion $g(x)$ mit einer festen reellen Zahl a multipliziert wird:

$$f(x) = a \cdot g(x)\,.$$

Dann errechnet sich die Ableitung von $f(x)$ durch

$$f'(x) = a \cdot g'(x)\,.$$

Der konstante Faktor a bleibt also beim Differenzieren erhalten.

Learn a little

...do a little

Beispiel 5.6 **Faktorregel**

a $f(x) = 5x^2$: $f'(x) = 5 \cdot \left(x^2\right)' = 5 \cdot 2x = 10x$.

b $f(x) = 3\cos x$: $f'(x) = 3 \cdot (\cos x)' = 3 \cdot (-\sin x) = -3\sin x$.

c $f(x) = -2e^x$: $f'(x) = -2 \cdot (e^x)' = -2 \cdot (e^x) = -2e^x$. ■

Additions- und Subtraktionsregel

Die Ableitung der Summe zweier Funktionen ist gleich der Summe der Ableitungen der einzelnen Funktionen. Entsprechend ist die Ableitung der Differenz zweier Funktionen die Differenz der Ableitungen der einzelnen Funktionen. Ist also

$$f(x) = u(x) \pm v(x)\,,$$

so berechnet sich die Ableitung von $f(x)$ durch

$$f'(x) = u'(x) \pm v'(x)\,.$$

Entsprechende Formeln gelten auch, wenn drei oder mehr Funktionen addiert oder subtrahiert werden.

Learn a little ...do a little

Beispiel 5.7 **Additionsregel**

a $f(x) = 3x^3 + 2\sin x$: $f'(x) = 3 \cdot 3x^2 + 2\cos x = 9x^2 + 2\cos x$.

b $f(x) = 3e^x - 2x^2 - 4\cos x$: $f'(x) = 3e^x - 4x - 4(-\sin x) = 3e^x - 4x + 4\sin x$. ■

Produktregel

Die Ableitung von Produkten von Funktionen ist nicht ganz so einfach wie bei Summen oder Differenzen. Ist $f(x)$ ein Produkt von zwei Funktionen

$$f(x) = u(x) \cdot v(x)\,,$$

so erhält man die Ableitung von $f(x)$ durch

$$f'(x) = u'(x) \cdot v(x) + u(x) \cdot v'(x)\,.$$

Learn a little ...do a little

Beispiel 5.8 **Produktregel**

a Wir wollen die Ableitung der Funktion

$$f(x) = x^2 \sin x$$

bestimmen und definieren

$$u(x) = x^2 \Rightarrow u'(x) = 2x$$

und

$$v(x) = \sin x \Rightarrow v'(x) = \cos x\,.$$

Dann folgt

$$f(x) = u(x) \cdot v(x)$$

und

$$f'(x) = u'(x) \cdot v(x) + u(x) \cdot v'(x) = 2x \sin x + x^2 \cos x\,.$$

b Wir berechnen einige weitere Ableitungen der Potenzfunktion $f(x) = x^n$.

n=4: Wir schreiben $f(x) = x^4$ als Produkt

$$f(x) = x^3 \cdot x$$

und erhalten mit $u(x) = x^3$ und $v(x) = x$ mit der Produktregel

$$f'(x) = u'(x) \cdot v(x) + u(x) \cdot v'(x) = 3x^2 \cdot x + x^3 \cdot 1 = 4x^3\,.$$

n=5:

$$f(x) = x^5 = x^4 \cdot x\,.$$

Wir setzen $u(x) = x^4$ und $v(x) = x$ und erhalten mit dem Ergebnis für $n = 4$ und der Produktregel

$$f'(x) = u'(x) \cdot v(x) + u(x) \cdot v'(x) = 4x^3 \cdot x + x^4 \cdot 1 = 5x^4 .$$

Zusammen mit den bisherigen Ergebnissen

$$\begin{aligned}
n = 1&: f(x) = x^1 \Rightarrow f'(x) = 1 = 1 \cdot x^0 \\
n = 2&: f(x) = x^2 \Rightarrow f'(x) = 2 \cdot x^1 \\
n = 3&: f(x) = x^3 \Rightarrow f'(x) = 3 \cdot x^2 \\
n = 4&: f(x) = x^4 \Rightarrow f'(x) = 4 \cdot x^3 \\
n = 5&: f(x) = x^5 \Rightarrow f'(x) = 5 \cdot x^4
\end{aligned}$$

lässt sich ein Schema erkennen: Die Ableitung der Potenzfunktion

$$f(x) = x^n$$

für eine beliebige natürliche Zahl n berechnet sich dadurch, dass der Exponent n als Faktor vor die um eins verringerte Potenz von x geschrieben wird:

$$f'(x) = nx^{n-1} .$$

Diese Ableitungsregel wird auch **Potenzregel** genannt.

c Mit **b** können wir jetzt auch die **Ableitung beliebiger Polynome** hinschreiben. Sei

$$f(x) = a_n x^n + a_{n-1} x^{n-1} + a_{n-2} x^{n-2} + \cdots a_2 x^2 + a_1 x + a_0 ,$$

so folgt

$$f'(x) = a_n n x^{n-1} + a_{n-1}(n-1)x^{n-2} + a_{n-2}(n-2)x^{n-3} + \cdots + a_2 2x + a_1 .$$

Zum Beispiel ergibt sich für

$$f(x) = x^5 - 2x^4 + 4x^3 + 2x^2 - 3x - 1$$

die Ableitung

$$f'(x) = 5x^4 - 8x^3 + 12x^2 + 4x - 3 .$$

■

Auch die Produktregel können wir auf Funktionen erweitern, die sich aus mehr als zwei Faktoren zusammensetzen. Ist beispielsweise die Funktion $f(x)$ das Produkt dreier Funktionen

$$f(x) = u(x) \cdot v(x) \cdot w(x) ,$$

so folgt gemäß der Produktregel

$$f'(x) = (u(x) \cdot v(x))' \cdot w(x) + (u(x) \cdot v(x)) \cdot w'(x) ,$$

und die nochmalige Anwendung der Produktregel auf den ersten Klammerausdruck führt zu

$$\begin{aligned}
f'(x) &= \big(u'(x) \cdot v(x) + u(x) \cdot v'(x)\big) \cdot w(x) + \big(u(x) \cdot v(x)\big) \cdot w'(x) \\
&= u'(x) \cdot v(x) \cdot w(x) + u(x) \cdot v'(x) \cdot w(x) + u(x) \cdot v(x) \cdot w'(x) .
\end{aligned}$$

Quotientenregel

Lässt sich die Funktion $f(x)$ als Quotient zweier Funktionen

$$f(x) = \frac{u(x)}{v(x)},$$

darstellen, so berechnet sich die Ableitung durch

$$f'(x) = \frac{u'(x) \cdot v(x) - u(x) \cdot v'(x)}{v^2(x)}.$$

Learn a little ...do a little

Beispiel 5.9 **Quotientenregel**

a Sei

$$f(x) = \frac{x^4 + 3x^2}{x^2 + 1},$$

dann folgt mit

$$u(x) = x^4 + 3x^2 \Rightarrow u'(x) = 4x^3 + 6x$$

und

$$v(x) = x^2 + 1 \Rightarrow v'(x) = 2x$$

gemäß der Quotientenregel

$$f'(x) = \frac{u'(x) \cdot v(x) - u(x) \cdot v'(x)}{v^2(x)} = \frac{(4x^3 + 6x) \cdot (x^2 + 1) - (x^4 + 3x^2) \cdot 2x}{(x^2 + 1)^2}$$
$$= \frac{4x^5 + 6x^3 + 4x^3 + 6x - 2x^5 - 6x^3}{(x^2 + 1)^2} = \frac{2x^5 + 4x^3 + 6x}{(x^2 + 1)^2}.$$

b Wir berechnen die Ableitung von $f(x) = \tan x$ gemäß der Quotientenregel. Der Tangens lässt sich mit

$$u(x) = \sin x \Rightarrow u'(x) = \cos x$$

und

$$v(x) = \cos x \Rightarrow v'(x) = -\sin x$$

als Quotient schreiben:

$$\tan x = \frac{u(x)}{v(x)} = \frac{\sin x}{\cos x},$$

woraus für die Ableitung

$$f'(x) = (\tan x)' = \left(\frac{\sin x}{\cos x}\right)' = \frac{\cos x \cdot \cos x - \sin x \cdot (-\sin x)}{\cos^2 x} = \frac{\cos^2 x + \sin^2 x}{\cos^2 x}$$

folgt. Den letzten Term können wir mit dem trigonometrischen Pythagoras

$$\cos^2 x + \sin^2 x = 1$$

vereinfachen und erhalten

$$(\tan x)' = \frac{1}{\cos^2 x}.$$

Eine zweite (natürlich gleiche) Darstellung der Ableitung des Tangens erhalten wir durch

$$(\tan x)' = \frac{\cos^2 x + \sin^2 x}{\cos^2 x} = 1 + \frac{\sin^2 x}{\cos^2 x} = 1 + \tan^2 x\,.$$

c Ganz ähnlich wie in **b** können wir die Ableitung des Kotangens herleiten. Es gilt

$$(\cot x)' = (\cot x)' = \left(\frac{\cos x}{\sin x}\right)' = \frac{(-\sin x)\cdot\sin x - \cos x\cdot\cos x}{\sin^2 x} = -\frac{\sin^2 x + \cos^2 x}{\sin^2 x}$$
$$= -\frac{1}{\sin x^2} = -1 - \cot^2 x.$$

d Gemäß der Quotientenregel können wir auch die Ableitung der Potenzfunktion mit negativem Exponenten

$$f(x) = x^{-n} = \frac{1}{x^n}$$

berechnen. Es folgt mit

$$u(x) = 1 \Rightarrow u'(x) = 0$$

und

$$v(x) = x^n \Rightarrow v'(x) = nx^{n-1}$$

für die Ableitung

$$f'(x) = \frac{0\cdot x^n - 1\cdot nx^{n-1}}{(x^n)^2} = -n\,\frac{x^{n-1}}{x^{2n}} = -n\,\frac{1}{x^{n+1}} = -nx^{-n-1}\,,$$

d. h. auch für negative Exponenten gilt die **Potenzregel**: Die Ableitung der Potenzfunktion

$$f(x) = x^{-n}$$

für eine beliebige natürliche Zahl n berechnet sich dadurch, dass der Exponent $-n$ als Faktor vor die um eins verringerte Potenz von x geschrieben wird. ■

Kettenregel

Gemäß der Kettenregel berechnen wir die Ableitung einer Funktion, die aus zwei anderen Funktionen durch **Verkettung**, siehe Gleichung (4.1), hervorgegangen ist, d. h.

$$f(x) = u \circ v(x) = u\,(v(x))\ .$$

Die Abbildung $v(x)$, die zuerst ausgeführt wird, nennt man auch **innere Funktion** und entsprechend $u(x)$ **äußere Funktion**. Die Ableitung von $f(x)$ berechnet sich durch

$$f'(x) = u'\,(v(x))\cdot v'(x)\,.$$

Zuerst berechnen wir die Ableitung von $u(x)$, setzen aber anstelle von x den Ausdruck $v(x)$ in diese Ableitung ein und multiplizieren den Ausdruck mit der Ableitung von $v(x)$.

Anders formuliert: Setzen wir $y = v(x)$ und betrachten y als Variable, die in die Funktion u eingesetzt wird, so stellt sich die Verkettung als

$$f(x) = u \circ v(x) = u\left(v(x)\right) = u(y)$$

dar. Den Vorgang, $v(x)$ durch eine Variable y zu ersetzen, nennt man auch **Substitution**. Für die Ableitung folgt dann mit $y' = v'(x)$ gemäß der Kettenregel:

$$f'(x) = u'\left(y\right) \cdot y' .$$

Dieses Ergebnis ist unbefriedigend, da auf der linken Seite die Variable x und auf der rechten Seite die Variable y steht. Deshalb folgt als letzter Schritt die **Rücksubstitution**, d. h. y wird wieder durch x ausgedrückt und wir erhalten wie oben

$$f'(x) = u'\left(y\right) \cdot y' = u'\left(v(x)\right) \cdot v'(x) .$$

Die Ableitung von $u(x)$ nennt man auch **äußere Ableitung** und die von $v(x)$ **innere Ableitung**. Die Kettenregel kann man damit folgendermaßen formulieren:

Merke

Die Ableitung einer verketteten Funktion ist das Produkt aus äußerer und innerer Ableitung.

Die Kettenregel ist im Vergleich zu den bislang besprochenen Ableitungsregeln die komplizierteste Regel, aber andererseits auch diejenige, die bei der Ableitung von komplexeren Funktionen eingesetzt werden muss. Wir berechnen einige Beispiele und demonstrieren daran, wie man die Kettenregel konkret anwendet.

Learn a little

...do a little

Beispiel 5.10 Kettenregel

a Wir fangen mit einem einfachen Beispiel an. Die Funktion sei

$$f(x) = \sin\left(3x\right) .$$

Als erstes bemerken wir, dass keine der bisher besprochenen Ableitungsregeln einsetzbar ist. Um zu erkennen, ob die Kettenregel anwendbar ist, müssen wir zunächst die Funktion »auseinandernehmen«, d. h. wir müssen erkennen, dass $f(x)$ als Verkettung von zwei Funktionen, deren Ableitungen wir kennen, aufgefasst werden kann. Wenn das Argument der Sinusfunktion x statt $3x$ wäre, so wären wir schon fertig, da wir die Ableitung der Sinusfunktion kennen. Also definieren wir eine neue Variable durch

$$y = v(x) = 3x$$

als innere Funktion mit der inneren Ableitung

$$y' = v'(x) = 3 .$$

Die äußere Funktion ist nicht schwer zu bestimmen. Wir setzen

$$u(y) = \sin y$$

mit der äußeren Ableitung

$$u'(y) = \cos y\,.$$

Mit diesen Festlegungen gilt

$$f(x) = \sin(3x) = \sin y = u(y) = u(v(x))\ ,$$

d. h. wir haben $f(x)$ als Verkettung von zwei Funktionen darstellen können. Gemäß der Kettenregel ist

$$f'(x) = u'(y) \cdot y' = \cos y \cdot 3 = 3\cos(3x)\ .$$

Im letzten Schritt haben wir die Variable y wieder durch x ausgedrückt, also die Rücksubstitution ausgeführt.

b Wir holen jetzt nach, dass wir die 1. Ableitung des Kosinus noch nicht »ordentlich« berechnet haben. Wir wollen dazu die Kettenregel verwenden und die Ableitung des Kosinus auf die Ableitung des Sinus zurückführen. Es gilt nach den Umrechnungsformeln (4.3) der trigonometrischen Funktionen

$$\cos x = \sin(90° - x)\ .$$

Wir setzen

$$y = v(x) = 90° - x \quad \text{und} \quad u(y) = \sin y\,,$$

dann folgt

$$y' = v'(x) = -1 \quad \text{sowie} \quad u'(y) = \cos y\,.$$

Wenn wir nun noch beachten, dass nach den Umrechnungsformeln auch

$$\sin x = \cos(90° - x)$$

gilt, dann folgt insgesamt

$$(\cos x)' = \sin(90° - x)' = u'(y) \cdot y' = -\cos(90° - x) = -\sin x\,.$$

c Die Ableitung der Funktion

$$f(x) = e^{\sin x}$$

ist zu berechnen. Auch hier ist es so, dass wir die Ableitung der Exponentialfunktion kennen, d. h. wenn das Argument x statt $\sin x$ wäre, hätten wir kein Problem. Wir definieren also die Variable y durch

$$y = v(x) = \sin x$$

als innere Funktion mit der inneren Ableitung

$$y' = v'(x) = \cos x\,.$$

Die äußere Funktion ist dann die Exponentialfunktion

$$u(y) = e^y$$

mit der äußeren Ableitung

$$u'(y) = e^y \, .$$

Dann folgt

$$f(x) = e^{\sin x} = e^y = u\,(y) = u\,(v(x)) \; ,$$

d. h. wir haben $f(x)$ als Verkettung von $u(x)$ und $v(x)$ darstellen können. Nun wenden wir die Kettenregel an und erhalten nach Rücksubstitution

$$f'(x) = u'\,(y) \cdot y' = e^y \cdot \cos x = e^{\sin x} \cdot \cos x \, .$$

■

Ableitungsregel für die Umkehrfunktion

Aus der Kettenregel ergibt sich die Ableitungsregel für die Umkehrfunktion. Sei $f(x)$ eine umkehrbare Funktion mit der Umkehrfunktion $f^{-1}(x)$, d. h. es gilt nach der Definition auf Seite 121

$$f \circ f^{-1}(x) = x \, .$$

Diese Gleichung differenzieren wir und erhalten für die rechte Seite $x' = 1$. Auf die linke Seite wenden wir die Kettenregel an und setzen dazu

$$y = f^{-1}(x)$$

als innere Funktion mit $y' = f^{-1'}(x)$ an. Es ergibt sich für die Ableitung der linken Seite

$$\left(f \circ f^{-1}(x)\right)' = f'(y) \cdot y' = f'\left(f^{-1}(x)\right) \cdot f^{-1'}(x) \, .$$

Die Ableitung der obigen Gleichung ist folglich

$$f'\left(f^{-1}(x)\right) \cdot f^{-1'}(x) = 1 \, ,$$

woraus sich für die Ableitung der Umkehrfunktion

$$f^{-1'}(x) = \frac{1}{f'\,(y)} = \frac{1}{f'\,(f^{-1}(x))}$$

ergibt. Die Ableitung der Umkehrfunktion kann man also durch die Ableitung der Originalfunktion berechnen.

Learn a little ...do a little

Beispiel 5.11 Ableitung der Umkehrfunktion

a Wir betrachten die Funktion

$$f(x) = \exp(x) = e^x$$

und wissen, dass der Logarithmus die Umkehrfunktion der Exponentialfunktion ist

$$y = f^{-1}(x) = \ln x\,.$$

Für die Ableitung des Logarithmus folgt

$$\ln'(x) = \frac{1}{\exp'(y)} = \frac{1}{\exp(y)} = \frac{1}{\exp(\ln x)} = \frac{1}{x}\,,$$

da $\exp(\ln x) = x$ ist.

b Die Umkehrfunktionen der Potenzfunktionen

$$f(x) = x^n$$

sind die Wurzelfunktionen

$$y = f^{-1}(x) = \sqrt[n]{x} = x^{\frac{1}{n}}\,.$$

Die Ableitungen der Wurzelfunktionen berechnen sich durch

$$\left(x^{\frac{1}{n}}\right)' = \frac{1}{f'(y)} = \frac{1}{(y^n)'} = \frac{1}{ny^{n-1}} = \frac{1}{n\left(x^{\frac{1}{n}}\right)^{n-1}} = \frac{1}{n}\frac{1}{x^{\frac{n-1}{n}}} = \frac{1}{n}x^{\frac{1}{n}-1}\,,$$

d. h. auch für rationale Exponenten gilt die **Potenzregel**: Die Ableitung der Potenzfunktion

$$f(x) = x^{\frac{1}{n}}$$

für eine beliebige natürliche Zahl n berechnet sich dadurch, dass der Exponent $\frac{1}{n}$ als Faktor vor die um eins verringerte Potenz von x geschrieben wird.

Wir berechnen noch ein konkretes Zahlenbeispiel: Gesucht ist die Ableitung von

$$f(x) = \sqrt{x} = x^{\frac{1}{2}}\,.$$

Gemäß der Potenzregel ist

$$f'(x) = \frac{1}{2}x^{\frac{1}{2}-1} = \frac{1}{2}x^{-\frac{1}{2}} = \frac{1}{2\sqrt{x}}\,.$$

■

Tabelle der Ableitungen der Elementarfunktionen

Wir fassen die Ableitungen der sogenannten Elementarfunktionen, die wir überwiegend in den Beispielen der letzten Abschnitte hergeleitet haben, in einer Tabelle zusammen.

Funktion	$f(x) =$	Ableitung $f'(x) =$
Konstante Funktion	$a \in \mathbb{R}$	0
Potenzfunktionen	x^a, $a \in \mathbb{R} \setminus \{0\}$	ax^{a-1} (Potenzregel)
	$\sqrt{x}$	$\frac{1}{2\sqrt{x}}$
	$\frac{1}{x}$	$-\frac{1}{x^2}$
Trigonometrische Funktionen	$\sin x$	$\cos x$
	$\cos x$	$-\sin x$
	$\tan x$	$\frac{1}{\cos^2 x} = 1 + \tan^2 x$
	$\cot x$	$-\frac{1}{\sin^2 x} = -1 - \cot^2 x$
Exponentialfunktionen	e^x	e^x
Logarithmusfunktionen	$\ln x$	$\frac{1}{x}$

Tabelle 5.1 Ableitungen der Elementarfunktionen

Falls die Ableitungsfunktion $f'(x)$ wieder eine differenzierbare Funktion ist, kann man diese ebenfalls differenzieren und man erhält die **2. Ableitung** von $f(x)$:

$$f''(x) = \left(f'(x)\right)' .$$

Dementsprechend wird die **3. Ableitung** definiert:

$$f'''(x) = \left(f''(x)\right)' .$$

Natürlich kann man auch analog die 4., 5. usw. Ableitung einer Funktion definieren, wir benötigen hier aber nur die Ableitungen bis zur 3. Ordnung.

Learn a little

...do a little

Beispiel 5.12 **Höhere Ableitungen**

a Die Exponentialfunktion $f(x) = e^x$ ist beliebig oft differenzierbar und es gilt

$$f'(x) = f''(x) = f'''(x) = \cdots = e^x .$$

b Wir berechnen die ersten drei Ableitungen von

$$f(x) = x^3 + \sin x - \cos(2x) \; .$$

Es gilt

$$f'(x) = 3x^2 + \cos x + 2\sin(2x)$$
$$f''(x) = 6x - \sin x + 4\cos(2x)$$
$$f'''(x) = 6 - \cos x - 8\sin(2x) \; .$$

c Wir leiten die gebrochenrationale Funktion

$$f(x) = \frac{x^2+1}{x+1}$$

dreimal ab. Die erste Ableitung liefert uns die Quotientenregel:

$$f'(x) = \frac{2x \cdot (x+1) - \left(x^2+1\right) \cdot 1}{(x+1)^2} = \frac{x^2+2x-1}{(x+1)^2} \; .$$

Auf diese Ableitung wenden wir nochmals die Quotientenregel an:

$$f''(x) = \frac{(2x+2)\,(x+1)^2 - \left(x^2+2x-1\right) 2(x+1)}{(x+1)^4} \; .$$

Und jetzt kommt der entscheidende »Trick«, der die nachfolgenden Rechnungen erheblich vereinfacht: Wir rechnen die Klammerterme im Zähler und Nenner **nicht** aus, sondern **kürzen** den Bruch zunächst durch den gemeinsamen Faktor $(x+1)$ und erhalten

$$f''(x) = \frac{(2x+2)\,(x+1) - \left(x^2+2x-1\right) 2}{(x+1)^3}$$
$$= \frac{2x^2+2x+2x+2-2x^2-4x+2}{(x+1)^3} = \frac{4}{(x+1)^3} \; .$$

Wiederum gemäß der Quotientenregel ergibt sich

$$f'''(x) = \frac{-4 \cdot (x+1)^2 \cdot 3}{(x+1)^6} \, ,$$

und auch hier wird wieder erst gekürzt, diesmal durch den Faktor $(x+1)^2$. Wir erhalten somit

$$f'''(x) = \frac{-12}{(x+1)^4} \; .$$

Ob man bei den Ableitungen von gebrochenrationalen Funktion »richtig« gerechnet hat, kann man auch an den Potenzen des Nenners überprüfen. In unserem Beispiel ist der Nenner der 1. Ableitung $(x+1)^2$, der 2. Ableitung $(x+1)^3$ und der 3. Ableitung $(x+1)^4$, d. h. die Exponenten im Nenner erhöhen sich immer nur um 1 pro Ableitung. ■

5.4 Anwendungen der Differenzialrechnung

In diesem Abschnitt behandeln wir einige Problemstellungen, die sich mithilfe der Differenzialrechnung elegant und einfach lösen lassen.

Monotonie und 1. Ableitung

Im Kapitel über reelle Funktionen haben wir gezeigt, dass streng monotone Funktionen (wachsend oder fallend) umkehrbar sind. Hier wollen wir herausarbeiten, wie man die Umkehrbarkeit von Funktionen auch mithilfe der Differenzialrechnung erkennen kann. Wir nehmen zunächst an, dass eine streng monoton wachsende differenzierbare Funktion $f(x)$ vorliegt. Ist dann x_0 ein beliebiger Punkt aus dem Definitionsbereich von $f(x)$ und $h > 0$ eine reelle Zahl, dann folgt

$$x_0 + h > x_0$$

und daraus folgt

$$f(x_0 + h) > f(x_0)\,.$$

Damit gilt für den Differenzenquotienten

$$\frac{f(x_0 + h) - f(x_0)}{h} > 0\,.$$

Ist andererseits $h < 0$, dann gilt

$$x_0 + h < x_0\,,$$

und daraus

$$f\left(x_0 + h\right) < f\left(x_0\right)\,.$$

Für den Differenzenquotienten gilt auch in diesem Fall

$$\frac{f\left(x_0 + h\right) - f\left(x_0\right)}{h} > 0$$

und damit insgesamt

$$f'\left(x_0\right) = \lim_{h \to 0} \frac{f(x_0 + h) - f(x_0)}{h} \geq 0\,.$$

Bei der Grenzwertbildung kann folglich aus einem positiven Differenzenquotienten auch die Null werden, was z. B. bei der streng monoton wachsenden Funktion

$$f(x) = x^3 \Rightarrow f'(x) = 3x^2$$

im Punkt $x_0 = 0$ passiert. Dort ist

$$f'(0) = 3 \cdot 0^2 = 0\,.$$

Bei einer streng monoton wachsenden differenzierbaren Funktion ist also die erste Ableitung nicht negativ:

$$f'(x) \geq 0\,.$$

Entsprechend gilt für eine streng monoton fallende Funktion:

$$f'(x) \leq 0\,.$$

Mit einer ähnlichen Argumentation folgt umgekehrt:

- Ist die Ableitung einer Funktion überall positiv, so ist die Funktion streng monoton wachsend und damit umkehrbar.
- Ist sie negativ, so ist die Funktion streng monoton fallend und damit umkehrbar.
- Ist die Ableitung nur auf Teilbereichen positiv oder negativ, so ist die Funktion nur auf diesen Teilbereichen streng monoton.

Beispiel 5.13 Ableitung und Monotonie

a Die Ableitung der Exponentialfunktion ist wieder die Exponentialfunktion

$$(e^x)' = e^x \,,$$

und es gilt für alle reelle Zahlen

$$e^x > 0 \,.$$

Also ist die Exponentialfunktion überall streng monoton wachsend und damit existiert die Umkehrabbildung.

b Wir untersuchen die Funktion

$$f(x) = x^2$$

auf Monotonie und schauen uns dazu die erste Ableitung an:

$$f'(x) = 2x \,.$$

Für $x < 0$ ist die Ableitung negativ, also ist $f(x)$ dort streng monoton fallend.

Für $x > 0$ ist die Ableitung positiv, also ist $f(x)$ dort streng monoton wachsend.

Die Funktion ist folglich auf ihrem gesamten Definitionsbereich *nicht* umkehrbar. ■

Wir können den Zusammenhang zwischen Ableitung und Monotonie auch geometrisch interpretieren. Dazu stellen wir uns den Graphen einer Funktion $f(x)$ als eine Kurve vor, deren Punkte $P = (x, f(x))$ im Sinne zunehmender x-Werte durchlaufen werden. Die Tangente von $f(x)$ in einem Punkt P gibt Auskunft darüber, ob die Kurve an diesem Punkt wächst oder fällt:

1. Ist die Steigung der Tangente positiv, d. h.

$$f'(x_0) > 0 \,,$$

so wächst die Funktionskurve streng monoton beim Durchgang durch den Punkt P.

2. Ist die Steigung der Tangente negativ, d. h.

$$f'(x_0) < 0 \,,$$

so fällt die Funktionskurve streng monoton beim Durchgang durch P.

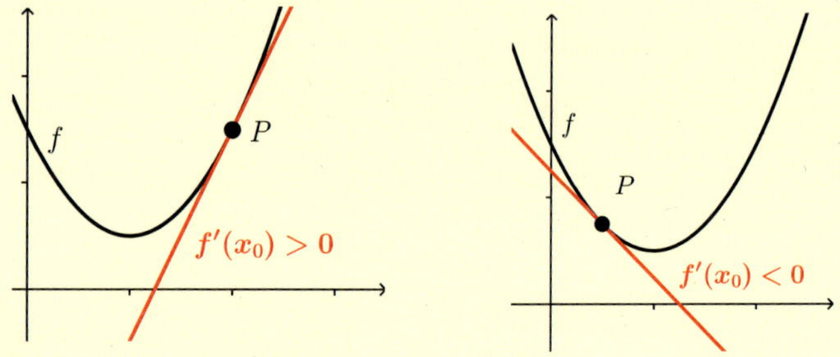

Abbildung 5.5 Steigung der Tangente und Monotonie

Krümmung und 2. Ableitung

Die zweite Ableitung $f''(x)$ beschreibt das Monotonieverhalten der ersten Ableitung $f'(x)$. Wir können die Ergebnisse des letzten Abschnitt übertragen und erhalten:

1. Ist die zweite Ableitung positiv, d. h.

$$f''(x_0) > 0\,,$$

so wächst die erste Ableitung streng monoton beim Durchgang durch den Punkt $P = (x_0, f(x_0))$. Die Steigung der Kurventangente nimmt also beim Durchgang durch P zu, d. h. die Tangente dreht sich gegen den Uhrzeigersinn (im **mathematisch positiven Drehsinn**). Man sagt: »Die Kurve besitzt im Punkt P eine **Linkskrümmung**.« oder auch »Die Kurve ist in P **konvex**.«

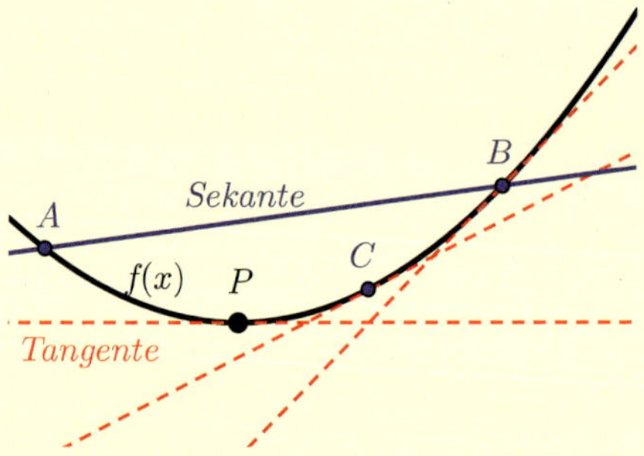

Abbildung 5.6 Konvexe Funktion

In ► Abbildung 5.6 ist die waagerechte Tangente der Funktion $f(x)$ durch den Punkt P gestrichelt eingezeichnet. Zwei weitere Tangenten sind durch die Punkte C und B eingezeichnet. Man sieht, dass die Steigungen der Tangenten zunehmen, d. h. die zweite Ableitung der Funktion $f(x)$ ist in dem Bereich zwischen P und B positiv, die Kurve $f(x)$ biegt sich nach links. Die Linkskrümmung/Konvexität der Kurve zwischen

A und B kann man auch daran erkennen, dass die Kurve zwischen A und B **unterhalb jeder Sekante**, die man durch zwei Kurvenpunkte zwischen A und B zieht, verläuft. In der Grafik ist eine dieser Sekanten durch die Punkte A und B eingezeichnet.

2. Ist die zweite Ableitung negativ, d. h.

$$f''(x_0) < 0\,,$$

so fällt die erste Ableitung streng monoton beim Durchgang durch den Punkt P. Die Steigung der Kurventangente nimmt also beim Durchgang durch P ab, d. h. die Tangente dreht sich mit dem Uhrzeigersinn (im **mathematisch negativen Drehsinn**). Man sagt: »Die Kurve besitzt im Punkt P eine **Rechtskrümmung.**« oder auch: »Die Kurve ist in P **konkav.**«

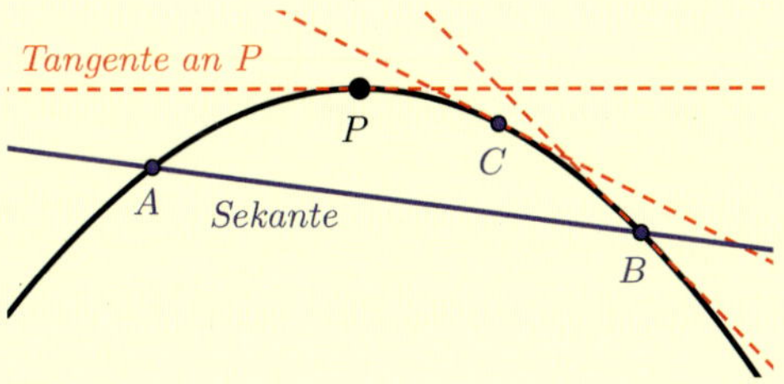

Abbildung 5.7 Konkave Funktion

In ► Abbildung 5.7 ist die waagerechte Tangente der Funktion $f(x)$ durch den Punkt P gestrichelt eingezeichnet. Zwei weitere Tangenten sind durch die Punkte C und B eingezeichnet. Man sieht, dass die Steigungen der Tangenten abnehmen, d. h. die zweite Ableitung der Funktion $f(x)$ ist in dem Bereich zwischen P und B negativ, die Kurve $f(x)$ biegt sich nach rechts. Die Rechtskrümmung/Konkavität der Kurve kann man auch daran erkennen, dass die Kurve zwischen A und B **oberhalb jeder Sekante**, die man durch zwei Kurvenpunkte zwischen A und B zieht, verläuft. In der Grafik ist eine dieser Sekanten durch die Punkte A und B eingezeichnet.

Learn a little ...do a little

Beispiel 5.14 Krümmung

a Die zweite Ableitung der Standardparabel $f(x) = x^2$ ist

$$f''(x) = 2 > 0\,,$$

d. h. $f(x)$ ist überall konvex.

b Die zweite Ableitung der Parabel $f(x) = -x^2$ ist

$$f''(x) = -2 < 0\,,$$

d. h. $f(x)$ ist überall konkav.

C Die zweite Ableitung der kubischen Parabel $f(x) = x^3$ (► Abbildung 5.8) ist

$$f''(x) = 6x\,.$$

Für alle $x \in (-\infty, 0)$ ist demnach

$$f''(x) < 0\,.$$

In diesem Intervall ist die Funktion konkav.

Für alle $x \in (0, \infty)$ ist demnach

$$f''(x) > 0\,.$$

In diesem Intervall ist die Funktion konvex.

Bei $x = 0$ ist

$$f''(x) = f''(0) = 0\,.$$

Dort ist die Funktion weder konvex noch konkav, sondern sie wechselt ihr Krümmungsverhalten von rechts nach links. Einen solchen Punkt nennt man einen **Wendepunkt**.

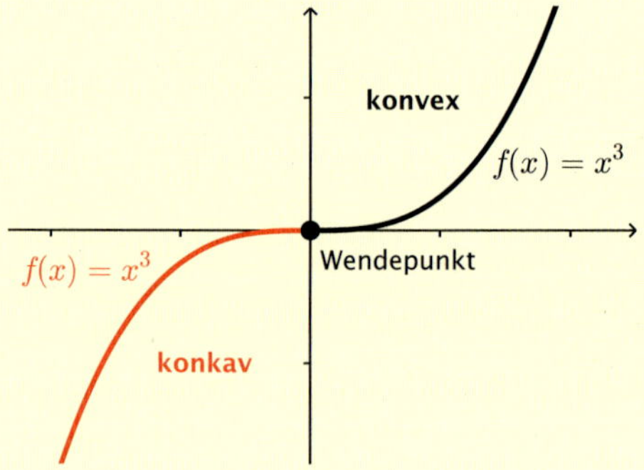

Abbildung 5.8 Kubische Parabel

Extrempunkte

Eine der Hauptaufgaben der Differenzialrechnung besteht darin, die Stellen zu bestimmen, an denen eine Funktion $f(x)$ maximal oder minimal wird. Solche Stellen nennen wir **Extremstellen** und die zugehörigen Funktionswerte **Extremwerte**.

- Eine Stelle x_0 wird **globale Maximalstelle** von $f(x)$ genannt, wenn für alle x

$$f(x) \leq f(x_0)$$

gilt.

- Entsprechend heißt x_0 **globale Minimalstelle** von $f(x)$, wenn

$$f(x) \geq f(x_0)$$

gilt.

Learn a little ...do a little

Beispiel 5.15 **Monotone Funktionen**

Ist der Definitionsbereich einer monoton wachsenden Funktion das abgeschlossene Intervall $[a, b]$, so sind

- a die globale Minimalstelle und
- b die globale Maximalstelle.

Doch nicht alle Funktionen sind monoton und die Bestimmung der Extremstellen gelingt oftmals nur lokal. Wir können dann nur feststellen, dass in einer kleinen Umgebung eines Punktes x_0 die Funktion extrem ist:

- Eine Funktion $f(x)$ besitzt an einer Stelle x_0 ein **lokales Maximum**, wenn für alle x aus einer Umgebung des Punktes x_0

$$f(x) \leq f(x_0)$$

gilt.

- Eine Funktion $f(x)$ besitzt an einer Stelle x_0 ein **lokales Minimum**, wenn für alle x aus einer Umgebung des Punktes x_0

$$f(x) \geq f(x_0)$$

gilt.

- Wir betrachten den Graphen der Funktion

$$f(x) = -x^4 - \frac{7}{2}x^3 + \frac{3}{2}x^2 + \frac{21}{2}x .$$

In ► Abbildung 5.9 sind die drei Punkte A, B, C lokale Extrempunkte. Der Punkt A ist ein lokales und globales Maximum, da er nicht nur in einer Umgebung von x_A der höchste Punkt von f ist, sondern der höchste Punkt überhaupt. Der Punkt C ist ein lokales Maximum, da er der höchste Punkt in einer Umgebung von x_C ist. Der Punkt B ist ein lokales Minimum, da er der kleinste Punkt in einer Umgebung von x_B ist. Ein globales Minimum besitzt die Funktion nicht, da die Funktionswerte von $f(x)$ für $x \to \pm\infty$ immer kleiner werden.

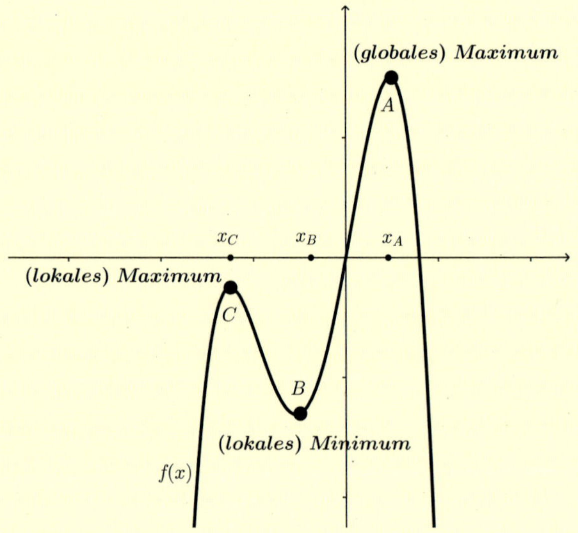

Abbildung 5.9 Globale und lokale Extrema

Wie können wir die lokalen Extremstellen ausfindig machen? Nun, zunächst beobachten wir, dass bei vorliegender lokaler Maximalstelle x_0 die Funktion links von x_0 monoton wachsen und rechts davon monoton fallen muss. Unterstellen wir weiterhin, dass die Funktion in einer Umgebung von x_0 differenzierbar ist, so wissen wir aus dem obigen Abschnitt, dass in dieser Umgebung für alle $x \le x_0$

$$f'(x) \ge 0$$

und für alle $x \ge x_0$

$$f'(x) \le 0$$

gilt. Insbesondere gilt dann

$$0 \le f'(x_0) \le 0\,,$$

also

$$f'(x_0) = 0\,.$$

Die Argumentation überträgt sich analog auch auf lokale Minimalstellen und wir können festhalten:

Merke

Hat eine differenzierbare Funktion $f(x)$ in x_0 eine lokale Extremstelle, so ist die 1. Ableitung dort Null.

Die Funktion hat in x_0 eine waagerechte Tangente.

Learn a little

...do a little

Beispiel 5.16 **Lokale Extremstellen**

Wir betrachten den Graphen der Funktion

$$f(x) = \frac{x^4}{4} - \frac{2x^3}{3} - \frac{x^2}{2} + 2x\,.$$

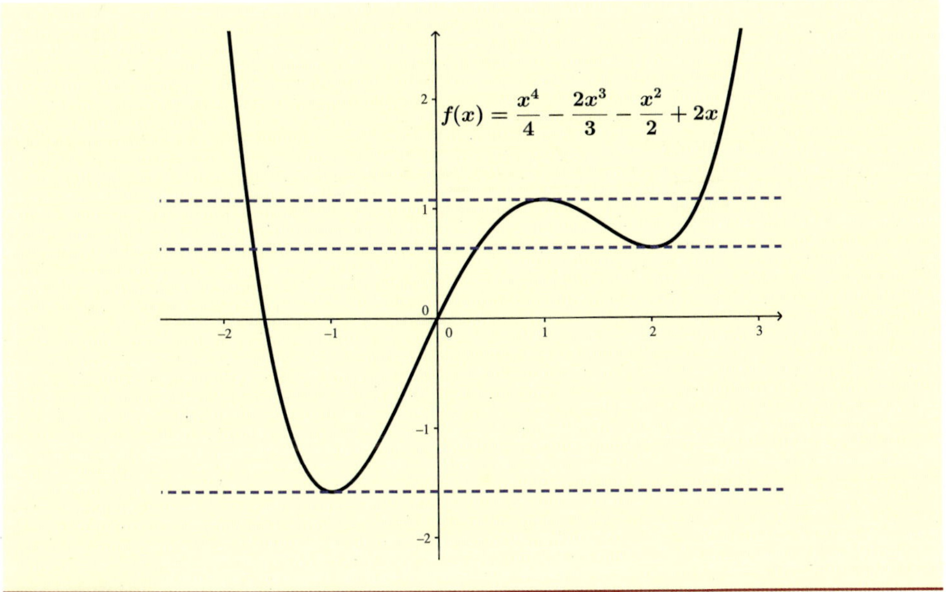

Abbildung 5.10 Lokale Extremstellen

Die ► Abbildung 5.10 zeigt, dass die Funktion an den Stellen $x = -1$ und $x = 2$ lokale Minima besitzt und in $x = 1$ ein lokales Maximum. Gestrichelt eingezeichnet sind auch die waagerechten Tangenten an diesen Extrempunkten. Das Minimum bei $x = -1$ ist sogar global, während das Maximum bei $x = 1$ nur lokal ist, da die Funktion für $x \to \pm\infty$ unbeschränkt wächst, sie hat also kein globales Maximum. Wir überprüfen rechnerisch, ob die Ableitungen an den genannten Stellen Null werden. Es ist

$$f'(x) = x^3 - 2x^2 - x + 2\,,$$

und damit folgt

$$\begin{aligned} f'(-1) &= (-1)^3 - 2\,(-1)^2 - (-1) + 2 = -1 - 2 + 1 + 2 = 0 \\ f'(1) &= (1)^3 - 2\,(1)^2 - (1) + 2 = 1 - 2 - 1 + 2 = 0 \\ f'(2) &= (2)^3 - 2\,(2)^2 - (2) + 2 = 8 - 8 - 2 + 2 = 0\,. \end{aligned}$$

■

Es stellt sich nun umgekehrt die Frage, ob wir aus der Tatsache, dass die 1. Ableitung an einer Stelle x_0 Null wird, schließen können, dass x_0 auch eine lokale Extremstelle ist. Das ist leider nicht der Fall, wie das obige Beispiel der kubischen Parabel $f(x) = x^3$ zeigt. Ihre 1. Ableitung an der Stelle $x = 0$ ist

$$f'(0) = 3 \cdot 0^2 = 0\,,$$

die Kurve hat also bei Null einen Wendepunkt und kein Maximum oder Minimum. Die Funktion muss demnach an den **kritischen Stellen** (das ist dort, wo die 1. Ableitung Null wird) noch andere Eigenschaften haben, die dann mit Sicherheit auf eine Extremstelle hinweisen. Anschaulich lassen sich diese zusätzlichen Eigenschaften wie folgt beschreiben. Bei einem lokalen Maximum stellen wir uns vor, dass wir einen Berg bis zur Spitze hinauf klettern. Damit die Spitze als solche eindeutig zu erkennen ist, muss sie kuppelförmig sein. Das bedeutet, wenn wir auf der einen Seite hochklettern, dann muss es auf der anderen Seite hinunter gehen. Die Steigung ist auf der einen Seite positiv, an der Spitze x_0 selbst Null und auf der anderen Seite negativ. Die Steigung wechselt also an der Spitze ihr Vorzeichen von positiv zu negativ, d. h. sie ist in einer Umgebung des Punktes x_0 streng monoton fallend. Wenn aber die Steigung/1. Ableitung streng monoton fällt, dann ist die 2. Ableitung in der Umgebung von x_0 negativ. Mit ganz ähnlichen Überlegungen ergibt sich, dass beim Durchschreiten einer Talsohle die 2. Ableitung positiv ist. Wir fassen zusammen:

- **Eine Funktion $f(x)$ besitzt an einer Stelle x_0 ein lokales Maximum, wenn gilt**

$$f'(x_0) = 0 \quad \textbf{und zugleich} \quad f''(x_0) < 0\,.$$

- **Eine Funktion $f(x)$ besitzt an einer Stelle x_0 ein lokales Minimum, wenn gilt**

$$f'(x_0) = 0 \quad \textbf{und zugleich} \quad f''(x_0) > 0\,.$$

Die beiden Kriterien werden auch **hinreichende Bedingungen** für das Vorliegen eines lokalen Extremums genannt, während das Nullwerden der 1. Ableitung an der Stelle x_0 eine **notwendige Bedingung** ist.

Learn a little

...do a little

Beispiel 5.17 **Lokale Extremstellen (Fortsetzung)**

Wir führen ► Beispiel 5.16 fort und berechnen die 2. Ableitungen an den gefundenen möglichen Extremstellen $-1, 1, 2$. Es gilt

$$f''(x) = 3x^2 - 4x - 1\,,$$

woraus

$$f''(-1) = 3\,(-1)^2 - 4\,(-1) - 1 = 3 + 4 - 1 = 6 > 0 \Rightarrow -1 \text{ ist eine Minimalstelle}$$
$$f''(1) = 3\,(1)^2 - 4\,(1) - 1 = 3 - 4 - 1 = -2 < 0 \Rightarrow 1 \text{ ist eine Maximalstelle}$$
$$f''(2) = 3\,(2)^2 - 4\,(2) - 1 = 12 - 8 - 1 = 3 > 0 \Rightarrow 2 \text{ ist eine Minimalstelle}$$

folgt. ■

Wende- und Sattelpunkte

Wechselt der Graph einer Funktion $f(x)$ an einer Stelle x_0 seine Krümmung von links nach rechts oder umgekehrt, so nennen wir x_0 eine **Wendestelle**. Der Punkt $(x_0, f(x_0))$ heißt dann **Wendepunkt**. Ist zudem die 1. Ableitung an dieser Stelle gleich Null, so nennt man den Wendepunkt auch **Sattelpunkt**. Da die Krümmung einer Kurve durch die 2. Ableitung beschrieben wird, ist an einer Wendestelle **notwendigerweise**

$$f''(x_0) = 0\,.$$

Aber auch hier muss – wie im letzten Abschnitt bei den Extremstellen beschrieben – die zweite Ableitung an der Stelle x_0 einen Vorzeichenwechsel haben, damit wir mit Sicherheit sagen können, dass eine Wendestelle vorliegt. Das führt zu folgenden **hinreichenden** Bedingungen:

- **Eine Funktion $f(x)$ besitzt an einer Stelle x_0 einen Wendepunkt, wenn gilt**

$$f''(x_0) = 0 \quad \textbf{und zugleich} \quad f'''(x_0) \neq 0\,.$$

- **Eine Funktion $f(x)$ besitzt an einer Stelle x_0 einen Sattelpunkt, wenn gilt**

$$f''(x_0) = 0 \quad \textbf{und zugleich} \quad f'''(x_0) \neq 0 \quad \textbf{und zugleich} \quad f'(x_0) = 0\,.$$

Learn a little ...do a little

Beispiel 5.18 **Wende- und Sattelpunkte**

a Wir untersuchen die Funktion

$$f(x) = \frac{x^4}{4} - \frac{2x^3}{3} - \frac{x^2}{2} + 2x$$

aus ► Beispiel 5.16 auf Wendepunkte. Die 2. Ableitung war

$$f''(x) = 3x^2 - 4x - 1\,.$$

Als erstes müssen wir ihre Nullstellen bestimmen:

$$f''(x) = 0 \Leftrightarrow x^2 - \frac{4}{3}x - \frac{1}{3} = 0\,.$$

Mit der p-q-Formel folgt

$$x_{1/2} = \frac{2}{3} \pm \sqrt{\left(\frac{2}{3}\right)^2 + \frac{1}{3}} = \frac{2}{3} \pm \sqrt{\frac{4}{9} + \frac{3}{9}} = \frac{2}{3} \pm \frac{1}{3}\sqrt{7}\,.$$

Also sind

$$x_1 = \frac{2+\sqrt{7}}{3} = 1{,}55 \quad \text{und} \quad x_2 = \frac{2-\sqrt{7}}{3} = -0{,}22$$

die Nullstellen der 2. Ableitung. Diese setzen wir in die 3. Ableitung

$$f'''(x) = 6x - 4$$

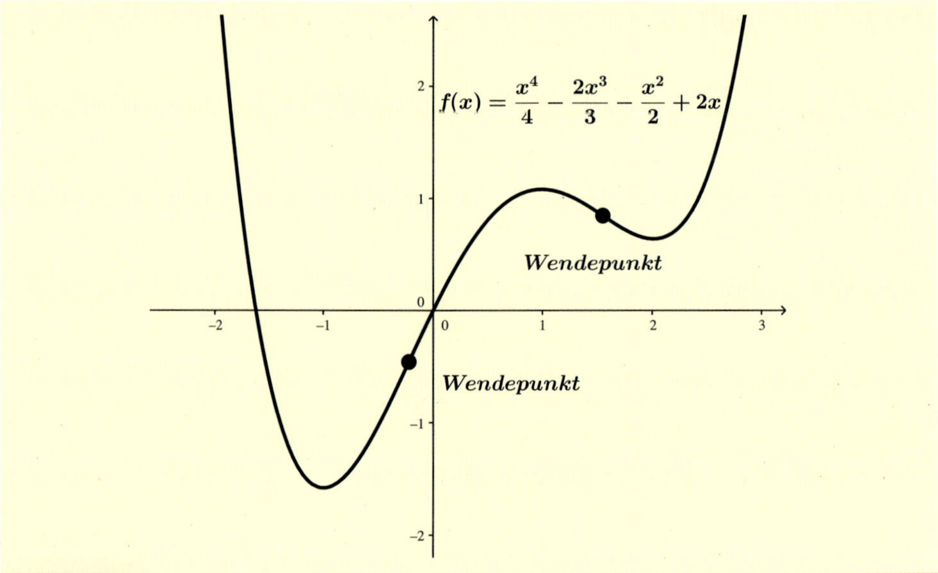

Abbildung 5.11 Wendepunkte

ein und erhalten

$$f'''(1{,}55) = 6 \cdot 1{,}55 - 4 = 5{,}3 \neq 0$$
$$f'''(-0{,}22) = 6 \cdot (-0{,}22) - 4 = -5{,}32 \neq 0\,.$$

Also sind die beiden Werte 1,55 und −0,22 Wendestellen. Sattelpunkte liegen an diesen Stellen nicht vor, da die Nullstellen der 1. Ableitung −1, 1, 2 waren (► Abbildung 5.11).

b Wir schauen uns nochmals die kubische Parabel

$$f(x) = x^3$$

an und untersuchen sie auf Wendestellen. Es gilt

$$f'(x) = 3x^2$$
$$f''(x) = 6x$$
$$f'''(x) = 6 \neq 0\,.$$

Die 2. Ableitung verschwindet nur an der Stelle $x = 0$ und da auch

$$f'(0) = 0$$

gilt, hat die Funktion an der Stelle $x = 0$ einen Sattelpunkt, d. h. eine waagerechte Tangente. ■

Kurvendiskussion

Wir wollen in diesem Kapitel den Verlauf eines Funktionsgraphen insbesondere mit den Hilfsmitteln der Differenzialrechnung, die wir in den letzten Abschnitten hergeleitet haben, untersuchen. Kennen wir die charakteristischen Kurvenpunkte wie Nullstellen, Polstellen sowie Extrem- und Wendepunkte und die Haupteigenschaften der Funktion wie Symmetrie und das Verhalten im Unendlichen, so können wir schon gesicherte Aussagen über den Funktionsverlauf machen. Für unsere Untersuchungen, auch **Kurvendiskussion** genannt, verwenden wir folgendes **10-Punkte-Schema**:

Merke

10-Punkte-Schema zur Kurvendiskussion

1. Angabe des Definitionsbereiches, der Definitionslücken
2. Untersuchung des Symmetrieverhaltens
3. Ermittlung und Charakterisierung der Nullstellen
4. Ermittlung der Polstellen
5. Berechnung der Asymptoten (Verhalten der Funktion für $x \to \pm\infty$)
6. Berechnung der Ableitungen bis zur Ordnung 3
7. Ermittlung der lokalen/globalen Extremwerte (Maxima und Minima)
8. Ermittlung der Wende- und Sattelpunkte
9. (händische) Zeichnung des Graphen der Funktion
10. Angabe des Bildbereiches

Da in den vorherigen Kapiteln detaillierte Ausführungen zu den einzelnen Punkten gemacht wurden, führen wir hier die Kurvendiskussion an zwei Beispielen durch und weisen dabei auf die ein oder andere **Besonderheit** hin.

Learn a little ...do a little

Beispiel 5.19 **Kurvendiskussion I**

Wir untersuchen die ganzrationale Funktion

$$f(x) = \frac{1}{20}x^5 - \frac{1}{2}x^3$$

gemäß dem 10-Punkte-Schema.

1. Angabe des Definitionsbereiches, der Definitionslücken

Ganzrationale Funktionen (Polynome) sind überall definiert, d. h.

$$\mathbb{D} = \mathbb{R}$$

2. Untersuchung des Symmetrieverhaltens

Um eine eventuell vorhandene Symmetrie zu zeigen, berechnen wir $f(-x)$ und vergleichen das Ergebnis mit $f(x)$ und mit $-f(x)$. Es gilt

$$f(-x) = \frac{1}{20}(-x)^5 - \frac{1}{2}(-x)^3 = -\frac{1}{20}x^5 - \frac{1}{2}(-x^3) = -\left(\frac{1}{20}x^5 - \frac{1}{2}x^3\right) = -f(x)\,,$$

die Funktion ist also ungerade, d. h. punktsymmetrisch zum Ursprung.

3. Ermittlung und Charakterisierung der Nullstellen

Wir können die Funktion etwas umformen und erhalten

$$f(x) = \frac{1}{2}x^3\left(\frac{x^2}{10} - 1\right).$$

Aus dieser Darstellung lesen wir die Nullstellen ab:

a Bei $x = 0$ hat die Funktion eine **dreifache** Nullstelle, wobei der Exponent 3 bei x die **Vielfachheit** der Nullstelle angibt. Es gilt nun Folgendes:

i. Ist die Vielfachheit einer Nullstelle ungerade (wie hier), dann **schneidet** der Funktionsgraph die x-Achse, die Funktion **wechselt also dort ihr Vorzeichen**.

ii. Ist die Vielfachheit einer Nullstelle gerade $(2, 4, \cdots)$, dann **berührt** der Funktionsgraph die x-Achse, die Funktion **wechselt also dort ihr Vorzeichen nicht**.

b Die beiden anderen Nullstellen liegen bei

$$x = \sqrt{10} = 3{,}16 \quad \text{und} \quad x = -\sqrt{10} = -3{,}16\,.$$

4. Ermittlung der Polstellen

Eine ganzrationale Funktion hat keine Polstellen.

5. Berechnung der Asymptoten (Verhalten der Funktion für $x \to \pm\infty$)

Bei einer ganzrationalen Funktion ist die Funktion mit ihren Asymptoten identisch. Für das Verhalten im Unendlichen betrachten wir wieder die umgeformte Funktion

$$f(x) = \frac{1}{2}x^3\left(\frac{x^2}{10} - 1\right).$$

a Für $x \to \infty$ wird die Klammer positiv und die Funktion wächst unbeschränkt.

b Für $x \to -\infty$ wird die Klammer positiv, der Term x^3 aber negativ und die Funktion fällt unbeschränkt.

c **Damit hat die Funktion auch keine globalen Maxima und Minima**.

6. Berechnung der Ableitungen bis zur Ordnung 3

a 1. Ableitung:

$$f'(x) = \frac{1}{4}x^4 - \frac{3}{2}x^2 = \frac{1}{2}x^2\left(\frac{x^2}{2} - 3\right).$$

b 2. Ableitung:

$$f''(x) = x^3 - 3x = x\left(x^2 - 3\right).$$

c 3. Ableitung:

$$f'''(x) = 3x^2 - 3.$$

7. Ermittlung der lokalen Extremwerte (Maxima und Minima)

a Wir berechnen die stationären Stellen, d. h. die Nullstellen der 1. Ableitung:

$$f'(x) = \frac{1}{2}x^2\left(\frac{x^2}{2} - 3\right) = 0$$

und lesen ab:

i. Bei $x = 0$ liegt eine doppelte Nullstelle vor. Die Kurve der 1. Ableitung berührt also bei $x = 0$ nur die x-Achse, sie hat dort ein Minimum oder Maximum. Wir wissen damit, dass die 2. Ableitung bei $x = 0$ ebenfalls Null ist.

ii. Die beiden anderen Nullstellen liegen bei

$$x = \sqrt{6} = 2{,}45 \quad \text{und} \quad x = -\sqrt{6} = -2{,}45.$$

b Wir überprüfen die stationären Stellen mit der 2. Ableitung:

i. $f''(0) = 0 \Rightarrow 0$ ist ein Kandidat für eine Wendestelle.

ii. $f''(\sqrt{6}) = \left(\sqrt{6}\right)^3 - 3\sqrt{6} = 6\sqrt{6} - 3\sqrt{6} = 3\sqrt{6} > 0$
$\Rightarrow \sqrt{6}$ ist eine Minimalstelle.

iii. $f''(-\sqrt{6}) = \left(-\sqrt{6}\right)^3 - 3\left(-\sqrt{6}\right) = -6\sqrt{6} + 3\sqrt{6} = -3\sqrt{6} < 0$
$\Rightarrow -\sqrt{6}$ ist eine Maximalstelle.

c Wir setzen die Extremstellen in die Funktion ein und ermitteln so die Extrempunkte:

i. $f\left(\sqrt{6}\right) = \frac{1}{20}\left(\sqrt{6}\right)^5 - \frac{1}{2}\left(\sqrt{6}\right)^3 = \frac{9}{5}\sqrt{6} - 3\sqrt{6} = -2{,}94$

ii. **Aus der Punktsymmetrie folgt**

$$f\left(-\sqrt{6}\right) = -f\left(\sqrt{6}\right) = 2{,}94.$$

Also ist $(2{,}45, -2{,}94)$ ein lokales Minimum und $(-2{,}45, 2{,}94)$ ein lokales Maximum.

8. Ermittlung der Wende- und Sattelpunkte

Wir ermitteln die Nullstellen der 2. Ableitung

$$f''(x) = x\left(x^2 - 3\right) = 0$$

und lesen ab:

$$x = 0\,, \quad x = \sqrt{3} = 1{,}73\,, \quad x = -\sqrt{3} = -1{,}73$$

sind die drei Nullstellen. Eingesetzt in die 3. Ableitung ergeben diese Werte

$$f'''(0) = 3 \cdot 0^2 - 3 = -3 \neq 0$$
$$f'''(\sqrt{3}) = 3 \cdot \left(\sqrt{3}\right)^2 - 3 = 6 \neq 0$$
$$f'''(-\sqrt{3}) = 3 \cdot \left(-\sqrt{3}\right)^2 - 3 = 6 \neq 0\,.$$

Also sind alle Nullstellen der 2. Ableitung Wendestellen, und wegen $f'(0) = 0$ liegt bei $(0, 0)$ sogar ein Sattelpunkt vor.

Die Funktionswerte der beiden anderen Wendestellen ergeben sich durch

$$f\left(\sqrt{3}\right) = \frac{1}{20}\left(\sqrt{3}\right)^5 - \frac{1}{2}\left(\sqrt{3}\right)^3 = \frac{9}{20}\sqrt{3} - \frac{3}{2}\sqrt{3} = -1{,}82$$

und wiederum mit der Punktsymmetrie

$$f\left(-\sqrt{3}\right) = 1{,}82\,.$$

Also sind $(1{,}73, -1{,}82)$ und $(-1{,}73, 1{,}82)$ die weiteren Wendepunkte.

9. Zeichnung des Graphen der Funktion

Wir tragen alle Nullstellen (N), Extrempunkte (E), Wende- und Sattelpunkte (W,S) in ein Koordinatensystem ein und wissen, dass die Funktion von links von $-\infty$ kommt und nach rechts nach $+\infty$ strebt. Dann verbinden wir alle Punkte miteinander (► Abbildung 5.12).

10. Angabe des Bildbereiches

Die Funktion strebt für $x \to -\infty$ nach $-\infty$ und für $x \to \infty$ nach $+\infty$ und ist als Polynom stetig, es gibt also keine Lücken oder Sprünge. Demnach ist der Bildbereich

$$f\left(\mathbb{R}\right) = \mathbb{R}\,.$$

■

Learn a little ...do a little

Beispiel 5.20 Kurvendiskussion II

Wir untersuchen die gebrochenrationale Funktion

$$f(x) = \frac{x^2}{x+1}$$

gemäß dem 10-Punkte-Schema.

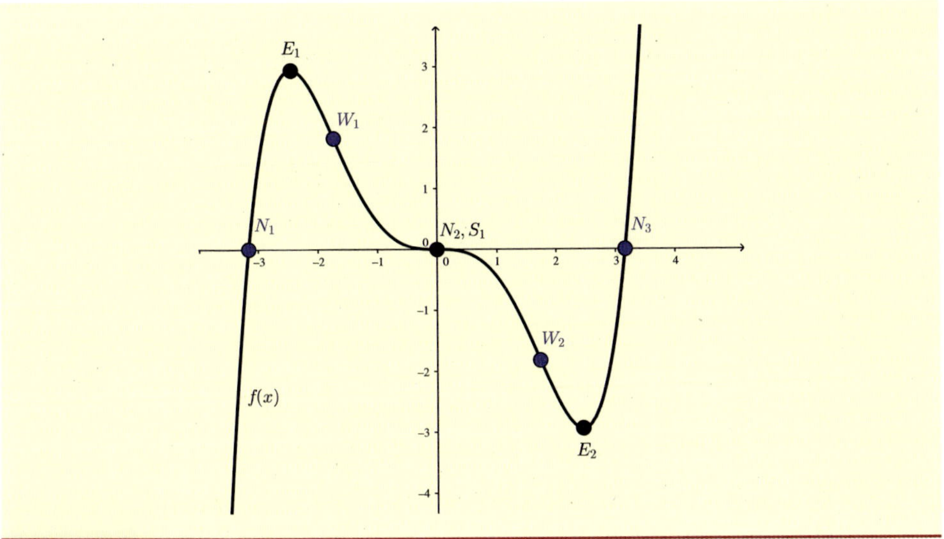

Abbildung 5.12 Kurvendiskussion I

1. Angabe des Definitionsbereiches, der Definitionslücken

Gebrochenrationale Funktionen sind überall definiert. Die Nullstellen des Nenners muss man ausschließen, d. h.

$$\mathbb{D} = \mathbb{R} \setminus \{-1\}\,.$$

2. Untersuchung des Symmetrieverhaltens

Um eine eventuell vorhandene Symmetrie zu zeigen, berechnen wir $f(-x)$ und vergleichen das Ergebnis mit $f(x)$ und mit $-f(x)$. Es gilt

$$f(-x) = \frac{(-x)^2}{-x+1} = \frac{x^2}{-x+1} \neq \begin{cases} \dfrac{x^2}{x+1} & = f(x) \\ -\dfrac{x^2}{x+1} & = -f(x)\,, \end{cases}$$

die Funktion ist also weder gerade noch ungerade, eine Symmetrie liegt nicht vor.

3. Ermittlung und Charakterisierung der Nullstellen

Die Nullstellen einer gebrochenrationalen Funktion sind die Nullstellen des Zählers, die nicht gleichzeitig die Nullstellen des Nenners sind. Der Zähler hat eine **doppelte** Nullstelle an der Stelle $x = 0$, d. h. **in diesem Punkt berührt die Kurve die x-Achse nur**. Sie hat dort eine Extremalstelle.

4. Ermittlung der Polstellen

Kandidaten für Polstellen sind die Nullstellen des Nenners, die nicht gleichzeitig Nullstellen des Zählers sind. Hier ist $x = -1$ die einzige Nullstelle des Nenners und nicht gleichzeitig Nullstelle des Zählers, d. h. bei $x = -1$ liegt eine Polstelle **mit Vorzeichenwechsel** vor. Das bedeutet, dass die Funktion an der Polstelle einen »unendlichen« Sprung (d. h. von $+\infty$ nach $-\infty$ bzw. umgekehrt) macht.

5. Berechnung der Asymptoten (Verhalten der Funktion für $x \to \pm\infty$)

Bei einer unecht gebrochenrationalen Funktion (d. h. die höchste Potenz von x ist im Zähler nicht kleiner als die im Nenner) wie in diesem Beispiel, erhält man die Asymptote durch die **Polynomdivision** Zähler/Nenner:

$$
\begin{array}{ll}
x^2 & : (x+1) = x - 1 + \dfrac{1}{x+1} \\
\underline{x^2 + x \;\downarrow} & \\
\quad -x \quad 0 & \\
\quad \underline{-x - 1} & \\
\qquad\quad 1. &
\end{array}
$$

Da der Term $\frac{1}{1+x}$ für $x \to \pm\infty$ gegen Null konvergiert, ist

$$y = x - 1$$

die Asymptote. Da die Funktion sich für $x \to \pm\infty$ immer mehr an die (unbeschränkte) Asymptote annähert, hat die Funktion **keine globalen Maxima und Minima**.

6. Berechnung der Ableitungen mit der Quotientenregel bis zur Ordnung 3

a 1. Ableitung:

$$f'(x) = \frac{2x(x+1) - x^2 \cdot 1}{(x+1)^2} = \frac{x^2 + 2x}{(x+1)^2} = \frac{x(x+2)}{(x+1)^2}$$

b 2. Ableitung:

$$f''(x) = \frac{(2x+2)(x+1)^2 - \left(x^2+2x\right)2(x+1)}{(x+1)^4} \underbrace{=}_{\text{kürzen!}} \frac{(2x+2)(x+1) - \left(x^2+2x\right)2}{(x+1)^3}$$

$$= \frac{2x^2 + 2x + 2x + 2 - 2x^2 - 4x}{(x+1)^3} = \frac{2}{(x+1)^3}$$

c 3. Ableitung: Diese Ableitung berechnen wir gemäß der **Potenzregel**

$$f'''(x) = \left(2(x+1)^{-3}\right)' = 2(-3)(x+1)^{-4} = \frac{-6}{(x+1)^4}\,.$$

7. Ermittlung der lokalen Extremwerte (Maxima und Minima)

a Wir lesen die Nullstellen der 1. Ableitung ab. Bei $x = 0$ und $x = -2$ liegen jeweils einfache Nullstellen vor.

b Wir überprüfen die stationären Stellen mit der 2. Ableitung:

i. $f''(0) = \dfrac{2}{(0+1)^3} = 2 > 0 \Rightarrow 0$ ist eine Minimalstelle.

ii. $f''(-2) = \dfrac{2}{(-2+1)^3} = -2 < 0 \Rightarrow -2$ ist eine Maximalstelle.

c Wir setzen die Extremstellen in die Funktion ein und ermitteln so die Extrempunkte:

i. $f(0) = 0$

ii. $f(-2) = \dfrac{(-2)^2}{-2+1} = -4\,.$

Also ist $(0, 0)$ ein lokales Minimum und $(-2, -4)$ ein lokales Maximum.

8. Ermittlung der Wende- und Sattelpunkte

Die 2. Ableitung

$$f''(x) = \frac{2}{(x+1)^3}$$

hat keine Nullstellen. Deshalb gibt es keine Wende- und Sattelpunkte.

9. Zeichnung des Graphen der Funktion

Wir tragen alle Nullstellen (N), die Polstellen (P) und Polgeraden, die Extrempunkte (E) und auch die Asymptote in ein Koordinatensystem ein. Dann verbinden wir alle Punkte miteinander:

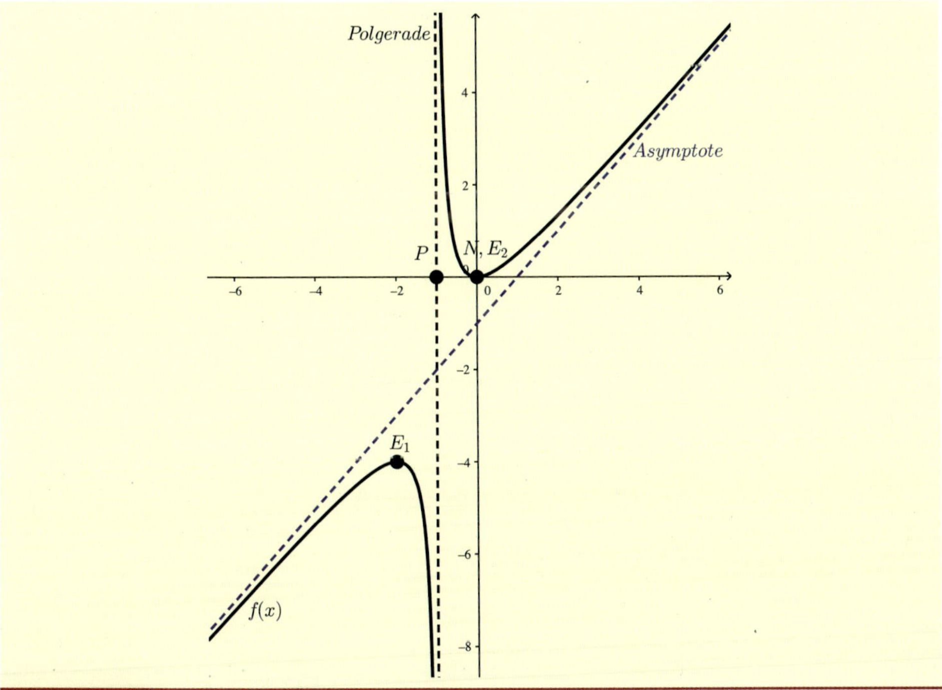

Abbildung 5.13 Kurvendiskussion II

10. Angabe des Bildbereiches

An der Grafik kann man ablesen, dass die Funktion den Bereich zwischen -4 und 0 nicht erreicht. Der Bildbereich ist also

$$f(\mathbb{D}) = \{x \in \mathbb{R}\colon\ -\infty < x \leq -4 \quad \text{oder} \quad 0 \leq x < \infty\} = (-\infty, -4] \cup [0, \infty)\,.$$

Aufgaben zu Kapitel 5

Berechnen Sie die Ableitungen der folgenden Funktionen.

1. $f(x) = 2x^3 + 2\cos 3x$

2. $f(x) = 2e^{3x} - 2x^4 - \tan 2x$

3. $f(x) = 3x^3 e^{5x} \cos 2x$

4. $f(x) = \dfrac{x^2 + 3x}{x^2 - 1}$

5. $f(x) = 3e^{x-2\pi} \sin(4x)$

6. $f(x) = \dfrac{\sqrt{x} - 1}{\sqrt{x} + 1}$

7. $f(x) = (x - 1)\sqrt{x^2 - 2x + 2}$

8. $f(x) = \left(\dfrac{x^3 - 1}{2x^3 + 1}\right)^4$

9. Diskutieren Sie folgende Funktion:

$$f(x) = \frac{3x - 6}{4x^2 - 20x + 25}\,.$$

Zusammenfassung

- Die **Steigung einer Sekante einer Funktion $f(x)$ in einem Punkt x_0** ist definiert als

$$\frac{f(x_0+h)-f(x_0)}{h}.$$

- Die **erste Ableitung einer Funktion $f(x)$ in einem Punkt x_0** ist definiert als

$$f'(x_0)=\lim_{h\to 0}\frac{f(x_0+h)-f(x_0)}{h}.$$

  $f'(x_0)$ ist die Steigung der Tangente im Punkt $(x_0, f(x_0))$.

- Ist eine Funktion in x_0 differenzierbar, so ist sie dort auch stetig.

- Die **Ableitung der elementaren Funktionen** sind:

Funktion	$f(x) =$	Ableitung $f'(x) =$
Konstante Funktion	$a \in \mathbb{R}$	0
Potenzfunktionen	$x^a, a \in \mathbb{R} \setminus \{0\}$	ax^{a-1} **(Potenzregel)**
	$\sqrt{x}$	$\frac{1}{2\sqrt{x}}$
	$\frac{1}{x}$	$-\frac{1}{x^2}$
Trigonometrische Funktionen	$\sin x$	$\cos x$
	$\cos x$	$-\sin x$
	$\tan x$	$\frac{1}{\cos^2 x} = 1 + \tan^2 x$
	$\cot x$	$-\frac{1}{\sin^2 x} = -1 - \cot^2 x$
Exponentialfunktionen	e^x	e^x
Logarithmusfunktionen	$\ln x$	$\frac{1}{x}$

- **Produktregel**: Ist $f(x)$ ein Produkt von zwei Funktionen

$$f(x) = u(x) \cdot v(x)\,,$$

so erhält man die Ableitung von $f(x)$ durch

$$f'(x) = u'(x) \cdot v(x) + u(x) \cdot v'(x)\,.$$

- **Quotientenregel**: Ist $f(x)$ ein Quotient von zwei Funktionen

$$f(x) = \frac{u(x)}{v(x)}\,,$$

so erhält man die Ableitung von $f(x)$ durch

$$f'(x) = \frac{u'(x) \cdot v(x) - u(x) \cdot v'(x)}{v^2(x)}\,.$$

- **Kettenregel**: Ist $f(x)$ eine Verkettung von zwei Funktionen

$$f(x) = u \circ v\,(x)\,,$$

so erhält man die Ableitung von $f(x)$ durch

$$f'(x) = u'\,(v(x)) \cdot v'(x)\,.$$

- Die **Ableitung einer verketteten Funktion** ist das Produkt aus äußerer und innerer Ableitung.
- Die **Ableitung der Umkehrfunktion** $f^{-1}(x)$ einer Funktion $f(x)$ berechnet sich durch

$$\left(f^{-1}(x)\right)' = \frac{1}{f'(f^{-1}(x))}\,.$$

- Die Ableitung der 1. Ableitung nennt man 2. Ableitung, die Ableitung der 2. Ableitung heißt 3. Ableitung, usw.
- Ist die Ableitung einer Funktion überall positiv (negativ), so ist die Funktion streng monoton wachsend (fallend) und damit umkehrbar.
- Ist die zweite Ableitung einer Funktion in einem Punkt größer als Null, so ist die Funktion dort konvex, ist sie negativ, so ist die Funktion dort konkav.
- Eine Stelle, an der die Funktion ihr Krümmungsverhalten ändert, nennt man **Wendepunkt**.

- Hat der Wendepunkt eine waagerechte Tangente, so nennt man ihn **Sattelpunkt**.
- Hat eine differenzierbare Funktion $f(x)$ in x_0 eine **lokale Extremstelle**, so ist die 1. Ableitung dort Null.
- Eine Funktion $f(x)$ besitzt an einer Stelle x_0 ein **lokales Maximum**, wenn gilt $f'(x_0) = 0$ und zugleich $f''(x_0) < 0$.
- Eine Funktion $f(x)$ besitzt an einer Stelle x_0 ein **lokales Minimum**, wenn gilt $f'(x_0) = 0$ und zugleich $f''(x_0) > 0$.
- Eine Funktion $f(x)$ besitzt an einer Stelle x_0 einen **Wendepunkt**, wenn gilt $f''(x_0) = 0$ und zugleich $f'''(x_0) \neq 0$.
- Eine Funktion $f(x)$ besitzt an einer Stelle x_0 einen **Sattelpunkt**, wenn x_0 ein Wendepunkt ist und zugleich $f'(x_0) = 0$ ist.
- Eine **Kurvendiskussion** besteht aus folgenden zehn Punkten:

1. Angabe des Definitionsbereiches, der Definitionslücken
2. Untersuchung des Symmetrieverhaltens
3. Ermittlung und Charakterisierung der Nullstellen
4. Ermittlung der Polstellen
5. Berechnung der Asymptoten
6. Berechnung der Ableitungen bis zur Ordnung 3
7. Ermittlung der lokalen/globalen Extremwerte (Maxima und Minima)
8. Ermittlung der Wende- und Sattelpunkte
9. (händische) Zeichnung des Graphen der Funktion
10. Angabe des Bildbereiches

Lernziele

In diesem Kapitel lernen Sie

- dass die Integration die Umkehrung der Differentiation ist,
- welche Bedeutung die Integrationskonstante hat,
- was eine Stammfunktion ist,
- dass zwei Stammfunktionen sich nur durch eine Konstante unterscheiden,
- dass das bestimmte Integral dem Grenzwert einer Summe von Rechteckflächen entspricht,
- dass man durch das Integral den Flächeninhalt zwischen einem Funktionsgraphen und der x-Achse berechnen kann,
- dass stetige Funktionen über einem abgeschlossenen Intervall integrierbar sind,
- den Hauptsatz der Differenzial- und Integralrechnung kennen,
- welche elementaren Integrationsregeln es gibt,
- dass die partielle Integration aus der Produktregel der Differenzialrechnung ableitbar ist,
- wie die Substitutionsregel für Integrale angewendet wird.

Integralrechnung

6

ÜBERBLICK

Übersicht

Es gibt zwei unterschiedliche Zugänge zur Integralrechnung. Zum einen kann man die Integralrechnung als Umkehrung der Differenzialrechnung einführen, zum anderen als ein Hilfsmittel zur Berechnung von in der Regel krummlinig begrenzten Flächen. Der in den meisten Lehrbüchern präferierte Zugang ist der zweite, der geometrisch anschaulich beschreibt, wie man durch einen Grenzwertprozess von »einfachen« geometrischen Strukturen (in der Regel Rechtecken) zu dem gewünschten Flächeninhalt gelangt. Der erste Weg ist der rechentechnisch wichtigere, da – wie wir noch sehen werden – die Hauptaufgabe der Integralrechnung darin besteht, zu einer vorgegebenen Funktion alle Funktionen zu finden, deren 1. Ableitung wieder die vorgegebene Funktion ist (was auch kurz als **Integration** oder **Aufleiten** der vorgegebenen Funktion bezeichnet wird). Es ist auch nicht so wichtig, wie man in die Integralrechnung startet, denn es gibt ein erstaunliches Resultat, das – nicht ohne Grund – unter dem Namen **Hauptsatz der Differenzial- und Integralrechnung** firmiert und beinhaltet, dass die Berechnung von Flächeninhalten und das Aufleiten von Funktionen das Gleiche sind.

6.1 Integration ist die Umkehrung der Differentiation

Im letzten Kapitel haben wir uns damit beschäftigt, die Ableitungen von vorgegebenen Funktionen zu berechnen. Oftmals ist man aber mit dem umgekehrten Problem konfrontiert. Von einer unbekannten Funktion $F(x)$ ist die 1. Ableitung $f(x)$ bekannt und man möchte die Funktion $F(x)$ bestimmen. Zum Beispiel wird in der Mechanik im zweiten Newtonschen Gesetz postuliert, dass die Kraft das Produkt aus Masse und Beschleunigung ist

$$F(t) = m \cdot a(t)\,.$$

Dabei ist die Beschleunigung $a(t)$ eine Funktion der Zeit und die 1. Ableitung der Geschwindigkeit nach der Zeit

$$a(t) = v'(t)\,.$$

Ist also die Kraft und damit die Beschleunigung bekannt und man möchte das Geschwindigkeit-Zeit-Gesetz aufstellen, so muss man die Aufleitung von $a(t)$ ermitteln.

Learn a little

...do a little

Beispiel 6.1 **Integration von einfachen Funktionen**

a Sei die Funktion $f(x) = 1$ gegeben. Gesucht sind alle Funktionen $F(x)$ mit

$$F'(x) = f(x) = 1\,.$$

Wir wissen, dass die Funktion

$$F(x) = x$$

diese Bedingung erfüllt. Aber das tut z. B. auch die Funktion

$$F(x) = x + 10\,,$$

denn deren Ableitung ist ebenfalls gleich 1. Wir können also zur Funktion $F(x) = x$ eine beliebige Konstante addieren und erhalten immer dieselbe Ableitung. Das Ergebnis schreiben wir als

$$F(x) = x + C\,,$$

wobei C eine beliebige feste reelle Zahl sein kann und **Integrationskonstante** genannt wird.

b Im erdnahen Umfeld genügt die Schwerkraft F dem Gesetz

$$F = m \cdot g\,,$$

wobei m die Masse eines Körpers und

$$g = 9{,}81\,\mathrm{m/s^2}$$

die konstante Erdbeschleunigung bezeichnen. Andererseits ist jede Kraft nach dem zweiten Newtonschen Gesetz gleich

$$F = m \cdot a(t)\,.$$

Gleichsetzen führt zu

$$a(t) = g$$

und durch Aufleiten erhalten wir das allgemeine Geschwindigkeits-Zeit-Gesetz

$$v(t) = g \cdot t + C\,,$$

wobei wir andere Einflüsse auf die Geschwindigkeit wie etwa die Luftreibung unberücksichtigt lassen. Die beliebige Integrationskonstante C nimmt in der Physik oftmals einen konkreten Wert an. Unterstellen wir, dass unser Experiment bei $t = 0$ anfängt, so gilt

$$v(0) = C\,,$$

und C hat die physikalische Bedeutung einer (bekannten) Anfangsgeschwindigkeit des Körpers.

c Ist die Funktion durch

$$f(x) = 3x^3$$

gegeben, so ist die Aufleitung

$$F(x) = \frac{3}{4}\,x^4 + C\,.$$

Probe:

$$F'(x) = \frac{3}{4}\,\left(x^4\right)' + C' = \frac{3}{4} 4x^3 + 0 = 3x^3\,.$$

Für die Funktion $F(x)$ gibt es eine spezielle Bezeichnung.

Definition

Eine Funktion $F(x)$ heißt **Stammfunktion** von $f(x)$, wenn gilt:

$$F'(x) = f(x)\,.$$

Für $F(x)$ benutzt man auch das Symbol

$$F(x) = \int f(x)\,\mathrm{d}x$$

und nennt den Ausdruck $\int f(x)\,\mathrm{d}x$ das (**unbestimmte**) **Integral** von $f(x)$.

Wir haben schon einige Eigenschaften von Stammfunktionen herausgearbeitet:

- Es gibt zu jeder Funktion $f(x)$ unendlich viele Stammfunktionen.
- Zwei Stammfunktionen $F_1(x)$ und $F_2(x)$ unterscheiden sich nur durch eine additive Konstante, d. h.

$$F_1(x) - F_2(x) = \text{const}\,.$$

Wir schauen uns noch einige Beispiele an.

Learn a little ...do a little

Beispiel 6.2 **Stammfunktionen**

a Die Stammfunktion von

$$f(x) = \sin x$$

ist

$$F(x) = -\cos x + C\,,$$

da gilt

$$F'(x) = -(\cos x)' + C' = -(-\sin x) + 0 = \sin x\,.$$

b Die Stammfunktion von

$$f(x) = e^x$$

ist

$$F(x) = e^x + C\,,$$

da gilt

$$F'(x) = (e^x)' + C' = e^x + 0 = e^x\,.$$

c Die Stammfunktion von

$$f(x) = \frac{1}{\cos^2 x}$$

ist

$$F(x) = \tan x + C\,,$$

da gilt

$$F'(x) = (\tan x)' + C' = \frac{1}{\cos^2 x} + 0 = \frac{1}{\cos^2 x}\,.$$

Tabelle der Stammfunktionen der elementaren Funktionen

So wie in Abschnitt 5.3 für die Ableitungen fassen wir die Stammfunktionen der elementaren Funktionen in einer Tabelle zusammen.

Funktion	$f(x) =$	Stammfunktion $F(x) = \int f(x)\,\mathrm{d}x$
Konstante Funktion	$a \in \mathbb{R}$	$ax + C$
Potenzfunktionen	$x^a, a \neq -1$	$\frac{x^{a+1}}{a+1} + C$ (Potenzregel)
	$\sqrt{x}$	$\frac{2}{3} x^{\frac{3}{2}} + C$
	$\frac{1}{x}$	$\ln\lvert x\rvert + C$
Trigonometrische Funktionen	$\sin x$	$-\cos x + C$
	$\cos x$	$\sin x + C$
	$\tan x$	$-\ln\lvert\cos x\rvert + C$
	$\cot x$	$\ln\lvert\sin x\rvert + C$
	$\frac{1}{\cos^2 x}$	$\tan x + C$
	$\frac{1}{\sin^2 x}$	$-\cot x + C$
Exponentialfunktionen	e^x	$e^x + C$
Logarithmusfunktionen	$\ln x$	$x \ln x - x + C$

Tabelle 6.1 Stammfunktionen der elementaren Funktionen

Einige Anmerkungen dazu:

- Für die meisten Stammfunktionen muss man die ► Tabelle 5.1 für die Ableitungen aus Abschnitt 5.3 nur »von rechts nach links« lesen, um die Stammfunktionen zu erkennen.
- Die Stammfunktionen des Tangens, Kotangens und Logarithmus sind erklärungsbedürftig und werden in den ► Beispielen 6.6 und 6.7 noch detailliert hergeleitet.
- Wie die Tabelle ausweist, ist die Stammfunktion von $f(x) = \frac{1}{x}$

$$F(x) = \ln\lvert x\rvert + C$$

und nicht etwa nur $\ln x$! Der Grund dafür liegt darin, dass die Funktion

$$f(x) = \frac{1}{x}$$

auch für negative x-Werte definiert ist, der Logarithmus allerdings nicht. Wir überprüfen, ob die Ableitung von $F(x)$ gleich $f(x)$ ist. Zunächst gilt nach der Definition der Betragsfunktion

$$\ln|x| = \begin{cases} \ln x & x > 0 \\ \ln(-x) & x < 0\,. \end{cases}$$

Daraus folgt für die Ableitung (Kettenregel für die zweite Zeile beachten!)

$$(\ln|x|)' = \begin{cases} \ln' x & x > 0 \\ \ln'(-x) & x < 0 \end{cases} = \begin{cases} \frac{1}{x} & x > 0 \\ \\ \frac{1}{-x}(-1) & x < 0 \end{cases} = \frac{1}{x},$$

d. h. wir erhalten auf jeden Fall als Ableitung $\frac{1}{x}$.

6.2 Hauptsatz der Differenzial- und Integralrechnung

Flächenberechnung

Wir wollen die Fläche zwischen dem Graphen einer Funktion $f(x)$ und der x-Achse im Intervall $a \leq x \leq b$ bestimmen. Die Methode dazu erläutern wir an einem Beispiel. Wir bestimmen die Fläche, die der Graph der Funktion

$$f(x) = 1 - x^2$$

mit der x-Achse zwischen 0 und 1 einschließt.

In ► Abbildung 6.1 ist die gesuchte Fläche grau unterlegt. Der erste Schritt zur Berechnung des Flächeninhalt besteht darin, dass wir die Fläche parallel zur y-Achse in n Streifen **gleicher Breite** $\triangle x$ zerlegen. In der Grafik ist $n = 5$ und $\triangle x = 0{,}2$. Die oberen Seiten der Streifen sind krummlinig, von daher können wir den Flächeninhalt der Streifen nicht elementar bestimmen. Die Idee ist nun folgende:

1. Wir ersetzen die Streifen (schwer zu berechnen) durch geeignete Rechtecke (leicht zu berechnen).

2. Wir summieren die Flächen der Rechtecke auf und erhalten so eine Näherung für den gesuchten Flächeninhalt.

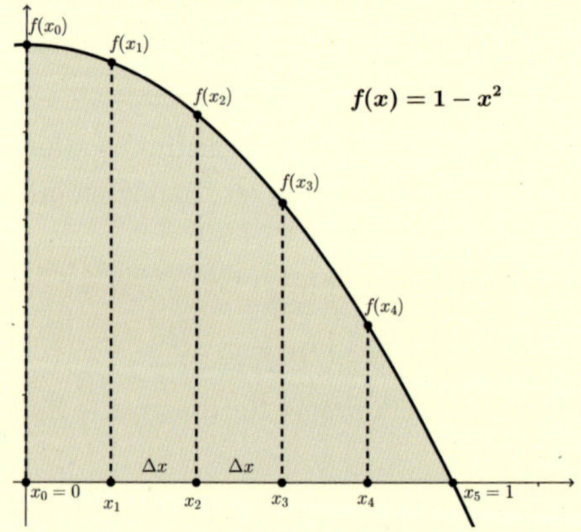

Abbildung 6.1 Flächenberechnung: Aufteilung der Fläche in Streifen

3. Und natürlich soll es so sein, dass mit wachsendem n, d. h. mit wachsender Anzahl der Streifen, die Rechtecke sich immer mehr den Streifen und damit die Summe der Rechtecke sich immer mehr der gesuchten Fläche annähern.

Die (fünf) Rechtecke in unserem Beispiel wählen wir so, dass die Breite $\triangle x$ und die Höhe der jeweilige Funktionswert am linken Rand der Streifen ist. Die Rechtecke haben dann den Flächeninhalt

$$F_i = f(x_i) \cdot \triangle x, \quad i = 0, 1, 2, 3, 4\,.$$

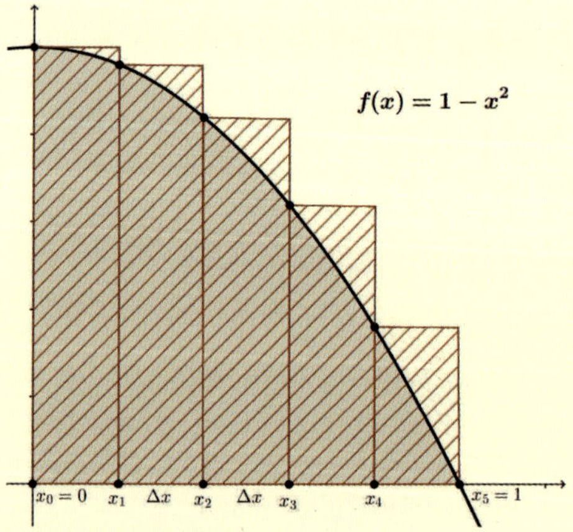

Abbildung 6.2 Flächenberechnung: Annäherung der Fläche durch Rechtecke

In ► Abbildung 6.2 erkennt man, dass die gewählten Rechtecke den Flächeninhalt der Streifen überschätzen, d. h. die Summe der Rechteckflächen ist größer als die gesuchte

Fläche zwischen dem Graphen und der x-Achse. Das ist aber nicht weiter schlimm, denn wir wollen ja nur, dass im Grenzwert $n \to \infty$ die Summe der Rechteckflächen gleich der gesuchten Fläche ist.

Wir rechnen in unserem Beispiel ($n = 5$) die Summe der einzelnen Rechteckflächen konkret aus.

n	0	1	2	3	4
x_i	0	0,2	0,4	0,6	0,8
$f(x_i)$	1	0,96	0,84	0,64	0,36
$\triangle x$	0,2	0,2	0,2	0,2	0,2
F_i	0,2	0,192	0,168	0,128	0,072

Tabelle 6.2 Rechteckflächen für $n = 5$

Die Summe der Rechteckflächen beträgt gemäß ▶ Tabelle 6.2

$$F_0 + F_1 + F_2 + F_3 + F_4 = 0{,}76\,.$$

Wir erhöhen nun die Anzahl der Streifen auf $n = 10$, dann ist die Schrittweite $\triangle x = 0{,}1$.

n	0	1	2	3	4	5	6	7	8	9
x_i	0	0,1	0,2	0,3	0,4	0,5	0,6	0,7	0,8	0,9
$f(x_i)$	1	0,99	0,96	0,91	0,84	0,75	0,64	0,51	0,36	0,19
$\triangle x$	0,1	0,1	0,1	0,1	0,1	0,1	0,1	0,1	0,1	0,1
F_i	0,1	0,099	0,096	0,091	0,084	0,075	0,064	0,051	0,036	0,019

Tabelle 6.3 Rechteckflächen für $n = 10$

Jetzt ist die Summe der Rechteckflächen gemäß ▶ Tabelle 6.3

$$F_0 + F_1 + \cdots + F_9 = 0{,}715$$

und damit kleiner als zuvor. Wir werden später sehen, dass für $n \to \infty$ der Grenzwert der Rechteckflächensummen den Wert 0,667 ergibt.

Wir schreiben jetzt den allgemeinen Fall auf, d. h. wir möchten für eine stetige Funktion $f(x)$, die auf einem Intervall $[a, b]$ definiert ist und oberhalb der x-Achse verläuft, die Fläche berechnen, die der Graph der Funktion mit der x-Achse einschließt. Dazu zerlegen wir die Fläche in n gleich breite Streifen. Die Länge des Gesamtintervalls ist $b - a$, also ist jeder Streifen

$$\triangle x = \frac{b-a}{n}$$

breit. Durch die Streifen haben wir auch das Intervall $[a, b]$ in n gleich große Teilintervalle zerlegt. Diese haben die folgenden Intervallgrenzen (► Abbildung 6.2):

$$\begin{aligned}
x_0 &= a \\
x_1 &= a + \frac{b-a}{n} \\
x_2 &= x_1 + \frac{b-a}{n} = a + 2\,\frac{b-a}{n} \\
\vdots &\;\vdots\; \vdots \\
x_n &= a + n\,\frac{b-a}{n} = a + b - a = b\,.
\end{aligned}$$

Für die Rechtecke wählen wir uns aus jedem Teilintervall $[x_{i-1}, x_i]$ eine **beliebige Stelle** u_i (in unserem Beispiel oben haben wir die linke Intervallgrenze genommen, das müssen wir aber nicht in jedem Fall tun!) und berechnen die Fläche eines Rechtecks durch

$$F_i = f(u_i) \cdot \triangle x = f(u_i) \cdot \frac{b-a}{n}\,.$$

Die Summe der Rechteckflächen

$$F_1 + F_2 + \cdots F_n = \frac{b-a}{n}(f(u_1) + f(u_2) + \cdots + f(u_n)) = \frac{b-a}{n}\sum_{i=1}^{n} f(u_i)$$

ist dann eine Näherung für die Fläche zwischen $f(x)$ und der x-Achse.

Bestimmtes Integral

Nun bilden wir den Grenzwert $n \to \infty$ und erhalten die nachfolgende Definition.

Definition

Existiert der Grenzwert

$$\lim_{n\to\infty} \frac{b-a}{n}\sum_{i=1}^{n} f(u_i)\,,$$

so heißt $f(x)$ auf dem abgeschlossenen Intervall $[a, b]$ **bestimmt integrierbar** und den Grenzwert nennt man **bestimmtes Integral** von $f(x)$ auf $[a, b]$. Den Grenzwert schreibt man auch als

$$\int_a^b f(x)\,\mathrm{d}x\,.$$

- Das **Integralzeichen** $\int$ soll an ein in die Länge gestrecktes Summenzeichen $\sum$ erinnern.
- Die Intervallgrenzen a und b nennt man auch **Integrationsgrenzen**.

- Die Funktion $f(x)$ heißt **Integrand** und $\mathrm{d}x$ nennt man **Differenzial**.
- Wir haben vorausgesetzt, dass die zu integrierende Funktion stetig ist. Diese Forderung kann man noch etwas abschwächen, was wir aber hier nicht weiter vertiefen wollen. Wichtig ist, dass der Grenzwert für stetige Funktionen immer existiert, d. h. **stetige Funktionen sind bestimmt integrierbar**.

Learn a little ...do a little

Beispiel 6.3 Bestimmtes Integral

Wir wollen das bestimmte Integral der Funktion

$$f(x) = 4x$$

über $[0, 1]$ berechnen, suchen also den Flächeninhalt, den die Funktion auf diesem Intervall mit der x-Achse einschließt. Und natürlich wenden wir die oben dargestellte Methode an, d. h. wir zerlegen zunächst das Intervall $[0, 1]$ in n gleich lange Teilintervalle. Die Länge der Teilintervalle ist dann

$$\frac{b-a}{n} = \frac{1-0}{n} = \frac{1}{n}\,.$$

Die Teilintervallgrenzen sind damit

$$\begin{aligned} x_0 &= a = 0 \\ x_1 &= \frac{1}{n} \\ x_2 &= 2\,\frac{1}{n} \\ \vdots &\;\vdots\; \vdots \\ x_n &= 1\,. \end{aligned}$$

Wir wählen als Punkte u_i aus den Teilintervallen die jeweils rechten Intervallgrenzen, d. h.

$$\begin{aligned} u_1 &= x_1 = \frac{1}{n} \\ u_2 &= \frac{2}{n} \\ \vdots &\;\vdots\; \vdots \\ u_n &= \frac{n}{n} = 1 \end{aligned}$$

und berechnen die zughörigen Funktionswerte

$$\begin{aligned} f(u_1) &= f\left(\frac{1}{n}\right) = 4 \cdot \frac{1}{n} \\ f(u_2) &= f\left(\frac{2}{n}\right) = 4 \cdot \frac{2}{n} \\ \vdots &\;\vdots\; \vdots \\ f(u_n) &= f\left(\frac{n}{n}\right) = 4 \cdot \frac{n}{n}\,. \end{aligned}$$

Als Summe der Rechteckflächen ergibt sich damit

$$\frac{b-a}{n}\sum_{i=1}^{n} f(u_i) = \frac{1}{n}\sum_{i=1}^{n} 4\cdot\frac{i}{n} = \frac{4}{n}\sum_{i=1}^{n}\frac{i}{n} = \frac{4}{n}\left(\frac{1}{n}+\frac{2}{n}+\cdots+\frac{n}{n}\right).$$

Aus der Klammer können wir $\frac{1}{n}$ ausklammern und erhalten

$$\frac{1}{n}\sum_{i=1}^{n} 4\cdot\frac{i}{n} = \frac{4}{n^2}(1+2+\cdots+n)\,.$$

Nun erinnern wir uns an die arithmetische Summenformel (2.1), d. h. an die Summe der ersten n Zahlen. Es war

$$1+2+\cdots+n = \frac{n(n+1)}{2}$$

und das setzen wir in die vorletzte Gleichung ein:

$$\frac{1}{n}\sum_{i=1}^{n} 4\cdot\frac{i}{n} = \frac{4}{n^2}\frac{n(n+1)}{2} = 2\,\frac{n^2+n}{n^2} = 2\left(1+\frac{1}{n}\right).$$

Der Term in der Klammer konvergiert gegen 1 für $n\to\infty$, d. h. wir erhalten als Resultat für die Fläche

$$\int_0^1 4x\,\mathrm{d}x = \lim_{n\to\infty}\frac{1}{n}\sum_{i=1}^{n} 4\cdot\frac{i}{n} = 2\,.$$

Dieses Resultat kann man natürlich leichter mit elementargeometrischen Mitteln bekommen, da die zu berechnende Fläche eine Dreiecksfläche ist (► Abbildung 6.3).

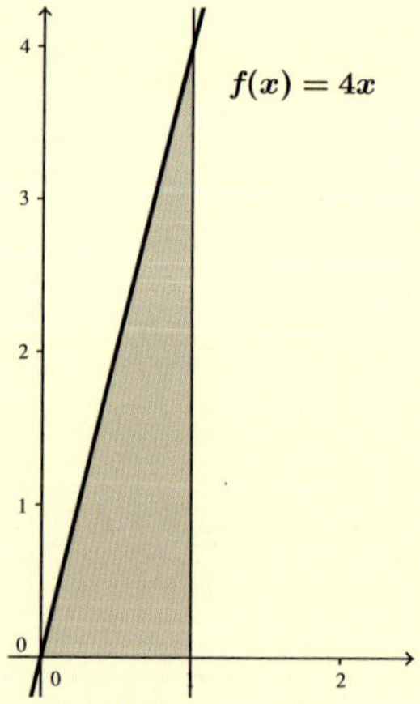

Abbildung 6.3 Bestimmtes Integral: $f(x) = 4x$

Die grau schraffierte Fläche ergibt sich durch Grundseite mal halbe Höhe, also erhält man (als Probe) ebenfalls

$$1\cdot\frac{4}{2} = 2\,.$$

Partielle Integration

Mit den elementaren Integrationsregeln kann man Integrale, deren Integrand ein **Produkt** zweier Funktionen ist, nicht lösen. Dazu führen wir eine neue Methode ein, die als Ausgangsbasis die **Produktregel der Differenzialrechnung** benutzt. Es gilt gemäß dieser Regel für zwei differenzierbare Funktionen $u(x)$ und $v(x)$:

$$(u(x) \cdot v(x))' = u'(x) \cdot v(x) + u(x) \cdot v'(x) \,.$$

Die linke Seite hat die Stammfunktion

$$u(x) \cdot v(x) \,,$$

die Stammfunktion der rechten Seite erhalten wir durch Integration als

$$\int u'(x) \cdot v(x) \, \mathrm{d}x + \int u(x) \cdot v'(x) \, \mathrm{d}x \,.$$

Damit ergibt sich für die Stammfunktionen nach Umstellung die Gleichung

$$\boxed{\int u(x) \cdot v'(x) \, \mathrm{d}x = u(x) \cdot v(x) - \int u'(x) \cdot v(x) \, \mathrm{d}x \,.}$$

- Diese Gleichung nennt man **partielle Integrationsformel**. Wenn wir die Stammfunktion für ein Produkt zweier Funktionen ermitteln wollen, so müssen wir eine Funktion als $u(x)$ und die andere als $v'(x)$ ansehen und dann mithilfe der rechten Seite das Integral bestimmen.
- Für die Berechnung eines bestimmten Integrals erhält man analog

$$\int_a^b u(x) \cdot v'(x) \, \mathrm{d}x = [u(x) \cdot v(x)]_a^b - \int_a^b u'(x) \cdot v(x) \, \mathrm{d}x \,.$$

Wir schauen uns einige Beispiele an.

Learn a little ...do a little

Beispiel 6.6 **Partielle Integration**

a Wir wollen die Stammfunktion von

$$f(x) = xe^x$$

mithilfe der partiellen Integrationsformel bestimmen. Wir setzen

$$u(x) = x \quad \text{und} \quad v'(x) = e^x \,,$$

dann folgt

$$u'(x) = 1 \quad \text{und} \quad v(x) = e^x$$

sowie

$$\int x \cdot e^x \, \mathrm{d}x = x \cdot e^x - \int 1 \cdot e^x \, \mathrm{d}x = x \cdot e^x - e^x \,.$$

Wir berechnen als »Probe« die Ableitung der gefundenen Stammfunktion und beachten dabei die Produktregel für den ersten Term:

$$(x \cdot e^x - e^x)' = e^x + x \cdot e^x - e^x = x \cdot e^x \, .$$

b Wir berechnen die Stammfunktion von

$$f(x) = \sin^2 x = \sin x \cdot \sin x$$

und setzen dazu

$$u(x) = \sin x \quad \text{und} \quad v'(x) = \sin x \, ,$$

dann folgt

$$u'(x) = \cos x \quad \text{und} \quad v(x) = -\cos x$$

sowie

$$\int \sin^2 x \, \mathrm{d}x = -\sin x \cdot \cos x - \int \cos x \cdot (-\cos x) \, \mathrm{d}x = -\sin x \cdot \cos x + \int \cos^2 x \, \mathrm{d}x \, .$$

Auf den ersten Blick sieht es so aus, als ob damit nichts gewonnen wäre, wir haben uns statt

$$\int \sin^2 x \, \mathrm{d}x \qquad \text{ein} \qquad \int \cos^2 x \, \mathrm{d}x$$

eingehandelt. Aber es gibt eine Rettung, wenn wir den trigonometrischen Pythagoras

$$\sin^2 x + \cos^2 x = 1 \Rightarrow \cos^2 x = 1 - \sin^2 x$$

zum Einsatz bringen. Damit erhalten wir

$$\begin{aligned} \int \sin^2 x \, \mathrm{d}x &= -\sin x \cdot \cos x + \int (1 - \sin^2 x) \, \mathrm{d}x \\ &= -\sin x \cdot \cos x + \underbrace{\int 1 \, \mathrm{d}x}_{=x} - \int \sin^2 x \, \mathrm{d}x \, . \end{aligned}$$

Die Stammfunktion von 1 ist x und die Integrale werden auf der linken Seite zusammengefasst:

$$2 \int \sin^2 x \, \mathrm{d}x = -\sin x \cdot \cos x + x \, .$$

Jetzt müssen wir nur noch durch 2 teilen. Die Stammfunktion lautet also

$$\int \sin^2 x \, \mathrm{d}x = \frac{1}{2} (-\sin x \cdot \cos x + x) \, .$$

c Mithilfe der partiellen Integration können wir auch die in ► Tabelle 6.1 aufgeführte Stammfunktion von $f(x) = \ln x$ bestimmen. Dazu benötigen wir allerdings einen »Trick«, denn $f(x)$ ist ja kein Produkt von zwei Funktionen, wir schreiben aber

$$f(x) = \ln x \cdot 1$$

und definieren

$$u(x) = \ln x \quad \text{und} \quad v'(x) = 1\,,$$

dann folgt

$$u'(x) = \frac{1}{x} \quad \text{und} \quad v(x) = x\,.$$

Mit der partiellen Integration erhalten wir das gewünschte Resultat:

$$\int \ln x \, \mathrm{d}x = x \cdot \ln x - \int x \cdot \frac{1}{x} \, \mathrm{d}x = x \cdot \ln x - \underbrace{\int 1 \, \mathrm{d}x}_{=x} = x \cdot \ln x - x\,.$$

d In manchen Fällen muss man die partielle Integration mehrfach anwenden. Wir berechnen das bestimmte Integral

$$\int_0^1 x^2 e^x \, \mathrm{d}x\,.$$

Dazu setzen wir

$$u(x) = x^2 \quad \text{und} \quad v'(x) = e^x\,,$$

dann folgt

$$u'(x) = 2x \quad \text{und} \quad v(x) = e^x\,.$$

Mit partieller Integration ergibt sich

$$\int_0^1 x^2 e^x \, \mathrm{d}x = \left[x^2 e^x\right]_0^1 - \int_0^1 2x \cdot e^x \, \mathrm{d}x\,.$$

Das übrig gebliebene Integral muss nochmals partiell integriert werden. Wir definieren

$$u(x) = 2x \quad \text{und} \quad v'(x) = e^x\,,$$

dann folgt

$$u'(x) = 2 \quad \text{und} \quad v(x) = e^x\,.$$

Mit partieller Integration ergibt sich

$$\begin{aligned}\int_0^1 x^2 e^x \, \mathrm{d}x &= \left[x^2 e^x\right]_0^1 - \left(\left[2xe^x\right]_0^1 - \int_0^1 2 \cdot e^x \, \mathrm{d}x\right) = \left[x^2 e^x\right]_0^1 - \left[2xe^x\right]_0^1 + 2\int_0^1 e^x \, \mathrm{d}x \\ &= \left[x^2 e^x\right]_0^1 - \left[2xe^x\right]_0^1 + \left[2e^x\right]_0^1 = 1^2 e^1 - 0^2 e^0 - 2e^1 + 2 \cdot 0 \cdot e^0 + 2e^1 - 2e^0 \\ &= e - 2e + 2e - 2 = e - 2\,.\end{aligned}$$

Substitutionsregel für Integrale

Die Substitutionsregel für Integrale dient ebenso wie die partielle Integration dazu, komplizierte Integrale auf einfachere zurückzuführen. Wir erläutern diese Integrationsmethode an einem Beispiel. Gesucht ist die Stammfunktion $F(x)$ von

$$f(x) = 2x \cdot \cos\left(x^2\right) ,$$

also

$$F(x) = \int 2x \cos\left(x^2\right) \mathrm{d}x .$$

Wie bei der Kettenregel der Differenzialrechnung definieren wir eine neue Variable u und **substituieren** x^2 durch u:

$$u = x^2 .$$

Dann differenzieren wir die Substitutionsgleichung und erhalten

$$u' = 2x .$$

Wir schreiben die Ableitung von u als

$$u' = \frac{\mathrm{d}u}{\mathrm{d}x}$$

und es folgt

$$\frac{\mathrm{d}u}{\mathrm{d}x} = 2x \Rightarrow \mathrm{d}u = 2x\,\mathrm{d}x \quad \text{sowie} \quad f(x) = \cos u \cdot 2x .$$

Nun betrachten wir das Integral

$$\int 2x \cos\left(x^2\right) \mathrm{d}x$$

und wollen **alle** Terme, in denen die Variable x vorkommt, durch Terme ersetzen, die nur noch die Variable u beinhalten. Es gilt

$$2x \cos\left(x^2\right) \mathrm{d}x = \cos u \cdot \underbrace{2x\,\mathrm{d}x}_{=\mathrm{d}u} = \cos u\,\mathrm{d}u$$

und damit nach Integration

$$\int 2x \cos\left(x^2\right) \mathrm{d}x = \int \cos u\,\mathrm{d}u .$$

Wir haben also die Variable x aus dem linken Integral im rechten Integral komplett durch die Variable u ersetzt, d. h. auch das **Differenzial dx wurde durch du substituiert**. Die rechte Seite ist leicht auszurechnen: Die Stammfunktion vom Kosinus ist der Sinus, d. h. wir erhalten mit der **Rücksubstitution** $u = x^2$ als Endergebnis

$$F(x) = \int 2x \cos\left(x^2\right) \mathrm{d}x = \int \cos u\,\mathrm{d}u = \sin u + C = \sin\left(x^2\right) + C .$$

Allgemeiner Fall

Wenn wir im allgemeinen Fall die Stammfunktion einer Funktion $f(x)$ der Gestalt

$$f(x) = h\left(g(x)\right) \cdot g'(x)$$

bestimmen wollen, wobei $h(x)$ und $g(x)$ Funktionen sind, so substituieren wir

$$u = g(x)$$

und differenzieren diese Substitutionsgleichung nach x:

$$u' = \frac{\mathrm{d}u}{\mathrm{d}x} = g'(x)\,.$$

Aus der Gleichung können wir das Differenzial $\mathrm{d}u$ bestimmen:

$$\mathrm{d}u = g'(x)\,\mathrm{d}x\,.$$

Nun betrachten wir die Stammfunktion $F(x)$ von $f(x)$ mit

$$F(x) = \int h\left(g(x)\right) \cdot \underbrace{g'(x)\,\mathrm{d}x}_{=\mathrm{d}u}\,,$$

ersetzen überall die Variable x durch die Variable u und erhalten

$$F(x) = \int h\left(g(x)\right) \cdot g'(x)\,\mathrm{d}x = \int h(u)\,\mathrm{d}u\,.$$

Wir haben also durch die Substitution das linke (komplizierte) Integral in das rechte (einfache) umgewandelt. Die Stammfunktion von $h(x)$ sei $H(x)$, und es ergibt sich mit der Rücksubstitution $u = g(x)$ schließlich die **Substitutionsformel**

$$\boldsymbol{F(x) = \int h\left(g(x)\right) \cdot g'(x)\,\mathrm{d}x = \int h(u)\,\mathrm{d}u = H(u) = H\left(g(x)\right)\,.}$$

Die Aufgabe hat sich gewandelt: Statt nach einer Stammfunktion $F(x)$ von $f(x)$ zu suchen (schwer), müssen wir jetzt nach einer Stammfunktion $H(x)$ von $h(x)$ suchen (leicht) und dann das Argument x bei $H(x)$ durch $g(x)$ ersetzen.

Zur Einübung rechnen wir einige Beispiele.

Learn a little ...do a little

Beispiel 6.7 **Substitutionsformel**

a Wir suchen eine Stammfunktion von

$$f(x) = \frac{2x}{\sqrt{1+x^2}}$$

und wollen die Substitutionsformel anwenden. Dazu müssen wir zunächst die zu integrierende Funktion $f(x)$ in die Form

$$f(x) = h\left(g(x)\right) \cdot g'(x)$$

bringen. Wir definieren $u = g(x) = 1 + x^2$, dann folgt

$$g'(x) = 2x\,.$$

Definieren wir noch die Funktion $h(u)$ als

$$h(u) = \frac{1}{\sqrt{u}},$$

dann folgt

$$f(x) = h\,(g(x)) \cdot g'(x)$$

und die Stammfunktion von $f(x)$ ist nach der Substitutionsregel

$$F(x) = \int \frac{2x}{\sqrt{1+x^2}}\,\mathrm{d}x = \int \frac{1}{\sqrt{u}}\,\mathrm{d}u = 2\sqrt{u} + C = 2\sqrt{1+x^2} + C\,.$$

b Wir berechnen die Stammfunktion des Tangens. Es gilt

$$\tan x = \frac{\sin x}{\cos x} = -\left(\frac{-\sin x}{\cos x}\right).$$

Wir definieren

$$u = g(x) = \cos x\,,$$

dann folgt

$$g'(x) = (\cos x)' = -\sin x\,.$$

Die Funktion $h(u)$ definieren wir durch

$$h(u) = \frac{1}{u}$$

mit der Stammfunktion

$$H(u) = \int \frac{1}{u}\,\mathrm{d}u = \ln|u| + C$$

und erhalten

$$\tan x = -h\,(g(x)) \cdot g'(x) = -\frac{1}{\cos x}\,(\cos x)'\,.$$

Mit der Substitutionsformel folgt

$$F(x) = \int \tan x\,\mathrm{d}x = -H(u) = -\ln|u| + C = -\ln|\cos x| + C\,.$$

Diese Stammfunktion haben wir in die ► Tabelle 6.1 der elementaren Stammfunktionen aufgenommen.

c Wenn wir ein **bestimmtes Integral durch Substitution** berechnen wollen, gehen wir in zwei Schritten vor:

- Wir ermitteln die Stammfunktion mit der Substitutionsformel.
- Wir setzen die Integralgrenzen in die Stammfunktion ein.

Als Beispiel berechnen wir

$$\int_0^{\pi/2} \cos(x) \cdot e^{\sin(x)}\, \mathrm{d}x$$

und bestimmen zunächst die Stammfunktion von $f(x) = \cos(x) \cdot e^{\sin(x)}$.

Wir setzen

$$g(x) = \sin x\,,$$

dann folgt

$$g'(x) = \cos x \quad \text{und} \quad h(x) = e^x \Rightarrow H(x) = e^x + C\,.$$

Damit können wir $f(x)$ schreiben als

$$f(x) = h(\sin x) \cdot (\sin x)'\,.$$

Also ist die Stammfunktion

$$F(x) = \int \cos(x) \cdot e^{\sin(x)}\, \mathrm{d}x = H(g(x)) = e^{\sin x} + C\,.$$

Nun setzen wir die Grenzen ein:

$$\int_0^{\pi/2} \cos(x) \cdot e^{\sin(x)}\, \mathrm{d}x = \left[e^{\sin x}\right]_0^{\pi/2} = e^{\sin \pi/2} - e^{\sin 0} = e - 1\,.$$

■

Aufgaben zu Kapitel 6

Berechnen Sie folgende Integrale.

1. $\int_0^1 x e^{x^2}\, \mathrm{d}x$

2. $\int (x+2)\ln(x^2+4x)\, \mathrm{d}x$

3. $\int_2^3 \frac{\mathrm{d}x}{x \cdot \ln(x)}$

4. $\int \sin(x)\cos(x) e^{-2\cos^2(x)}\, \mathrm{d}x$

5. $\int_0^{\sqrt[3]{\ln 2}} 4x^2 e^{2x^3}\, \mathrm{d}x$

6. $\int_1^e \frac{\mathrm{d}x}{x \cdot (1+\ln(x))}$

7. $\int x^2 e^x\, \mathrm{d}x$

8. $\int x^2 \cos x\, \mathrm{d}x,$

9. $\int x^3 \cos x\, \mathrm{d}x$

10. $\int x^3 e^x\, \mathrm{d}x$

11. $\int x \ln x\, \mathrm{d}x$

12. $\int \cos(\ln x)\, \mathrm{d}x$

13. $\int x^3 e^{x^2}\, \mathrm{d}x$

14. $\int \frac{x}{\sqrt{1-x^4}}\, \mathrm{d}x$

Zusammenfassung

- Die **Integration** ist die Umkehrung der Differentiation: Zu einer Funktion $f(x)$ wird eine **Stammfunktion** $F(x)$ gesucht, deren 1. Ableitung $f(x)$ ergibt.
- Stammfunktionen zu einer Funktion $f(x)$ unterscheiden sich nur durch eine **Integrationskonstante**.
- Die **Stammfunktionen elementarer Funktionen** sind:

Funktion	$f(x) =$	Stammfunktion $F(x) = \int f(x)\,\mathrm{d}x$
Konstante Funktion	$a \in \mathbb{R}$	$ax + C$
Potenzfunktionen	$x^a, a \neq -1$	$\frac{x^{a+1}}{a+1} + C$ **(Potenzregel)**
	$\sqrt{x}$	$\frac{2}{3} x^{\frac{3}{2}} + C$
	$\frac{1}{x}$	$\ln\lvert x\rvert + C$
Trigonometrische Funktionen	$\sin x$	$-\cos x + C$
	$\cos x$	$\sin x + C$
	$\tan x$	$-\ln\lvert\cos x\rvert + C$
	$\cot x$	$\ln\lvert\sin x\rvert + C$
	$\frac{1}{\cos^2 x}$	$\tan x + C$
	$\frac{1}{\sin^2 x}$	$-\cot x + C$
Exponentialfunktionen	e^x	$e^x + C$
Logarithmusfunktionen	$\ln x$	$x \ln x - x + C$

- Das **bestimmte Integral** von $f(x)$ auf dem abgeschlossenen Intervall $[a, b]$ wird durch einen Grenzwert von Rechtecksummen definiert:

$$\int_a^b f(x)\,\mathrm{d}x = \lim_{n\to\infty} \frac{b-a}{n} \sum_{i=1}^{n} f(u_i)\,.$$

- **Hauptsatz der Differenzial- und Integralrechnung**:
Ein bestimmtes Integral über dem Intervall $[a, b]$ lässt sich durch

$$\int_a^b f(x)\,\mathrm{d}x = F(b) - F(a)$$

berechnen, wobei $F(x)$ eine Stammfunktion von $f(x)$ ist.

- Die **partielle Integrationsformel** lautet:

$$\int_a^b u(x)\cdot v'(x)\,\mathrm{d}x = [u(x)\cdot v(x)]_a^b - \int_a^b u'(x)\cdot v(x)\,\mathrm{d}x\,.$$

- Die **Substitutionsformel** lautet

$$F(x) = \int h\left(g(x)\right)\cdot g'(x)\,\mathrm{d}x = \int h(u)\,\mathrm{d}u = H(u) = H\left(g(x)\right)\,.$$

Lernziele

In diesem Kapitel lernen Sie

- was ein kartesisches Koordinatensystem in der Ebene und im Raum ist,
- was ein rechtshändiges Koordinatensystem ist,
- wie man den Abstand zweier Punkte berechnet,
- dass ein dreidimensionaler Vektor ein geordnetes Tripel reeller Zahlen ist,
- dass ein zweidimensionaler Vektor ein geordnetes Paar reeller Zahlen ist,
- dass man Vektoren als Pfeile darstellen kann,
- wie man die Länge von Vektoren berechnen kann,
- dass sich jeder Vektor als Linearkombination der Basisvektoren darstellen lässt,
- dass man zwei Vektoren skalar miteinander multiplizieren kann,
- wie man den Winkel zwischen zwei Vektoren berechnen kann,
- welche Rechenregeln es für das Skalarprodukt gibt,
- dass man das Skalarprodukt mithilfe der Komponenten der Vektoren berechnen kann,
- dass die Komponentenform des Skalarprodukts aus dem Kosinussatz folgt,
- was die Projektion eines Vektors auf einen anderen ist,
- dass für zwei dreidimensionale Vektoren ein Kreuzprodukt existiert,
- dass das Kreuzprodukt antikommutativ, assoziativ und distributiv ist,
- wie die Komponentenform des Kreuzprodukts berechnet wird,
- welche geometrische Bedeutung das Kreuzprodukt hat,
- in welchen physikalischen Zusammenhängen das Kreuzprodukt auftaucht.

Vektorrechnung

7

ÜBERBLICK

Übersicht

In der Technik und in der Physik hat man es häufig mit Größen zu tun, die eine Richtung besitzen. Beispiele solcher Größen sind Kräfte und Geschwindigkeiten. Diese lassen sich nicht durch nur eine Maßzahl und eine Maßeinheit (wie z. B. die Temperatur oder die Masse eines Körpers) beschreiben, sondern es muss zusätzlich auch noch eine Wirkungsrichtung angegeben werden. In der Mathematik, insbesondere in der Geometrie wird eine Parallelverschiebung eines Objektes in der Ebene oder im Raum oftmals mit einem Pfeil gekennzeichnet. Wird z. B. ein Punkt P nach Q verschoben, so wird die Verschiebung mit $\overrightarrow{PQ}$ bezeichnet. Solche gerichteten Objekte wollen wir **vektorielle Größen** oder **Vektoren** nennen. Und natürlich möchte man mit Vektoren auch rechnen können, also z. B. Vektoren addieren oder mit Zahlen multiplizieren.

In diesem Kapitel bleiben wir in unserem Anschauungsraum, sprich in dem uns umgebenden dreidimensionalen Raum, und führen die Vektorrechnung geometrisch anschaulich ein.

7.1 Vektoren und Pfeile

Wir wollen Vektoren mithilfe von **Koordinatensystemen** darstellen und schauen uns dazu die beiden üblichen Koordinatensysteme für die zweidimensionale Ebene und den dreidimensionalen Raum an.

Kartesische Koordinaten in der Ebene

Ein **kartesisches Koordinatensystem** in der Ebene wird durch zwei senkrecht aufeinanderstehende Geraden, die man **Achsen** nennt, charakterisiert. Mit der Bezeichnung »kartesisch« wird an den französischen Mathematiker Rene Descartes erinnert, der im 17. Jahrhundert erste wichtige Ergebnisse in der Vektorrechnung erzielen konnte. Eine der Geraden heißt **x-Achse**; diese liegt üblicherweise horizontal und zeigt nach rechts (was durch einen Pfeil angedeutet wird). Die **y-Achse** liegt dann vertikal und zeigt nach oben. Wir betrachten die beiden Achsen jeweils als reelle Zahlengeraden, die in gleiche Einheiten unterteilt sind. Den Schnittpunkt der beiden Achsen nennt man **Nullpunkt** oder **Ursprung** des Koordinatensystems. Jedem Punkt P der Ebene kann eindeutig ein Zahlenpaar (P_x, P_y) zugeordnet werden, indem durch den Punkt jeweils Parallelen zu den beiden Achsen gezogen werden. Diese schneiden die x- bzw. y-Achse in den **kartesischen Koordinaten** P_x bzw. P_y des Punktes P, und man schreibt $P = (P_x, P_y)$ (► Abbildung 7.1).

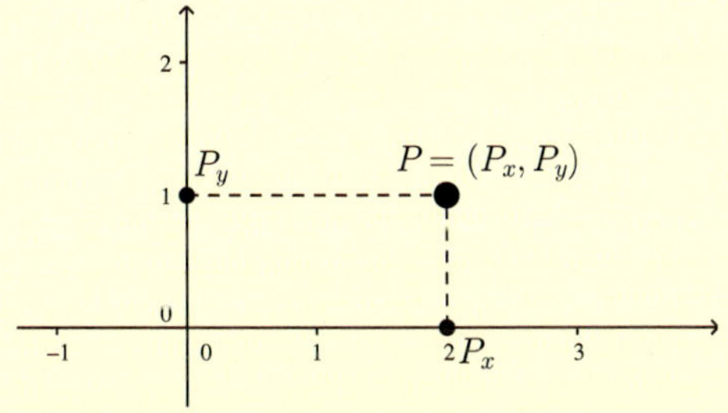

Abbildung 7.1 Punkt in der Ebene

Dabei dürfen wir nicht vergessen, dass der Punkt P ein geometrisches Objekt ist, das – egal welches Koordinatensystem wir gewählt haben – immer die gleiche Position in der Ebene einnimmt, während die Koordinaten des Punktes P in der Grafik

$$P = (P_x, P_y) = (2, 1)$$

von dem gewählten Koordinatensystem abhängen. Das sieht man leicht ein, denn wir könnten ja ein zweites (x', y')-Koordinatensystem so in der Ebene verankern, dass der Punkt P der Ursprung dieses Koordinatensystems wäre. Dann hätte P die Koordinaten

$$P = (P_{x'}, P_{y'}) = (0, 0) \ .$$

Sind $P = (P_x, P_y)$ und $Q = (Q_x, Q_y)$ zwei Punkte in der Ebene, so wird der **Abstand $\overline{PQ}$ zwischen den beiden Punkten** durch

$$\overline{PQ} = \sqrt{(Q_x - P_x)^2 + (Q_y - P_y)^2} \tag{7.1}$$

berechnet (► Abbildung 7.2).

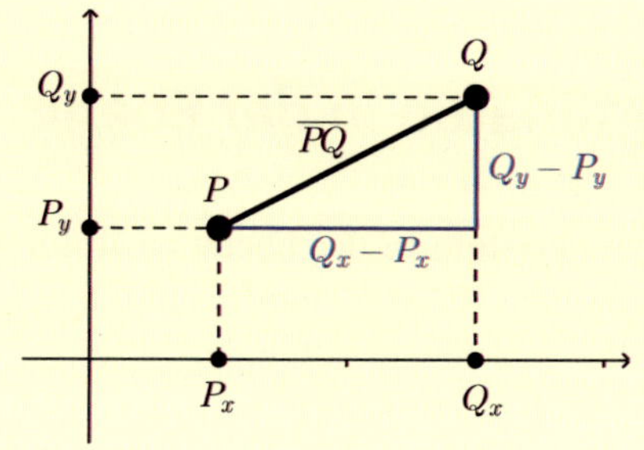

Abbildung 7.2 Abstand zweier Punkte in der Ebene

Natürlich stand bei dieser Formel zur Berechnung des Abstands zweier Punkte der **Satz des Pythagoras** Pate. Da die beiden Punkte P und Q geometrische Objekte sind, ist der Abstand zwischen ihnen ebenfalls ein geometrisches Objekt, d. h. er ist immer derselbe, egal welches Koordinatensystem man auswählt. Die Messmethode für den Abstand zweier Punkte geht auf den griechischen Mathematiker Euklid von Alexandria (3. Jh. vor Christus) zurück, daher nennt man die Ebene ihm zu Ehren auch **euklidische Ebene**.

Learn a little ...do a little

Beispiel 7.1 Umrechnung der Koordinaten eines Punktes

Der Punkt P habe in einem kartesischen (x, y)-Koordinatensystem die Koordinaten $P = (1, 1)$. Welche Koordinaten hat er in einem (x', y')-Koordinatensystem, das gegenüber dem ursprünglichen um 45° gegen den Uhrzeigersinn um den Nullpunkt gedreht ist?

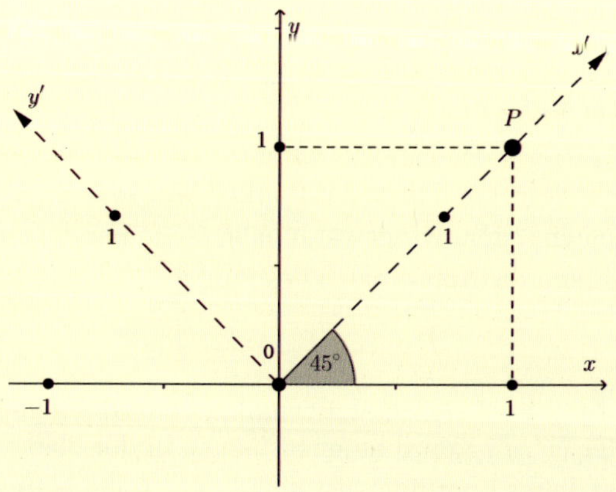

Abbildung 7.3 Koordinaten im gedrehten Koordinatensystem

Lösung In ► Abbildung 7.3 ist das (x', y')-Koordinatensystem gestrichelt eingezeichnet. In diesem Koordinatensystem befindet sich der Punkt P auf der x'-Achse und hat den Abstand $\sqrt{2}$ vom Nullpunkt, d. h. seine Koordinaten im gedrehten Koordinatensystem sind

$$P = (P_{x'}, P_{y'}) = \left(\sqrt{2}, 0\right) .$$

■

Wir wollen ab jetzt zur Bezeichnung eines beliebigen Punktes P auch die kürzere und in vielen Lehrbüchern übliche Notation $P = (x, y)$ benutzen, d. h. wir unterscheiden nicht mehr zwischen den allgemeinen Achsenbezeichnungen x, y und den Koordinaten eines beliebigen Punktes.

Kartesische Koordinaten im Raum

Ein kartesisches Koordinatensystem im Raum wird durch drei senkrecht aufeinanderstehende Geraden, die sich in einem Punkt schneiden, festgelegt. Diese Geraden heißen x-, y- bzw. z-Achse. Die Orientierung der Achsen wählen wir so, dass sie ein sogenanntes **Rechtssystem** bzw. **rechtshändiges Koordinatensystem** bilden. Damit ist gemeint, dass man, wenn man die positive x-Achse auf kürzestem Wege durch Drehung mit der positiven y-Achse zur Deckung bringen möchte, sie gegen den Uhrzeigersinn drehen muss. Genauso geht man bei den beiden anderen Achsen $y \to z$ und $z \to x$ vor. Ob drei Achsen ein Rechtssystem bilden, kann man anhand folgender anschaulicher Hilfestellungen entscheiden.

- **Rechte-Hand-Regel:** Zeigt der abgespreizte Daumen in Richtung der positiven x-Achse und der ausgestreckte Zeigefinger in Richtung der positiven y-Achse, so zeigt der rechtwinklig zu Daumen und Zeigefinger abgespreizte Mittelfinger in Richtung der positiven z-Achse.
- **Schrauben- oder Korkenzieherregel:** Wird die positive x-Achse so gedreht, dass sie dabei auf kürzestem Wege in die positive y-Achse überführt wird, bewegt sich eine im gleichen Sinn gedrehte Schraube mit Rechtsgewinde in Richtung der positiven z-Achse.

Jedem Punkt P des Raumes kann eindeutig ein Zahlentripel (P_x, P_y, P_z) zugeordnet werden, und man schreibt $P = (P_x, P_y, P_z)$. Wir berechnen wieder den Abstand zweier Punkte $P = (P_x, P_y, P_z)$ und $Q = (Q_x, Q_y, Q_z)$ und schauen uns dazu ► Abbildung 7.4 an.

Gesucht ist die Länge der gestrichelten Strecke $\overline{PQ}$. In ► Abbildung 7.4 sind das Lot des Punktes Q auf die x, y-Ebene (gestrichelt) und der Lotfußpunkt R eingezeichnet. Die Strecke $\overline{PR}$ berechnet sich gemäß dem Satz des Pythagoras zu

$$\overline{PR} = \sqrt{(Q_x - P_x)^2 + (Q_y - P_y)^2} .$$

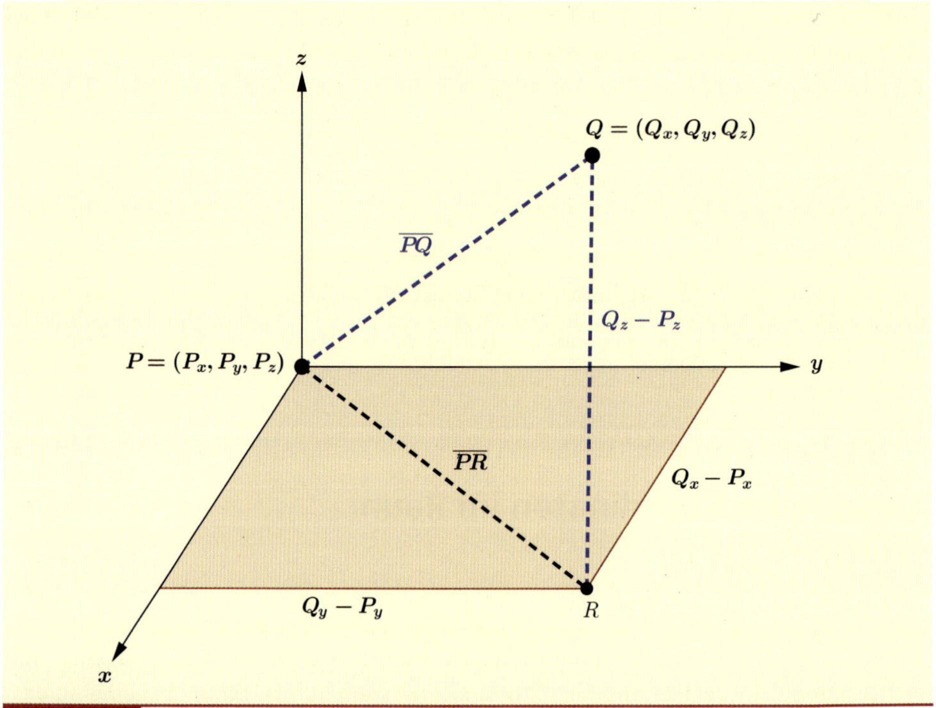

Abbildung 7.4 Abstand zweier Punkte im Raum

Das Dreieck PRQ ist rechtwinklig mit den Katheten $\overline{PR}$ und $Q_z - P_z$. Wir wenden den Satz des Pythagoras nochmals an und erhalten

$$\overline{PQ} = \sqrt{\overline{PR}^2 + (Q_z - P_z)^2} = \sqrt{(Q_x - P_x)^2 + (Q_y - P_y)^2 + (Q_z - P_z)^2}\,.$$

Wenn wir im dreidimensionalen Raum die z-Koordinate eines Punktes $P = (P_x, P_y, P_z)$ Null setzen, d. h. $P_z = 0$, so erhalten wir einen Punkt in der (x, y)-Ebene. Der Raum enthält also die Ebene. Beispielsweise reduziert sich die Abstandsberechnung zweier Punkte im Raum, deren z-Komponenten Null sind, auf die Formel (7.1).

Drei- und zweidimensionale Vektoren

In unserem Zugang zur Vektorrechnung behandeln wir drei- und zweidimensionale Vektoren parallel. Wir definieren die Vektoren und ihre Haupteigenschaften zuerst im dreidimensionalen Raum und »vererben« diese Eigenschaften auf die Ebene, indem wir uns wieder zunutze machen, dass die zweidimensionale Ebene eine Teilmenge des dreidimensionalen Raumes ist. Wir werden sehen, dass sich die allermeisten Eigenschaften von drei- und zweidimensionalen Vektoren nicht unterscheiden, wenn man die Vektoren als eigenständige Objekte ansieht. Bei den grafischen Darstellungen bleiben wir überwiegend in der euklidischen Ebene, da dort die Abbildungen einfacher sind.

Definition

1 Ein **dreidimensionaler Vektor** $\mathbf{v}$ wird durch ein geordnetes Tripel reeller Zahlen definiert, ist also ein Element der Menge $\mathbb{R}^3$. Es ist bei Vektoren üblich, das Zahlentripel senkrecht anzuordnen:

$$\mathbf{v} = \begin{bmatrix} v_x \\ v_y \\ v_z \end{bmatrix} ; \quad v_x, v_y, v_z \in \mathbb{R} .$$

v_x, v_y, v_z heißen die **Komponenten** des Vektors $\mathbf{v}$. Wir kennzeichnen Vektoren durch **fette** kleine Buchstaben, üblich sind aber auch die Schreibweisen

$$\mathbf{v} = \vec{v} = \underline{v}.$$

2 Unter einem **zweidimensionalen Vektor** $\mathbf{v}$ wollen wir diejenigen dreidimensionalen Vektoren verstehen, deren z-Komponenten Null sind, d. h. $v_z = 0$. Wir identifizieren also eine Teilmenge des Raumes mit der (x, y)-Ebene und können damit einen zweidimensionalen Vektor ebenso als ein geordnetes Paar reeller Zahlen auffassen, nämlich als ein Element der Menge $\mathbb{R}^2$. Anstelle von

$$\mathbf{v} = \begin{bmatrix} v_x \\ v_y \\ 0 \end{bmatrix} ; \quad v_x, v_y \in \mathbb{R}$$

schreiben wir für einen zweidimensionalen Vektor häufig einfach

$$\mathbf{v} = \begin{bmatrix} v_x \\ v_y \end{bmatrix} ; \quad v_x, v_y \in \mathbb{R}.$$

3 Der Vektor mit den Komponenten Null heißt **Nullvektor**, also

$$\mathbf{0} = \begin{bmatrix} 0 \\ 0 \\ 0 \end{bmatrix} .$$

Man kann die Vektoren des $\mathbb{R}^3$ anschaulich als **Pfeile** darstellen. Unter einem Pfeil versteht man die gerichtete Verbindungstrecke zweier Punkte P und Q im Raum und schreibt diese als Pfeil:

$$\overrightarrow{PQ} .$$

Den Punkt P bezeichnet man als **Anfangspunkt** und Q als **Spitze** oder **Endpunkt** des Pfeils. Einen Pfeil kann man auch als **Verschiebung** ansehen: Der Anfangspunkt P wird auf den Endpunkt Q verschoben. Damit ist auch klar, dass

$$\overrightarrow{PQ} \neq \overrightarrow{QP} \quad \text{für} \quad P \neq Q \quad \text{und} \quad P = Q \quad \text{für} \quad \overrightarrow{PP} = P$$

gilt. Wir können folgende Aussage ableiten.

Korrespondenz zwischen Vektoren und Pfeilen

Sind in einem kartesischen Koordinatensystem $P = (P_x, P_y, P_z)$ und $Q = (Q_x, Q_y, Q_z)$ zwei Punkte im Raum, so stellt der Pfeil $\overrightarrow{PQ}$ genau dann den Vektor

$$\mathbf{v} = \begin{bmatrix} v_x \\ v_y \\ v_z \end{bmatrix}$$

dar, wenn die Komponenten von $\mathbf{v}$ die Differenzen der Koordinaten von Q und P sind, d. h. wenn gilt

$$\begin{aligned} v_x &= Q_x - P_x \\ v_y &= Q_y - P_y \\ v_z &= Q_z - P_z\,. \end{aligned}$$

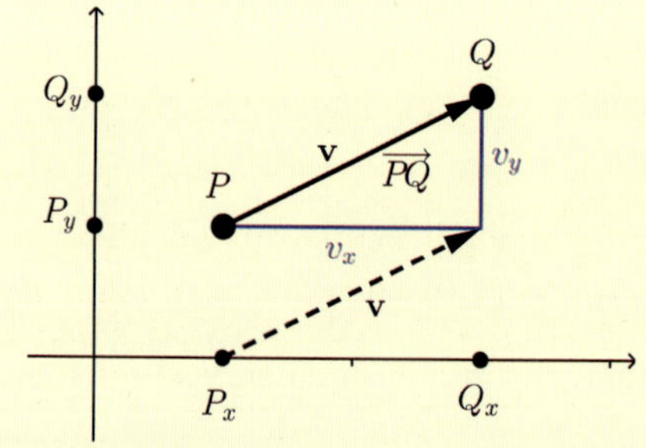

Abbildung 7.5 Korrespondenz zwischen Pfeilen und Vektoren

In ► Abbildung 7.5, in der unterstellt ist, dass die Punkte und Vektoren sich in in der (x, y)-Ebene befinden (die z-Achse zeigt quasi aus dem Papier heraus), sieht man den Zusammenhang: Der Pfeil $\overrightarrow{PQ}$ repräsentiert den Vektor $\mathbf{v}$. Die Grafik zeigt aber auch, dass der Vektor $\mathbf{v}$ ebenfalls durch einen (gestrichelten) Pfeil dargestellt wird. Ganz allgemein gilt:

Merke

Alle Pfeile, die parallel und gleich lang sind und in die gleiche Richtung zeigen, repräsentieren denselben Vektor.

Ein Pfeil $\overrightarrow{OP}$ mit dem Anfangspunkt O heiß **Ortspfeil**. Die Komponenten des durch den Ortspfeil dargestellten Vektors stimmen mit den Koordinaten des Punktes P überein. Zwischen den Ortspfeilen und den Vektoren gibt es somit eine 1:1-Korrespondenz, deswegen nennt man die Ortspfeile auch **Ortsvektoren**.

Rechenregeln für Vektoren

Wir befassen uns nun damit, welche Rechenregeln für Vektoren gelten. Seien dazu

$$\mathbf{u} = \begin{bmatrix} u_x \\ u_y \\ u_z \end{bmatrix} \quad \text{und} \quad \mathbf{v} = \begin{bmatrix} v_x \\ v_y \\ v_z \end{bmatrix}$$

zwei Vektoren und λ eine reelle Zahl, die auch **Skalar** genannt wird. Dann definieren wir:

1. Gleichheit zweier Vektoren: Zwei Vektoren sind gleich, wenn ihre Komponenten übereinstimmen.

$$\mathbf{u} = \mathbf{v} \Leftrightarrow u_x = v_x \quad \text{und zugleich} \quad u_y = v_y \quad \text{und zugleich} \quad u_z = v_z\,,$$

wobei das Symbol »$\Leftrightarrow$« die Bedeutung von »genau dann, wenn« hat.

2. Addition zweier Vektoren: Die Summe zweier Vektoren ist wieder ein Vektor $\mathbf{w}$, dessen Komponenten die Summe der jeweiligen Komponenten der Ausgangsvektoren sind:

$$\mathbf{w} = \mathbf{u} + \mathbf{v} = \begin{bmatrix} u_x + v_x \\ u_y + v_y \\ u_z + v_z \end{bmatrix}.$$

Wir haben in der letzten Gleichung keinen Unterschied zwischen den Symbolen für die Addition gemacht, sondern auf beiden Seiten das Pluszeichen »$+$« verwendet. Die Pluszeichen haben aber unterschiedliche Bedeutung: Auf der linken Seite steht das $+$ für die Addition von Vektoren, auf der rechten für die Addition von reellen Zahlen! Es ist allerdings üblich, diese vereinfachende Schreibweise zu verwenden. Trotzdem sollte man sich immer darüber im Klaren sein, welche Objekte gerade addiert werden.

Man kann die Addition von Vektoren auch als Hintereinanderausführung von Verschiebungen interpretieren. Wird $\mathbf{u}$ durch $\overrightarrow{PQ}$ und $\mathbf{v}$ durch $\overrightarrow{QR}$ repräsentiert, so bedeutet die Summe $\mathbf{u} + \mathbf{v}$ eine Verschiebung des Punktes P nach R. In der grafischen Veranschaulichung sieht das folgendermaßen aus.

Die ► Abbildung 7.6 zeigt, dass die Verschiebung von P nach R auch dadurch erreicht werden kann, dass zunächst die Verschiebung $\mathbf{v}$ und anschließend die Verschiebung $\mathbf{u}$ durchgeführt werden, d. h. die Addition ist **kommutativ**:

$$\mathbf{u} + \mathbf{v} = \mathbf{v} + \mathbf{u}\,,$$

was natürlich auch direkt aus der Definition folgt. Aus der Grafik ist auch ersichtlich, dass von den beiden Vektoren $\mathbf{u}$ und $\mathbf{v}$ ein Parallelogramm aufgespannt wird. Die Summe der beiden Vektoren ist dann eine Diagonale in diesem Parallelogramm, weshalb die Vektoraddition auch **Parallelogrammregel** heißt. Die andere Diagonale wird durch die Differenz der beiden Vektoren (siehe **4.**) $\mathbf{u} - \mathbf{v}$ gebildet.

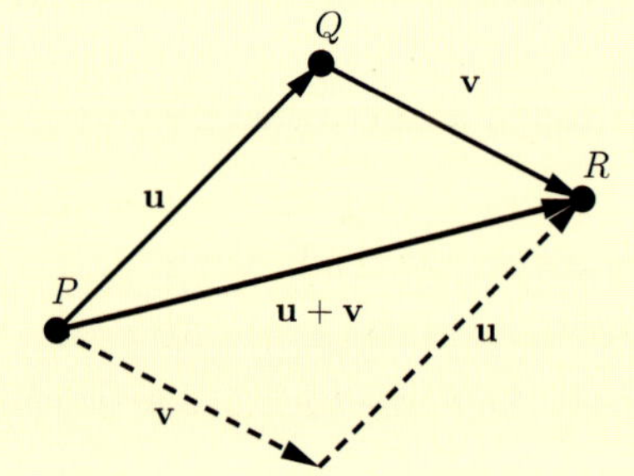

Abbildung 7.6 Addition von Vektoren

3. Multiplikation eines Vektors mit einem Skalar: Das Produkt eines Vektors mit einem Skalar ist wieder ein Vektor $\mathbf{w}$, dessen Komponenten das Produkt der jeweiligen Komponenten der Ausgangsvektoren mit dem Skalar sind:

$$\mathbf{w} = \lambda \cdot \mathbf{u} = \begin{bmatrix} \lambda \cdot u_x \\ \lambda \cdot u_y \\ \lambda \cdot u_z \end{bmatrix} .$$

Auch hier ist Vorsicht geboten, da die Multiplikationszeichen » · « auf der rechten und linken Seite der Gleichung unterschiedliche Bedeutung haben! Wir lassen zukünftig die Multiplikationszeichen weg und schreiben kurz

$$\mathbf{w} = \lambda\mathbf{u} = \begin{bmatrix} \lambda u_x \\ \lambda u_y \\ \lambda u_z \end{bmatrix} .$$

Die Multiplikation eines Vektors mit einer Zahl λ bedeutet eine Streckung ($\lambda > 1$), eine Stauchung ($0 \leq \lambda < 1$) oder eine Umkehr ($\lambda < 0$) der Verschiebung (► Abbildung 7.7).

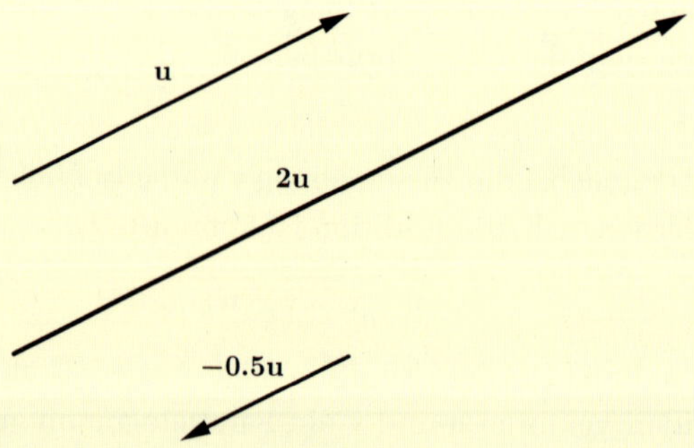

Abbildung 7.7 Multiplikation mit einem Skalar

4. Differenz zweier Vektoren: Definiert man den zu **u** **negativen Vektor** durch

$$-\mathbf{u} = (-1)\,\mathbf{u} = \begin{bmatrix} -u_x \\ -u_y \\ -u_z \end{bmatrix},$$

so ergibt sich die Differenz zweier Vektoren als

$$\mathbf{u} - \mathbf{v} = \mathbf{u} + (-\mathbf{v}) = \begin{bmatrix} u_x - v_x \\ u_y - v_y \\ u_z - v_z \end{bmatrix}.$$

Die Differenz ist eine Hintereinanderausführung zweier Vektoren, wobei bei der zweiten Verschiebung der umgekehrte Vektor genommen werden muss (► Abbildung 7.8).

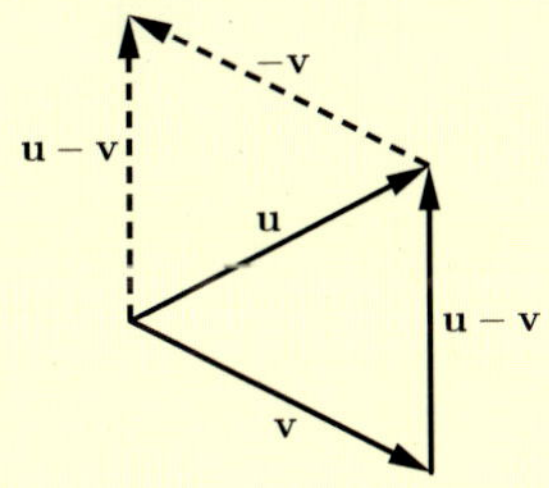

Abbildung 7.8 Subtraktion von Vektoren

In ► Abbildung 7.8 ist die Verschiebung $\mathbf{u} - \mathbf{v}$ zweimal eingezeichnet. Die gestrichelte Version macht die Konstruktion deutlich: nach der Verschiebung **u** wird die Verschiebung $-\mathbf{v}$ ausgeführt und man erhält den gestrichelten Vektor $\mathbf{u} - \mathbf{v}$. Üblich ist auch die zweite Darstellung (durchgezogene Line), die bei Dreiecksberechnungen verwendet wird. Betrachtet man noch einmal die Grafik zur Addition zweier Vektoren, so stellt man fest, dass die Differenz $\mathbf{u} - \mathbf{v}$ (durchgezogene Line) die zweite Diagonale in dem von **u** und **v** gebildeten Parallelogramm ist

Learn a little ...do a little

Beispiel 7.2 Rechenregeln für dreidimensionale Vektoren

Berechnen Sie für die Vektoren

$$\mathbf{u} = \begin{bmatrix} 2 \\ 3 \\ 4 \end{bmatrix}, \quad \mathbf{v} = \begin{bmatrix} -1 \\ 5 \\ 2 \end{bmatrix} \quad \text{und} \quad \mathbf{w} = \begin{bmatrix} 1 \\ -2 \\ 4 \end{bmatrix}$$

a $\mathbf{u} + \mathbf{v}$:

$$\mathbf{u} + \mathbf{v} = \begin{bmatrix} 2 \\ 3 \\ 4 \end{bmatrix} + \begin{bmatrix} -1 \\ 5 \\ 2 \end{bmatrix} = \begin{bmatrix} 1 \\ 8 \\ 6 \end{bmatrix}.$$

b $\mathbf{u} - \mathbf{v}$:

$$\mathbf{u} - \mathbf{v} = \begin{bmatrix} 2 \\ 3 \\ 4 \end{bmatrix} - \begin{bmatrix} -1 \\ 5 \\ 2 \end{bmatrix} = \begin{bmatrix} 3 \\ -2 \\ 2 \end{bmatrix}.$$

c $-2\mathbf{u} + 3\mathbf{v}$:

$$-2\mathbf{u} + 3\mathbf{v} = -2\begin{bmatrix} 2 \\ 3 \\ 4 \end{bmatrix} + 3\begin{bmatrix} -1 \\ 5 \\ 2 \end{bmatrix} = \begin{bmatrix} -4 \\ -6 \\ -8 \end{bmatrix} + \begin{bmatrix} -3 \\ 15 \\ 6 \end{bmatrix} = \begin{bmatrix} -7 \\ 9 \\ -2 \end{bmatrix}.$$

d $(\mathbf{u} + \mathbf{v}) + \mathbf{w}$:

$$(\mathbf{u} + \mathbf{v}) + \mathbf{w} = \left(\begin{bmatrix} 2 \\ 3 \\ 4 \end{bmatrix} + \begin{bmatrix} -1 \\ 5 \\ 2 \end{bmatrix}\right) + \begin{bmatrix} 1 \\ -2 \\ 4 \end{bmatrix} = \begin{bmatrix} 1 \\ 8 \\ 6 \end{bmatrix} + \begin{bmatrix} 1 \\ -2 \\ 4 \end{bmatrix} = \begin{bmatrix} 2 \\ 6 \\ 10 \end{bmatrix}.$$

e $\mathbf{u} + (\mathbf{v} + \mathbf{w})$:

$$\mathbf{u} + (\mathbf{v} + \mathbf{w}) = \begin{bmatrix} 2 \\ 3 \\ 4 \end{bmatrix} + \left(\begin{bmatrix} -1 \\ 5 \\ 2 \end{bmatrix} + \begin{bmatrix} 1 \\ -2 \\ 4 \end{bmatrix}\right) = \begin{bmatrix} 2 \\ 3 \\ 4 \end{bmatrix} + \begin{bmatrix} 0 \\ 3 \\ 6 \end{bmatrix} = \begin{bmatrix} 2 \\ 6 \\ 10 \end{bmatrix}.$$ ■

Die beiden letzten Teile des Beispiel zeigen schon, dass für die Addition von Vektoren offensichtlich das Assoziativgesetz gilt. Wir fassen die direkt aus den Definitionen abzuleitenden Rechengesetze für die Addition und die Multiplikation mit Skalaren zusammen.

Rechengesetze für Vektoren

Für $\mathbf{u}, \mathbf{v}, \mathbf{w} \in \mathbb{R}^3$ und $\lambda, \mu \in \mathbb{R}$ gilt:

1. Assoziativgesetz für die Addition:

$$(\mathbf{u} + \mathbf{v}) + \mathbf{w} = \mathbf{u} + (\mathbf{v} + \mathbf{w}) .$$

2. Kommutativgesetz für die Addition:

$$\mathbf{u} + \mathbf{v} = \mathbf{v} + \mathbf{u} .$$

3. Der Nullvektor ist das neutrale Element der Addition:

$$\mathbf{u} + \mathbf{0} = \mathbf{u} .$$

4. Für einen Vektor u ist der Vektor $-\mathrm{u}$ das inverse Element der Addition:

$$\mathbf{u} + (-\mathbf{u}) = \mathbf{0}\,.$$

5. Assoziativgesetz der Multiplikation mit Skalaren:

$$(\lambda\mu)\,\mathbf{u} = \lambda\,(\mu\mathbf{u})\ .$$

6. Distributivgesetz I:

$$\lambda\,(\mathbf{u} + \mathbf{v}) = \lambda\mathbf{u} + \lambda\mathbf{v}\,.$$

7. Distributivgesetz II:

$$(\lambda + \mu)\,\mathbf{u} = \lambda\mathbf{u} + \mu\mathbf{u}\,.$$

8. Die 1 ist das neutrale Element der Multiplikation mit Skalaren:

$$1\mathbf{u} = \mathbf{u}\,.$$

Einheitsvektoren und Linearkombinationen

Wie ist die Länge eines Vektors definiert?

Definition

Die **Länge** oder der **Betrag** eines Vektors

$$\mathbf{v} = \begin{bmatrix} v_x \\ v_y \\ v_z \end{bmatrix} \quad \text{wird durch} \quad |\mathbf{v}| = \sqrt{v_x^2 + v_y^2 + v_z^2}$$

definiert und ist damit die Länge der Pfeile, die den Vektor $\mathbf{v}$ repräsentieren. Statt $|\mathbf{v}|$ wird in Technik und Physik häufig nur der einfache Buchstabe verwendet, also

$$v = |\mathbf{v}| = \sqrt{v_x^2 + v_y^2 + v_z^2}\,.$$

Learn a little ...do a little

Beispiel 7.3 **Länge eines Vektors**

Sei

$$\mathbf{v} = \begin{bmatrix} 3 \\ 4 \\ 5 \end{bmatrix},$$

dann gilt

$$|\mathbf{v}| = \sqrt{3^2 + 4^2 + 5^2} = \sqrt{50} = 5\,\sqrt{2}\,.$$

Rechengesetze für Beträge von Vektoren

Seien

$$\mathbf{u} = \begin{bmatrix} u_x \\ u_y \\ u_z \end{bmatrix} \quad \text{und} \quad \mathbf{v} = \begin{bmatrix} v_x \\ v_y \\ v_z \end{bmatrix}$$

zwei Vektoren und λ eine reelle Zahl, dann gilt:

1. $|\lambda \mathbf{v}| = |\lambda| \, |\mathbf{v}|$.
2. $|\mathbf{v}| = 0 \Leftrightarrow \mathbf{v} = \mathbf{0}$.
3. **Dreiecksungleichung:**

$$|\mathbf{u} + \mathbf{v}| \leq |\mathbf{u}| + |\mathbf{v}| \,. \tag{7.2}$$

Aus ► Abbildung 7.6 ist ersichtlich, warum diese Ungleichung **Dreiecksungleichung** heißt: In einem Dreieck ist die Länge einer Seite höchstens gleich der Summe der Längen der beiden anderen.

Einheitsvektoren und Linearkombinationen

Eine besonders wichtige Klasse von Vektoren sind die Vektoren mit der Länge 1.

1. Ein Vektor der Länge 1 heißt **Einheitsvektor**.
2. Spezielle Einheitsvektoren sind die **Koordinateneinheitsvektoren**, die auch **kartesische Basisvektoren** genannt werden:

$$\mathbf{e}_x = \begin{bmatrix} 1 \\ 0 \\ 0 \end{bmatrix}, \quad \mathbf{e}_y = \begin{bmatrix} 0 \\ 1 \\ 0 \end{bmatrix}, \quad \mathbf{e}_z = \begin{bmatrix} 0 \\ 0 \\ 1 \end{bmatrix}.$$

Diese Vektoren haben die Richtung der Koordinatenachsen und die Länge 1. Die kartesischen Basisvektoren hängen also vom gewählten Koordinatensystem ab!

3. In der Ebene reduzieren sich die kartesischen Basisvektoren auf

$$\mathbf{e}_x = \begin{bmatrix} 1 \\ 0 \end{bmatrix}, \quad \mathbf{e}_y = \begin{bmatrix} 0 \\ 1 \end{bmatrix}.$$

4. Jeder Vektor

$$\mathbf{v} = \begin{bmatrix} v_x \\ v_y \\ v_z \end{bmatrix}$$

lässt sich als **Linearkombination der Koordinateneinheitsvektoren** darstellen, d. h.

$$\mathbf{v} = \begin{bmatrix} v_x \\ v_y \\ v_z \end{bmatrix} = v_x \begin{bmatrix} 1 \\ 0 \\ 0 \end{bmatrix} + v_y \begin{bmatrix} 0 \\ 1 \\ 0 \end{bmatrix} + v_z \begin{bmatrix} 0 \\ 0 \\ 1 \end{bmatrix} = v_x \mathbf{e}_x + v_y \mathbf{e}_y + v_z \mathbf{e}_z \,. \qquad (7.3)$$

Allgemein bezeichnet eine **Linearkombination** von Vektoren $\mathbf{v}_1, \mathbf{v}_2, \mathbf{v}_3$ einen Ausdruck der Form

$$\lambda_1 \mathbf{v}_1 + \lambda_2 \mathbf{v}_2 + \lambda_3 \mathbf{v}_3 \,,$$

wobei $\lambda_1, \lambda_2, \lambda_3$ beliebige reelle Zahlen sind.

5. Ist $\mathbf{v} = \begin{bmatrix} v_x \\ v_y \\ v_z \end{bmatrix}$ ein beliebiger Vektor, so ist

$$\mathbf{e_v} = \frac{1}{|\mathbf{v}|}\mathbf{v} = \frac{1}{\sqrt{v_x^2 + v_y^2 + v_z^2}} \begin{bmatrix} v_x \\ v_y \\ v_z \end{bmatrix} \qquad (7.4)$$

der **Einheitsvektor in Richtung** $\mathbf{v}$. Ist $\mathbf{e_v}$ überhaupt ein Einheitsvektor? Die Antwort lautet: Ja. Es gilt nämlich

$$|\mathbf{e_v}| = \left| \frac{1}{|\mathbf{v}|}\mathbf{v} \right| = \frac{1}{|\mathbf{v}|}|\mathbf{v}| = 1 \,.$$

Learn a little

...do a little

Beispiel 7.4 Linearkombination, Einheitsvektor

a Berechnen Sie den Einheitsvektor in Richtung $\mathbf{v} = \begin{bmatrix} 2 \\ 3 \\ 4 \end{bmatrix}$.

Es gilt

$$|\mathbf{v}| = \sqrt{2^2 + 3^2 + 4^2} = \sqrt{29}$$

und damit

$$\mathbf{e_v} = \frac{1}{\sqrt{29}} \begin{bmatrix} 2 \\ 3 \\ 4 \end{bmatrix}.$$

b Lässt sich der Vektor $\mathbf{u} = \begin{bmatrix} 2 \\ 3 \\ 4 \end{bmatrix}$ als Linearkombination der drei Vektoren

$$\mathbf{v}_1 = \begin{bmatrix} 1 \\ 1 \\ 0 \end{bmatrix}, \mathbf{v}_2 = \begin{bmatrix} 0 \\ 2 \\ 1 \end{bmatrix}, \mathbf{v}_3 = \begin{bmatrix} 1 \\ 0 \\ 2 \end{bmatrix}$$

darstellen?

Die Frage ist also, ob es drei reelle Zahlen λ_1, λ_2 und λ_3 gibt, so dass

$$\mathbf{u} = \lambda_1 \mathbf{v}_1 + \lambda_2 \mathbf{v}_2 + \lambda_3 \mathbf{v}_3$$

gilt. Wir setzen die Zahlen ein und erhalten

$$\begin{bmatrix} 2 \\ 3 \\ 4 \end{bmatrix} = \lambda_1 \begin{bmatrix} 1 \\ 1 \\ 0 \end{bmatrix} + \lambda_2 \begin{bmatrix} 0 \\ 2 \\ 1 \end{bmatrix} + \lambda_3 \begin{bmatrix} 1 \\ 0 \\ 2 \end{bmatrix}.$$

Damit diese Vektorgleichung erfüllt ist, müssen die Komponenten des Vektors auf der linken Seite mit denen auf der rechten Seite übereinstimmen.Wir erhalten also folgendes lineares Gleichungssystem für die gesuchten Variablen λ_1, λ_2, λ_3:

$$\left[\begin{array}{ccc|c} 1 & 0 & 1 & 2 \\ 1 & 2 & 0 & 3 \\ 0 & 1 & 2 & 4 \end{array}\right].$$

Dieses berechnen wir mit dem Gauß-Verfahren

$$\left[\begin{array}{ccc|c} 1 & 0 & 1 & 2 \\ 1 & 2 & 0 & 3 \\ 0 & 1 & 2 & 4 \end{array}\right] \overset{Z_2 - Z_1}{\longrightarrow} \left[\begin{array}{ccc|c} 1 & 0 & 1 & 2 \\ 0 & 2 & -1 & 1 \\ 0 & 1 & 2 & 4 \end{array}\right] \overset{Z_2 - 2Z_3}{\longrightarrow} \left[\begin{array}{ccc|c} 1 & 0 & 1 & 2 \\ 0 & 0 & -5 & -7 \\ 0 & 1 & 2 & 4 \end{array}\right].$$

Aus der zweiten Gleichung folgt

$$\lambda_3 = \frac{7}{5}.$$

Setzen wir das in die dritte Gleichung ein, so erhalten wir

$$\lambda_2 + 2\,\frac{7}{5} = 4 \Rightarrow \lambda_2 = \frac{20}{5} - \frac{14}{5} = \frac{6}{5}.$$

Für die erste Gleichung ergibt sich

$$\lambda_1 + \frac{7}{5} = 2 \Rightarrow \lambda_1 = \frac{10}{5} - \frac{7}{5} = \frac{3}{5}.$$

Also folgt insgesamt

$$\mathbf{u} = \frac{3}{5}\mathbf{v}_1 + \frac{6}{5}\mathbf{v}_2 + \frac{7}{5}\mathbf{v}_3.$$

■

7.2 Skalarprodukt von Vektoren

Vektoren kann man auch miteinander multiplizieren. Wir stellen hier das **Skalarprodukt** von Vektoren vor und betrachten dazu folgende Situation:

Learn a little

...do a little

Beispiel 7.5 Arbeit

Ein Teilchen bewege sich unter dem Einfluss eines Kraftvektors **F** entlang eines vorgegebenen Weges **s**. Ist die Kraft konstant und wirkt sie in Richtung des Weges, so ist die Arbeit W, die die Kraft an dem Teilchen verrichtet, gleich dem Produkt des Betrags des Kraftvektors mit der Länge des Weges:

$$W = F \cdot s \,.$$

Wie berechnet man die Arbeit, wenn die Kraft nicht in Richtung des Weges wirkt? Dazu schauen wir uns ► Abbildung 7.9 an.

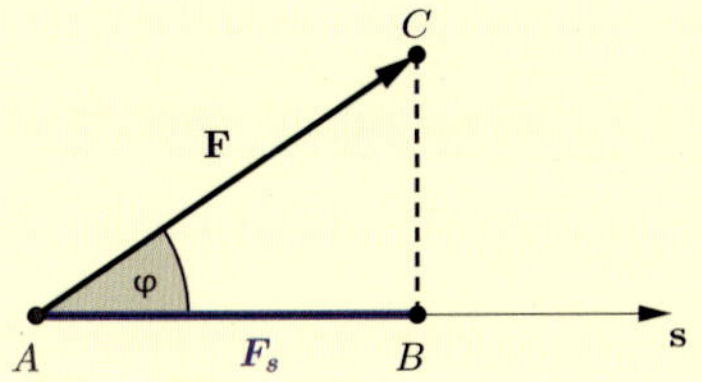

Abbildung 7.9 Arbeit, wenn Kraft und Weg nicht dieselbe Richtung haben

Gesucht ist der Anteil von **F** der in Richtung von **s** wirkt, also die Länge der Strecke $F_s = \overline{AB}$. Da das Dreieck ABC rechtwinklig ist, ergibt sich F_s durch

$$F_s = F \cos \varphi \,,$$

und die verrichtete Arbeit ist

$$W = F_s \cdot s = F \cdot s \cdot \cos \varphi \,.$$

Diese Aufgabenstellung aus der Physik stand Pate bei der folgenden Definition.

Definition

Das **Skalarprodukt** zweier Vektoren **u** und **v** wird definiert durch

$$\mathbf{u} \cdot \mathbf{v} = |\mathbf{u}| \cdot |\mathbf{v}| \cdot \cos \varphi \,, \tag{7.5}$$

dabei ist φ der Winkel zwischen den Vektoren **u** und **v**. Darunter versteht man wie in ► Abbildung 7.9 den jeweils kleineren Winkel zwischen den Pfeilen mit gleichen Anfangspunkten, die die beiden Vektoren repräsentieren.

Den Winkel schreibt man auch als

$$\varphi = \angle(\mathbf{u}, \mathbf{v}) \,.$$

Er wird im Bogenmaß gemessen und nimmt Werte zwischen 0 und π an. Auf der rechten Seite von (7.5) stehen reelle Zahlen, also Skalare. Das ist der Grund dafür, dass das Produkt **Skalarprodukt** genannt wird.

Eigenschaften des Skalarprodukts

Aus der Definition des Skalarprodukts folgt unmittelbar:

1. Ist $\mathbf{u} = \mathbf{v} = \mathbf{0}$, so legt man fest: $\mathbf{u} \cdot \mathbf{v} = 0$.

2. Ist einer der beiden Vektoren der Nullvektor, z. B. $\mathbf{u} = \mathbf{0}$, so gilt für beliebiges $\mathbf{v}$

$$\mathbf{u} \cdot \mathbf{v} = |\mathbf{u}| \cdot |\mathbf{v}| \cdot \cos\varphi = 0 \cdot |\mathbf{v}| \cdot \cos\varphi = 0\,.$$

3. Sind beide Vektoren ungleich $\mathbf{0}$ und ist

a $\varphi \in \left(0, \frac{\pi}{2}\right)$, so gilt

$$\mathbf{u} \cdot \mathbf{v} = |\mathbf{u}| \cdot |\mathbf{v}| \cdot \cos\varphi > 0\,,$$

da alle Werte auf der rechten Seite größer als Null sind.

b $\varphi = 0$, so gilt

$$\mathbf{u} \cdot \mathbf{v} = |\mathbf{u}| \cdot |\mathbf{v}| \cdot \underbrace{\cos 0}_{=1} = |\mathbf{u}| \cdot |\mathbf{v}| > 0\,.$$

Das Skalarprodukt von $\mathbf{u}$ und $\mathbf{v}$ ist also maximal (da $\cos\varphi$ höchstens 1 werden kann), wenn die beiden Vektoren den Winkel 0 einschließen, d. h. wenn die zugehörigen Pfeile parallel zueinander sind. Gilt speziell $\mathbf{u} = \mathbf{v}$, so ergibt sich

$$\mathbf{u} \cdot \mathbf{u} = |\mathbf{u}| \cdot |\mathbf{u}| = |\mathbf{u}|^2\,, \tag{7.6}$$

woraus

$$|\mathbf{u}| = \sqrt{\mathbf{u} \cdot \mathbf{u}}$$

folgt.

Die Länge eines Vektors kann man auch berechnen, indem man das Skalarprodukt des Vektors mit sich selbst bestimmt und daraus die Wurzel zieht.

c $\varphi = \frac{\pi}{2}$, so gilt

$$\mathbf{u} \cdot \mathbf{v} = |\mathbf{u}| \cdot |\mathbf{v}| \cdot \underbrace{\cos\frac{\pi}{2}}_{=0} = 0\,.$$

Bilden die Vektoren einen Winkel von $\frac{\pi}{2} = 90°$, so stehen sie senkrecht aufeinander, was man auch **orthogonal** nennt und abkürzend als $\mathbf{u} \perp \mathbf{v}$ schreibt.

Zwei Vektoren ungleich Null stehen genau dann senkrecht aufeinander, wenn ihr Skalarprodukt Null ist!

In Formelsprache:

$$\mathbf{u} \perp \mathbf{v} \Leftrightarrow \mathbf{u} \cdot \mathbf{v} = 0\,.$$

d $\varphi \in \left(\frac{\pi}{2}, \pi\right)$, so gilt

$$\mathbf{u} \cdot \mathbf{v} = |\mathbf{u}| \cdot |\mathbf{v}| \cdot \cos\varphi < 0\,,$$

da $\cos\varphi < 0$ ist.

e $\varphi = \pi$, so gilt

$$\mathbf{u} \cdot \mathbf{v} = |\mathbf{u}| \cdot |\mathbf{v}| \cdot \underbrace{\cos\pi}_{=-1} = -\,|\mathbf{u}| \cdot |\mathbf{v}|\,.$$

Zeigen die Pfeile der Vektoren in entgegengesetzte Richtungen, so ist das Skalarprodukt minimal.

Learn a little

...do a little

Beispiel 7.6 **Skalarprodukt**

Wir berechnen das Skalarprodukt der beiden zweidimensionalen Vektoren

$$\mathbf{u} = \begin{bmatrix} 3 \\ 0 \end{bmatrix} \quad \text{und} \quad \mathbf{v} = \begin{bmatrix} 2 \\ 2 \end{bmatrix}.$$

Zunächst leiten wir den Winkel zwischen den beiden Vektoren her. Der Endpunkt des Ortsvektors zu **u** liegt auf der positiven x-Achse, der zu **v** gehörige auf der 1. Winkelhalbierenden $y = x$, d. h. der von beiden Vektoren eingeschlossene Winkel ist

$$\varphi = 45° = \frac{\pi}{4}\,.$$

Die Beträge der Vektoren ergeben sich zu

$$|\mathbf{u}| = \sqrt{3^2 + 0^2} = \sqrt{9} = 3$$
$$|\mathbf{v}| = \sqrt{2^2 + 2^2} = \sqrt{8} = 2\sqrt{2}\,.$$

Insgesamt folgt

$$\mathbf{u} \cdot \mathbf{v} = |\mathbf{u}| \cdot |\mathbf{v}| \cdot \cos\varphi = 3 \cdot 2\sqrt{2}\cos\frac{\pi}{4} = \frac{6\sqrt{2}}{\sqrt{2}} = 6\,.$$ ■

Darstellung des Skalarprodukts am Dreieck

Wir können das Skalarprodukt berechnen, ohne den Winkel φ zwischen den beiden Vektoren zu bestimmen. Dazu schauen wir uns ► Abbildung 7.10 an.

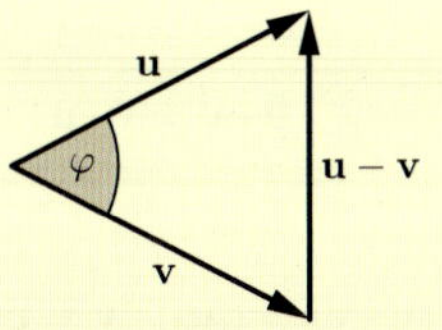

Abbildung 7.10 Skalarprodukt am Dreieck

Die drei Vektoren $\mathbf{u}, \mathbf{v}$ und $\mathbf{u} - \mathbf{v}$ bilden ein Dreieck und nach dem **Kosinussatz** der elementaren Geometrie gilt für die Seitenlängen

$$|\mathbf{u} - \mathbf{v}|^2 = |\mathbf{u}|^2 + |\mathbf{v}|^2 - 2\,|\mathbf{u}|\,|\mathbf{v}| \cos\varphi \,.$$

Nun gilt

$$\mathbf{u} \cdot \mathbf{v} = |\mathbf{u}|\,|\mathbf{v}| \cos\varphi$$

und wir erhalten

$$|\mathbf{u} - \mathbf{v}|^2 = |\mathbf{u}|^2 + |\mathbf{v}|^2 - 2\mathbf{u} \cdot \mathbf{v} \,.$$

Auflösen nach $\mathbf{u} \cdot \mathbf{v}$ ergibt

$$\mathbf{u} \cdot \mathbf{v} = \frac{1}{2}\left(|\mathbf{u}|^2 + |\mathbf{v}|^2 - |\mathbf{u} - \mathbf{v}|^2\right) \,. \tag{7.7}$$

Learn a little

...do a little

Beispiel 7.7 **Skalarprodukt am Dreieck**

Wir berechnen das Skalarprodukt der Vektoren

$$\mathbf{u} = \begin{bmatrix} 3 \\ 0 \\ 1 \end{bmatrix} \quad \text{und} \quad \mathbf{v} = \begin{bmatrix} 2 \\ 2 \\ 2 \end{bmatrix}$$

mit der Formel (7.7). Es gilt

$$\begin{aligned} |\mathbf{u}|^2 &= 3^2 + 0^2 + 1^2 = 10 \\ |\mathbf{v}|^2 &= 2^2 + 2^2 + 2^2 = 12 \\ |\mathbf{u} - \mathbf{v}|^2 &= (3-2)^2 + (0-2)^2 + (1-2)^2 = 6 \end{aligned}$$

und damit

$$\mathbf{u} \cdot \mathbf{v} = \frac{1}{2}\left(|\mathbf{u}|^2 + |\mathbf{v}|^2 - |\mathbf{u} - \mathbf{v}|^2\right) = \frac{1}{2}(10 + 12 - 6) = 8 \,.$$

■

Rechenregeln für das Skalarprodukt

Für alle Vektoren $\mathbf{u}, \mathbf{v}, \mathbf{w}$ und alle reellen Zahlen λ gilt:

1. Kommutativgesetz:

$$\mathbf{u} \cdot \mathbf{v} = \mathbf{v} \cdot \mathbf{u} \,.$$

2. Assoziativgesetz:

$$\lambda(\mathbf{u} \cdot \mathbf{v}) = (\lambda\mathbf{u}) \cdot \mathbf{v} = \mathbf{u} \cdot (\lambda\mathbf{v}) \,.$$

3. Distributivgesetz:

$$\mathbf{u} \cdot (\mathbf{v} + \mathbf{w}) = \mathbf{u} \cdot \mathbf{v} + \mathbf{u} \cdot \mathbf{w} \,.$$

Beispiel 7.8 **Skalarprodukte der Basisvektoren**

Wir berechnen die Skalarprodukte der kartesischen Basisvektoren $\mathbf{e}_x, \mathbf{e}_y, \mathbf{e}_z$:

$$\mathbf{e}_x \cdot \mathbf{e}_x = |\mathbf{e}_x| \cdot |\mathbf{e}_x| \cos 0 = 1 \cdot 1 \cdot 1 = 1\,.$$

$$\mathbf{e}_y \cdot \mathbf{e}_y = |\mathbf{e}_y| \cdot |\mathbf{e}_y| \cos 0 = 1 \cdot 1 \cdot 1 = 1\,.$$

$$\mathbf{e}_z \cdot \mathbf{e}_z = |\mathbf{e}_z| \cdot |\mathbf{e}_z| \cos 0 = 1 \cdot 1 \cdot 1 = 1\,.$$

$$\mathbf{e}_x \cdot \mathbf{e}_y = |\mathbf{e}_x| \cdot |\mathbf{e}_y| \cos \frac{\pi}{2} = 1 \cdot 1 \cdot 0 = 0 = \mathbf{e}_y \cdot \mathbf{e}_x\,.$$

$$\mathbf{e}_x \cdot \mathbf{e}_z = |\mathbf{e}_x| \cdot |\mathbf{e}_z| \cos \frac{\pi}{2} = 1 \cdot 1 \cdot 0 = 0 = \mathbf{e}_z \cdot \mathbf{e}_x\,.$$

$$\mathbf{e}_y \cdot \mathbf{e}_z = |\mathbf{e}_y| \cdot |\mathbf{e}_z| \cos \frac{\pi}{2} = 1 \cdot 1 \cdot 0 = 0 = \mathbf{e}_z \cdot \mathbf{e}_y\,.$$

Das Ergebnis ist nicht weiter verwunderlich, die Basisvektoren haben die Länge eins und stehen paarweise senkrecht aufeinander. ■

Komponentenform des Skalarprodukts

Wir zeigen nun, dass es eine einfache und elegante Möglichkeit gibt, das Skalarprodukt zweier Vektoren nur mithilfe ihrer Komponenten zu berechnen. Sind

$$\mathbf{u} = \begin{bmatrix} u_x \\ u_y \\ u_z \end{bmatrix}, \quad \mathbf{v} = \begin{bmatrix} v_x \\ v_y \\ v_z \end{bmatrix}$$

zwei Vektoren, dann drücken wir gemäß Formel (7.3) die beiden Vektoren als Linearkombination der Basisvektoren aus:

$$\mathbf{u} = u_x\mathbf{e}_x + u_y\mathbf{e}_y + u_z\mathbf{e}_z$$
$$\mathbf{v} = v_x\mathbf{e}_x + v_y\mathbf{e}_y + v_z\mathbf{e}_z$$

und berechnen mit den Rechenregeln für das Skalarprodukt

$$\begin{aligned}
\mathbf{u} \cdot \mathbf{v} &= (u_x\mathbf{e}_x + u_y\mathbf{e}_y + u_z\mathbf{e}_z) \cdot (v_x\mathbf{e}_x + v_y\mathbf{e}_y + v_z\mathbf{e}_z) \\
&= u_x v_x \underbrace{\mathbf{e}_x \cdot \mathbf{e}_x}_{=1} + u_x v_y \underbrace{\mathbf{e}_x \cdot \mathbf{e}_y}_{=0} + u_x v_z \underbrace{\mathbf{e}_x \cdot \mathbf{e}_z}_{=0} \\
&\quad + u_y v_x \underbrace{\mathbf{e}_y \cdot \mathbf{e}_x}_{=0} + u_y v_y \underbrace{\mathbf{e}_y \cdot \mathbf{e}_y}_{=1} + u_y v_z \underbrace{\mathbf{e}_x \cdot \mathbf{e}_z}_{=0} \\
&\quad + u_z v_x \underbrace{\mathbf{e}_z \cdot \mathbf{e}_x}_{=0} + u_z v_y \underbrace{\mathbf{e}_z \cdot \mathbf{e}_y}_{=0} + u_z v_z \underbrace{\mathbf{e}_z \cdot \mathbf{e}_z}_{=1} \\
&= u_x v_x + u_y v_y + u_z v_z\,.
\end{aligned}$$

Learn a little

...do a little

Beispiel 7.9 **Komponentenform aus Kosinussatz**

Wir leiten die Komponentenform nochmals her, indem wir die Formel (7.7) verwenden und die Beträge ausrechnen:

$$\begin{aligned}\mathbf{u}\cdot\mathbf{v} &= \frac{1}{2}\left(|\mathbf{u}|^2 + |\mathbf{v}|^2 - |\mathbf{u}-\mathbf{v}|^2\right)\\ &= \frac{1}{2}\left(\left(u_x^2+u_y^2+u_z^2\right)+\left(v_x^2+v_y^2+v_z^2\right)-\left((u_x-v_x)^2+(u_y-v_y)^2+(u_z-v_x)^2\right)\right).\end{aligned}$$

Ausmultiplizieren und Vereinfachen der rechten Seite führt zu

$$\mathbf{u}\cdot\mathbf{v} = \frac{1}{2}\left(2u_xv_x + 2u_yv_y + 2u_zv_z\right) = u_xv_x + u_yv_y + u_zv_z\,.$$

■

Mit dieser Möglichkeit das Skalarprodukt zu berechnen entfällt also insbesondere die oftmals mühevolle Bestimmung des Winkels zwischen den beiden Vektoren.

Learn a little

...do a little

Beispiel 7.10 **Skalarprodukt mit Komponentenform**

Wir berechnen für die beiden zweidimensionalen Vektoren

$$\mathbf{u} = \begin{bmatrix} 3 \\ 0 \end{bmatrix} \quad \text{und} \quad \mathbf{v} = \begin{bmatrix} 2 \\ 2 \end{bmatrix}$$

aus dem ► Beispiel 7.6 nochmals das Skalarprodukt:

$$\mathbf{u}\cdot\mathbf{v} = u_xv_x + u_yv_y = 3\cdot 2 + 0\cdot 2 = 6\,.$$

■

Winkel zwischen zwei Vektoren

Mithilfe des Skalarprodukts können wir den Winkel zwischen zwei Vektoren $\mathbf{u}, \mathbf{v} \neq \mathbf{0}$ bestimmen. Wegen

$$\mathbf{u}\cdot\mathbf{v} = |\mathbf{u}|\cdot|\mathbf{v}|\cdot\cos\varphi \Rightarrow \cos\varphi = \frac{\mathbf{u}\cdot\mathbf{v}}{|\mathbf{u}|\cdot|\mathbf{v}|} \tag{7.8}$$

folgt

$$\varphi = \arccos\frac{\mathbf{u}\cdot\mathbf{v}}{|\mathbf{u}|\cdot|\mathbf{v}|}\,, \tag{7.9}$$

wobei die Funktion $\arccos(x)$ (**Arkuskosinus**) die Umkehrfunktion der Kosinusfunktion $\cos(x)$ bezeichnet. In der Komponentenform ergibt sich im Dreidimensionalen

$$\varphi = \arccos\frac{u_xv_x + u_yv_y + u_zv_z}{\sqrt{\left(u_x^2+u_y^2+u_z^2\right)\left(v_x^2+v_y^2+v_z^2\right)}}$$

und im Zweidimensionalen

$$\varphi = \arccos\frac{u_xv_x + u_yv_y}{\sqrt{\left(u_x^2+u_y^2\right)\left(v_x^2+v_y^2\right)}}\,.$$

Als Spezialfälle ergeben sich die Winkel α, β, γ, die ein Vektor $\mathbf{v}$ mit der x-, y-Achse bzw. z-Achse einschließt:

1. Die x-Achse wird durch den Einheitsvektor $\mathbf{e}_x$ repräsentiert und es folgt

$$\alpha = \arccos \frac{\mathbf{v} \cdot \mathbf{e}_x}{|\mathbf{v}| \cdot \underbrace{|\mathbf{e}_x|}_{=1}} = \arccos \frac{v_x \cdot 1 + v_y \cdot 0 + v_z \cdot 0}{\sqrt{v_x^2 + v_y^2 + +v_z^2}} = \arccos \frac{v_x}{\sqrt{v_x^2 + v_y^2 + v_z^2}} .$$

2. Für den Winkel β folgt entsprechend

$$\beta = \arccos \frac{v_y}{\sqrt{v_x^2 + v_y^2 + v_z^2}} .$$

3. Für den Winkel γ gilt analog

$$\gamma = \arccos \frac{v_z}{\sqrt{v_x^2 + v_y^2 + v_z^2}} .$$

4. Die Kosinusfunktionen der Winkel α, β und γ heißen **Richtungskosinus**, und es gilt

$$\cos^2 \alpha + \cos^2 \beta + \cos^2 \gamma = \frac{v_x^2}{v_x^2 + v_y^2 + v_z^2} + \frac{v_y^2}{v_x^2 + v_y^2 + v_z^2} + \frac{v_z^2}{v_x^2 + v_y^2 + v_z^2} = 1 .$$

Learn a little ...do a little

Beispiel 7.11 **Skalarprodukt, Winkel**

a Wir berechnen noch einmal das Skalarprodukt der beiden Vektoren

$$\mathbf{u} = \begin{bmatrix} 3 \\ 0 \\ 1 \end{bmatrix} \quad \text{und} \quad \mathbf{v} = \begin{bmatrix} 2 \\ 2 \\ 2 \end{bmatrix}$$

aus ► Beispiel 7.7. Es ergibt sich

$$\mathbf{u} \cdot \mathbf{v} = u_x v_x + u_y v_y + u_z v_z = 3 \cdot 2 + 0 \cdot 2 + 1 \cdot 2 = 8 .$$

b Der Winkel φ ergibt sich durch

$$\varphi = \arccos \frac{u_x v_x + u_y v_y + u_z v_z}{\sqrt{\left(u_x^2 + u_y^2 + u_z^2\right)\left(v_x^2 + v_y^2 + v_z^2\right)}} = \arccos \frac{8}{\sqrt{10 \cdot 12}} = \arccos \frac{4}{\sqrt{30}} = 43,1° .$$

c Welche Winkel schließt der Vektor

$$\mathbf{v} = \begin{bmatrix} 3 \\ 1 \\ 2 \end{bmatrix}$$

mit den Koordinatenachsen ein? Es gilt

$$\alpha = \arccos \frac{v_x}{\sqrt{v_x^2 + v_y^2 + v_z^2}} = \arccos \frac{3}{\sqrt{9 + 1 + 4}} = 36,7° .$$

$$\beta = \arccos \frac{v_y}{\sqrt{v_x^2 + v_y^2 + v_z^2}} = \arccos \frac{1}{\sqrt{14}} = 74,5° .$$

$$\gamma = \arccos \frac{v_z}{\sqrt{v_x^2 + v_y^2 + v_z^2}} = \arccos \frac{2}{\sqrt{14}} = 57,7° .$$

Für die Richtungskosinusse gilt

$$\cos^2\alpha + \cos^2\beta + \cos^2\gamma = \left(\frac{3}{\sqrt{14}}\right)^2 + \left(\frac{1}{\sqrt{14}}\right)^2 + \left(\frac{2}{\sqrt{14}}\right)^2 = \frac{9+1+4}{14} = 1\,.$$ ■

Normalenvektor im Zweidimensionalen

Mithilfe der Komponentenform des Skalarprodukts können wir im **Zweidimensionalen** leicht einen Vektor finden, der zu einem gegebenen Vektor

$$\mathbf{v} = \begin{bmatrix} v_x \\ v_y \end{bmatrix}$$

senkrecht steht. Wir definieren den Vektor $\mathbf{v}^r$ durch

$$\mathbf{v}^r = \begin{bmatrix} -v_y \\ v_x \end{bmatrix}.$$

Dieser Vektor ist aus $\mathbf{v}$ durch eine Drehung um 90° gegen den Uhrzeigersinn entstanden und wird auch **rechtwinkliges Komplement** genannt. Wir überprüfen, ob $\mathbf{v}^r$ wirklich senkrecht auf $\mathbf{v}$ steht, indem wir das Skalarprodukt der beiden Vektoren ausrechnen:

$$\mathbf{v}\cdot\mathbf{v}^r = v_x\cdot(-v_y) + v_y\cdot v_x = 0\,,$$

also gilt

$$\mathbf{v}\perp\mathbf{v}^r\,.$$

Den Einheitsvektor in Richtung $\mathbf{v}^r$ nennt man **Normalen(einheits)vektor** zu $\mathbf{v}$ und schreibt ihn als

$$\mathbf{n}_\mathbf{v} = \frac{1}{|\mathbf{v}^r|}\mathbf{v}^r = \frac{1}{\sqrt{(-v_y)^2 + v_x^2}}\begin{bmatrix} -v_y \\ v_x \end{bmatrix} = \frac{1}{\sqrt{v_y^2 + v_x^2}}\begin{bmatrix} -v_y \\ v_x \end{bmatrix}. \qquad (7.10)$$

Learn a little … do a little

Beispiel 7.12 **Normalenvektor**

Wir berechnen den Normalenvektor zu

$$\mathbf{v} = \begin{bmatrix} 3 \\ 1 \end{bmatrix}.$$

Zunächst ist

$$\mathbf{v}^r = \begin{bmatrix} -v_y \\ v_x \end{bmatrix} = \begin{bmatrix} -1 \\ 3 \end{bmatrix} \quad \text{und} \quad |\mathbf{v}^r| = \sqrt{(-1)^2 + 3^2} = \sqrt{10}\,.$$

Also folgt

$$\mathbf{n}_\mathbf{v} = \frac{1}{|\mathbf{v}^r|}\mathbf{v}^r = \frac{1}{\sqrt{v_y^2 + v_x^2}}\begin{bmatrix} -v_y \\ v_x \end{bmatrix} = \frac{1}{\sqrt{10}}\begin{bmatrix} -1 \\ 3 \end{bmatrix}.$$ ■

Im Dreidimensionalen macht die Definition eines Normalenvektors übrigens wenig Sinn, da jeder Vektor $\mathbf{v}$ eine Ebene definiert, auf der er senkrecht steht. Somit sind **alle Vektoren dieser Ebene** ebenfalls senkrecht zu $\mathbf{v}$. Wir werden weiter unten sehen, dass man im Dreidimensionalen zu **zwei** vorgegebenen Vektoren meistens einen dritten finden kann, der senkrecht auf den beiden anderen steht.

Projektion eines Vektors

Wir zeigen jetzt, dass sich ein Vektor $\mathbf{v}$ als Summe zweier Vektoren darstellen lässt, von denen einer parallel und der andere senkrecht zu einem vorgegebenen Vektor $\mathbf{u}$ ist. Dazu betrachten wir ► Abbildung 7.11.

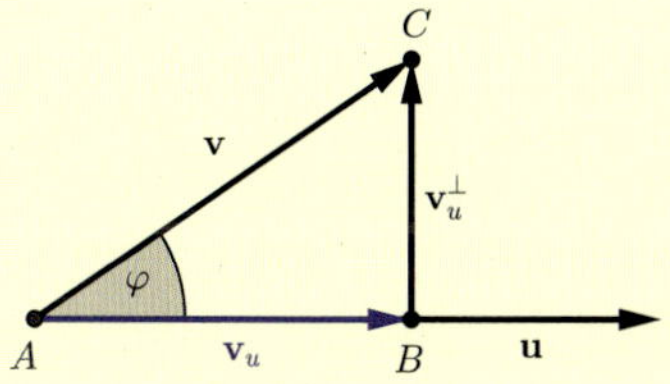

Abbildung 7.11 Aufteilung eines Vektors

Die beiden Vektoren $\mathbf{u}$, $\mathbf{v}$ haben jeweils den Anfangspunkt A. Wie weiter oben schon erläutert (► Abbildung 7.9 auf Seite 265), hat der Vektor $\mathbf{v}_u$ die Länge

$$|\mathbf{v}_u| = |\mathbf{v}| \cos\varphi$$

und er zeigt in Richtung von $\mathbf{u}$. Wir können ihn also schreiben als

$$\mathbf{v}_u = |\mathbf{v}| \cos\varphi \, \mathbf{e}_u \,,$$

wobei $\mathbf{e}_u$ der Einheitsvektor in Richtung $\mathbf{u}$ ist. Nach der Formel (7.4) lässt sich $\mathbf{e}_u$ schreiben als

$$\mathbf{e}_u = \frac{\mathbf{u}}{|\mathbf{u}|} \,.$$

Ferner gilt

$$|\mathbf{v}| \cos\varphi = \frac{|\mathbf{v}|\,|\mathbf{u}| \cos\varphi}{|\mathbf{u}|} = \frac{\mathbf{v} \cdot \mathbf{u}}{|\mathbf{u}|} \,.$$

Wir erhalten also mit $|\mathbf{u}|^2 = \mathbf{u} \cdot \mathbf{u}$ das Ergebnis

$$\mathbf{v}_u = |\mathbf{v}| \cos\varphi \, \mathbf{e}_u = \frac{\mathbf{v} \cdot \mathbf{u}}{|\mathbf{u}|} \frac{\mathbf{u}}{|\mathbf{u}|} = \frac{\mathbf{v} \cdot \mathbf{u}}{|\mathbf{u}|^2} \mathbf{u} = \left(\frac{\mathbf{v} \cdot \mathbf{u}}{\mathbf{u} \cdot \mathbf{u}} \right) \mathbf{u} \,. \tag{7.11}$$

Den zu $\mathbf{u}$ parallelen Vektor $\mathbf{v}_u$ nennt man die **Projektion von $\mathbf{v}$ in Richtung $\mathbf{u}$.**

Aus der Grafik lesen wir ab, dass der Vektor $\mathbf{v}_u^\perp$ sich errechnet aus

$$\mathbf{v} = \mathbf{v}_u + \mathbf{v}_u^\perp \Rightarrow \mathbf{v}_u^\perp = \mathbf{v} - \mathbf{v}_u \,.$$

Wir zeigen noch, dass $\mathbf{v}_u^{\perp}$ senkrecht auf $\mathbf{u}$ steht, indem wir das Skalarprodukt der beiden Vektoren berechnen:

$$\begin{aligned}\mathbf{u}\cdot\mathbf{v}_u^{\perp} &= \mathbf{u}\cdot(\mathbf{v}-\mathbf{v}_u) = \mathbf{u}\cdot\mathbf{v}-\mathbf{u}\cdot\mathbf{v}_u = \mathbf{u}\cdot\mathbf{v}-\mathbf{u}\cdot\left(\frac{\mathbf{v}\cdot\mathbf{u}}{|\mathbf{u}|^2}\mathbf{u}\right)\\ &= \mathbf{u}\cdot\mathbf{v}-\left(\frac{\mathbf{v}\cdot\mathbf{u}}{|\mathbf{u}|^2}\right)\underbrace{\mathbf{u}\cdot\mathbf{u}}_{=|\mathbf{u}|^2} = \mathbf{u}\cdot\mathbf{v}-\left(\frac{\mathbf{v}\cdot\mathbf{u}}{|\mathbf{u}|^2}\right)|\mathbf{u}|^2\\ &= \mathbf{u}\cdot\mathbf{v}-\mathbf{v}\cdot\mathbf{u} = 0\,.\end{aligned}$$

Also steht $\mathbf{v}_u^{\perp}$ senkrecht auf $\mathbf{u}$ und wir haben die gesuchte Zerlegung von $\mathbf{v}$ gefunden:

$$\mathbf{v} = \mathbf{v}_u + \mathbf{v}_u^{\perp}\,.$$

Learn a little

...do a little

Beispiel 7.13 **Zerlegung eines Vektors**

Wir zerlegen den Vektor

$$\mathbf{v} = \begin{bmatrix}3\\1\\2\end{bmatrix}$$

in zwei Summanden, die parallel und orthogonal zu

$$u = \begin{bmatrix}1\\2\\3\end{bmatrix}$$

sind. Zunächst berechnen wir die Projektion von $\mathbf{v}$ auf $\mathbf{u}$:

$$\mathbf{v}_u = \frac{\mathbf{v}\cdot\mathbf{u}}{|\mathbf{u}|^2}\mathbf{u} = \frac{\begin{bmatrix}3\\1\\2\end{bmatrix}\cdot\begin{bmatrix}1\\2\\3\end{bmatrix}}{1^2+2^2+3^2}\begin{bmatrix}1\\2\\3\end{bmatrix} = \frac{3\cdot1+1\cdot2+2\cdot3}{14}\begin{bmatrix}1\\2\\3\end{bmatrix} = \frac{11}{14}\begin{bmatrix}1\\2\\3\end{bmatrix}.$$

Der orthogonale Anteil ist dann

$$\mathbf{v}_u^{\perp} = \mathbf{v}-\mathbf{v}_u = \begin{bmatrix}3\\1\\2\end{bmatrix}-\frac{11}{14}\begin{bmatrix}1\\2\\3\end{bmatrix} = \frac{1}{14}\begin{bmatrix}31\\-8\\-5\end{bmatrix}.$$

Zur »Probe« rechnen wir nochmals nach:

$$\mathbf{v}_u+\mathbf{v}_u^{\perp} = \frac{11}{14}\begin{bmatrix}1\\2\\3\end{bmatrix}+\frac{1}{14}\begin{bmatrix}31\\-8\\-5\end{bmatrix} = \begin{bmatrix}3\\1\\2\end{bmatrix} = \mathbf{v}$$

sowie

$$\mathbf{u}\cdot\mathbf{v}_u^{\perp} = \begin{bmatrix}1\\2\\3\end{bmatrix}\cdot\frac{1}{14}\begin{bmatrix}31\\-8\\-5\end{bmatrix} = \frac{1}{14}(31-16-15) = 0\,.$$

■

7.3 Kreuzprodukt von Vektoren

Neben dem Skalarprodukt gibt es noch ein weiteres Produkt zweier Vektoren **u** und **v**, das allerdings nur im Raum $\mathbb{R}^3$ definiert ist. Dieses Produkt wird **Kreuzprodukt** oder **Vektorprodukt** oder auch **äußeres Produkt** genannt und liefert als Ergebnis einen neuen dreidimensionalen Vektor, der durch das Symbol $\mathbf{u}\times\mathbf{v}$ (sprich: »**u** Kreuz **v**«) gekennzeichnet wird. Das Kreuzprodukt findet vielfach Anwendung in der Physik und der Geometrie, so werden z. B. die physikalischen Größen Drehmoment, Drehimpuls oder auch die Lorenz-Kraft durch Vektorprodukte definiert.

Definition

Das **Kreuzprodukt** $\mathbf{u} \times \mathbf{v}$ ist ein dreidimensionaler Vektor mit den folgenden Eigenschaften:

1. $\mathbf{u} \times \mathbf{v}$ steht senkrecht sowohl auf **u** als auch auf **v**.
2. Die Länge des Vektors $\mathbf{u} \times \mathbf{v}$ ist gleich dem Produkt aus der Länge der Vektoren **u** und **v** und dem Sinus des von ihnen eingeschlossenen Winkels φ:

$$|\mathbf{u} \times \mathbf{v}| = |\mathbf{u}|\,|\mathbf{v}| \sin\varphi\,.$$

3. Die Vektoren $\mathbf{u}, \mathbf{v}, \mathbf{u} \times \mathbf{v}$ bilden in dieser Reihenfolge ein Rechtssystem.

Bemerkungen zum Kreuzprodukt

- Da der Winkel φ zwischen 0 und π liegt, ist $\sin\varphi$ immer größer gleich Null, d. h. die rechte Seite in 2. ist – wie es sich für den Betrag eines Vektors gehört – immer größer gleich Null.
- Den Betrag des Kreuzprodukts kann man geometrisch interpretieren, dazu schauen wir uns ► Abbildung 7.12 an.

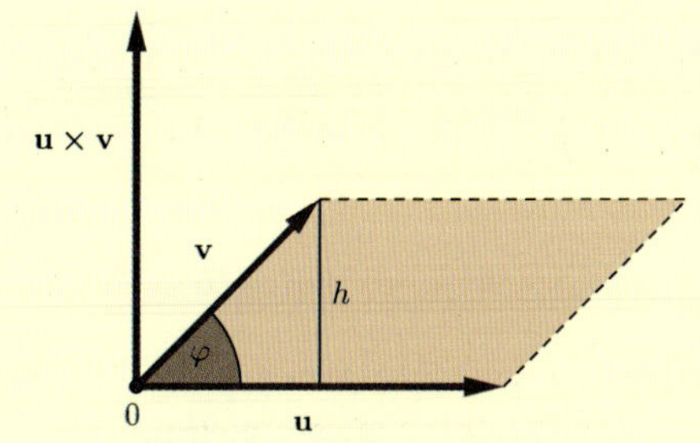

Abbildung 7.12 Kreuzprodukt

In ► Abbildung 7.12 sind die beiden Vektoren **u** und **v** sowie das von ihnen aufgespannte Parallelogramm eingezeichnet. Der Flächeninhalt eines Parallelogramms F ist Grundlinie mal Höhe, die Grundlinie ist $|\mathbf{u}|$ und die Höhe h berechnet sich durch

$$h = |\mathbf{v}| \sin\varphi\,.$$

Damit ergibt sich für den Flächeninhalt des Parallelogramms

$$F = |\mathbf{u}|\,|\mathbf{v}| \sin\varphi\,.$$

Die Länge des senkrecht auf **u** und **v** stehenden Vektors $\mathbf{u} \times \mathbf{v}$ entspricht also dem Flächeninhalt des von den Vektoren **u** und **v** aufgespannten Parallelogramms.

- Ist einer der Vektoren **u** oder **v** der Nullvektor, so ist auch das Kreuzprodukt der Nullvektor.

- Sind **u** und **v** ungleich Null und parallel, d. h. gilt $\mathbf{u} = c \cdot \mathbf{v}$, so ist der Winkel φ zwischen ihnen entweder gleich 0 oder gleich π und es gilt

$$\sin\varphi = \begin{cases} \sin & 0 \\ \sin & \pi \end{cases} = 0 \Rightarrow \mathbf{u} \times \mathbf{v} = \mathbf{0}\,.$$

Wir können also festhalten: **Zwei Vektoren u und v sind genau dann parallel, wenn ihr Kreuzprodukt gleich dem Nullvektor ist**

$$\mathbf{u} \times \mathbf{v} = \mathbf{0}\,.$$

Insbesondere gilt

$$\mathbf{u} \times \mathbf{u} = \mathbf{0}\,.$$

- Man kann das Skalar- und das Vektorprodukt zweier Vektoren koppeln. Es gilt

$$\mathbf{u} \cdot \mathbf{v} = |\mathbf{u}|\,|\mathbf{v}| \cos\varphi$$
$$|\mathbf{u} \times \mathbf{v}| = |\mathbf{u}|\,|\mathbf{v}| \sin\varphi\,.$$

Wir quadrieren beide Gleichungen, addieren sie und erhalten die Beziehung

$$(\mathbf{u} \cdot \mathbf{v})^2 + |\mathbf{u} \times \mathbf{v}|^2 = |\mathbf{u}|^2\,|\mathbf{v}|^2 \Bigg(\underbrace{\cos^2\varphi + \sin^2\varphi}_{=1}\Bigg) = |\mathbf{u}|^2\,|\mathbf{v}|^2\,,$$

die manchmal in der Form

$$|\mathbf{u} \times \mathbf{v}|^2 = |\mathbf{u}|^2\,|\mathbf{v}|^2 - (\mathbf{u} \cdot \mathbf{v})^2$$

verwendet wird, z. B. wenn man die Länge von $\mathbf{u} \times \mathbf{v}$ mit den Längen von **u** und **v** und dem Skalarprodukt der beiden Vektoren ausrechnen möchte.

Beispiel 7.14 **Kreuzprodukte der Einheitsvektoren**

Wir haben unser kartesisches Koordinatensystem so gewählt, dass die x-, y- und z-Achse ein Rechtssystem bilden. Damit bilden auch die parallel zu den Achsen liegenden Einheitsvektoren $\mathbf{e}_x$, $\mathbf{e}_y$, $\mathbf{e}_z$ ein Rechtssystem und stehen zudem senkrecht aufeinander. Es gilt also

$$\begin{aligned}
&\mathbf{e}_x \times \mathbf{e}_x = \mathbf{e}_y \times \mathbf{e}_y = \mathbf{e}_z \times \mathbf{e}_z = \mathbf{0} \\
&\mathbf{e}_x \times \mathbf{e}_y = \mathbf{e}_z \\
&\mathbf{e}_y \times \mathbf{e}_z = \mathbf{e}_x \\
&\mathbf{e}_z \times \mathbf{e}_x = \mathbf{e}_y \,.
\end{aligned}$$

■

Rechenregeln für das Kreuzprodukt

Für alle Vektoren **u**, **v**, **w** und alle reellen Zahlen λ gilt:

1. Anti-Kommutativgesetz:

$$\mathbf{u} \times \mathbf{v} = -\mathbf{v} \times \mathbf{u}\,.$$

2. Assoziativgesetz:

$$\lambda\,(\mathbf{u} \times \mathbf{v}) = (\lambda \mathbf{u}) \times \mathbf{v} = \mathbf{u} \times (\lambda \mathbf{v})\,.$$

3. Distributivgesetze:

$$\begin{aligned}
\mathbf{u} \times (\mathbf{v} + \mathbf{w}) &= \mathbf{u} \times \mathbf{v} + \mathbf{u} \times \mathbf{w} \\
(\mathbf{u} + \mathbf{v}) \times \mathbf{w} &= \mathbf{u} \times \mathbf{w} + \mathbf{v} \times \mathbf{w}\,.
\end{aligned}$$

Beispiel 7.15 **Vektorprodukt nicht assoziativ**

Learn a little

...do a little

Das Vektorprodukt selbst ist **nicht assoziativ**, d. h. es gilt im Allgemeinen

$$(\mathbf{u} \times \mathbf{v}) \times \mathbf{w} \neq \mathbf{u} \times (\mathbf{v} \times \mathbf{w})\,.$$

Ein Beispiel reicht aus, um das zu zeigen. Es gilt

$$(\mathbf{e}_x \times \mathbf{e}_y) \times \mathbf{e}_y = \mathbf{e}_z \times \mathbf{e}_y = -\mathbf{e}_y \times \mathbf{e}_z = -\mathbf{e}_x\,,$$

aber

$$\mathbf{e}_x \times (\mathbf{e}_y \times \mathbf{e}_y) = \mathbf{e}_x \times \mathbf{0} = \mathbf{0}\,.$$

■

Komponentenform des Kreuzprodukts zweier Vektoren

Wir wollen nun herleiten, wie man das Kreuzprodukt zweier Vektoren mithilfe ihrer Komponenten ausrechnen kann. Sind

$$\mathbf{u} = \begin{bmatrix} u_x \\ u_y \\ u_z \end{bmatrix}, \quad \mathbf{v} = \begin{bmatrix} v_x \\ v_y \\ v_z \end{bmatrix}$$

zwei Vektoren, dann gilt

$$\mathbf{u} \times \mathbf{v} = (u_y v_z - u_z v_y)\mathbf{e}_x + (u_z v_x - u_x v_z)\mathbf{e}_y + (u_x v_y - u_y v_x)\mathbf{e}_z\,.$$

Das sieht man folgendermaßen ein. Wir schreiben die beiden Vektoren als Linearkombinationen der Basisvektoren

$$\begin{aligned} \mathbf{u} &= u_x \mathbf{e}_x + u_y \mathbf{e}_y + u_z \mathbf{e}_z \\ \mathbf{v} &= v_x \mathbf{e}_x + v_y \mathbf{e}_y + v_z \mathbf{e}_z\,, \end{aligned}$$

setzen diese Darstellungen in das Kreuzprodukt ein und rechnen mit den Rechenregeln und den Kreuzprodukten der Basisvektoren aus

$$\begin{aligned} \mathbf{u} \times \mathbf{v} &= (u_x \mathbf{e}_x + u_y \mathbf{e}_y + u_z \mathbf{e}_z) \times (v_x \mathbf{e}_x + v_y \mathbf{e}_y + v_z \mathbf{e}_z) \\ &= u_x v_x \underbrace{(\mathbf{e}_x \times \mathbf{e}_x)}_{=\mathbf{0}} + u_x v_y \underbrace{(\mathbf{e}_x \times \mathbf{e}_y)}_{=\mathbf{e}_z} + u_x v_z \underbrace{(\mathbf{e}_x \times \mathbf{e}_z)}_{=-\mathbf{e}_y} \\ &\quad + u_y v_x \underbrace{(\mathbf{e}_y \times \mathbf{e}_x)}_{=-\mathbf{e}_z} + u_y v_y \underbrace{(\mathbf{e}_y \times \mathbf{e}_y)}_{=\mathbf{0}} + u_y v_z \underbrace{(\mathbf{e}_y \times \mathbf{e}_z)}_{=\mathbf{e}_x} \\ &\quad + u_z v_x \underbrace{(\mathbf{e}_z \times \mathbf{e}_x)}_{=\mathbf{e}_y} + u_z u_y \underbrace{(\mathbf{e}_z \times \mathbf{e}_y)}_{=-\mathbf{e}_x} + a_z b_z \underbrace{(\mathbf{e}_z \times \mathbf{e}_z)}_{=\mathbf{0}} \\ &= (u_y v_z - u_z v_y)\,\mathbf{e}_x + (u_z v_x - u_x v_z)\mathbf{e}_y + (u_x v_y - u_y v_x)\mathbf{e}_z\,. \end{aligned}$$

Somit ist

$$\mathbf{u} \times \mathbf{v} = \begin{bmatrix} u_x \\ u_y \\ u_z \end{bmatrix} \times \begin{bmatrix} v_x \\ v_y \\ v_z \end{bmatrix} = \begin{bmatrix} u_y v_z - u_z v_y \\ u_z v_x - u_x v_z \\ u_x v_y - u_y v_x \end{bmatrix}.$$

Learn a little

...do a little

Beispiel 7.16 **Kreuzprodukt**

Wir berechnen das Kreuzprodukt der Vektoren

$$\mathbf{u} = \begin{bmatrix} 1 \\ 2 \\ 3 \end{bmatrix} \quad \text{und} \quad \mathbf{v} = \begin{bmatrix} 4 \\ 5 \\ 6 \end{bmatrix} : \begin{bmatrix} 1 \\ 2 \\ 3 \end{bmatrix} \times \begin{bmatrix} 4 \\ 5 \\ 6 \end{bmatrix} = \begin{bmatrix} 2 \cdot 6 - 3 \cdot 5 \\ 3 \cdot 4 - 1 \cdot 6 \\ 1 \cdot 5 - 2 \cdot 4 \end{bmatrix} = \begin{bmatrix} -3 \\ 6 \\ -3 \end{bmatrix}.$$ ■

In der Geometrie gibt es vielfältige Anwendungsmöglichkeiten des Kreuzprodukts, z. B. bei der Definition des Normalenvektors einer Ebene. Hier stellen wir uns die Aufgabe, den Flächeninhalt eines Dreiecks zu berechnen.

Learn a little

...do a little

Beispiel 7.17 **Kreuzprodukt in der Geometrie**

Welchen Flächeninhalt F hat ein Dreieck mit den Eckpunkten

$$A = (0,1,2)\,, \quad B = (1,0,2)\,, \quad C = (2,1,0)\,?$$

Lösung Zunächst beachten wir, dass die Verbindungsvektoren $\overrightarrow{AB}$ und $\overrightarrow{AC}$ zwei Seiten des Dreiecks ABC bilden und dass der Flächeninhalt des Dreiecks der Hälfte des Flächeninhalts des von den beiden Verbindungsvektoren aufgespannten Parallelogramms entspricht. Es gilt

$$\overrightarrow{AB} = \begin{bmatrix} 1 \\ 0 \\ 2 \end{bmatrix} - \begin{bmatrix} 0 \\ 1 \\ 2 \end{bmatrix} = \begin{bmatrix} 1 \\ -1 \\ 0 \end{bmatrix} \qquad \overrightarrow{AC} = \begin{bmatrix} 2 \\ 1 \\ 0 \end{bmatrix} - \begin{bmatrix} 0 \\ 1 \\ 2 \end{bmatrix} = \begin{bmatrix} 2 \\ 0 \\ -2 \end{bmatrix}.$$

Der Flächeninhalt des von den beiden Vektoren gebildeten Parallelogramms ist gleich dem Betrag des Kreuzprodukts, also berechnen wir dieses:

$$\overrightarrow{AB} \times \overrightarrow{AC} = \begin{bmatrix} 1 \\ -1 \\ 0 \end{bmatrix} \times \begin{bmatrix} 2 \\ 0 \\ -2 \end{bmatrix} = \begin{bmatrix} 2-0 \\ 0-(-2) \\ 0-(-2) \end{bmatrix} = \begin{bmatrix} 2 \\ 2 \\ 2 \end{bmatrix}.$$

Daraus folgt

$$\left|\overrightarrow{AB} \times \overrightarrow{AC}\right| = \sqrt{2^2 + 2^2 + 2^2} = \sqrt{12} = 2\sqrt{3}$$

und damit

$$F = \frac{1}{2}\left|\overrightarrow{AB} \times \overrightarrow{AC}\right| = \sqrt{3}\,.$$

Viele physikalische Phänomene werden mithilfe des Vektorprodukts beschrieben.

Learn a little

...do a little

Beispiel 7.18 **Drehmoment**

Wir schauen uns ► Abbildung 7.13 an.

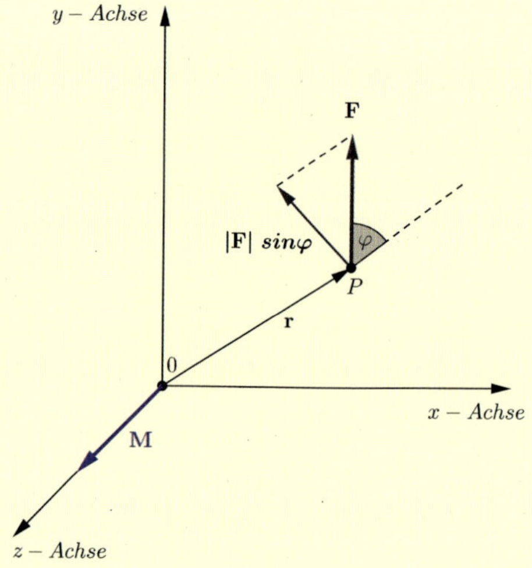

Abbildung 7.13 Drehmoment

Die Abbildung zeigt einen Kraftvektor **F**, der auf ein Teilchen am Ort P mit dem Ortsvektor **r** wirkt. Das dabei um den Punkt 0 ausgeübte Drehmoment ist der Vektor **M** mit dem Betrag

$$|\mathbf{M}| = |\mathbf{F}|\,|\mathbf{r}|\sin\varphi\,,$$

der senkrecht zur Ebene steht, die von **F** und **r** aufgespannt wird (in der Abbildung ist das die x, y-Ebene, es kann aber auch eine beliebig im Raum liegende Ebene sein). Dabei gibt φ den Winkel zwischen **F** und **r** an, d. h. das Drehmoment ist definiert durch

$$\mathbf{M} = \mathbf{r} \times \mathbf{F}\,.$$

Aufgaben zu Kapitel 7

1. Berechnen Sie für die Vektoren

$$\mathbf{u} = \begin{bmatrix} 1 \\ 1 \\ 2 \end{bmatrix}, \quad \mathbf{v} = \begin{bmatrix} -2 \\ 3 \\ -1 \end{bmatrix} \quad \text{und} \quad \mathbf{w} = \begin{bmatrix} -1 \\ 2 \\ -4 \end{bmatrix}$$

a. $\mathbf{u} + \mathbf{v}$ **b.** $\mathbf{u} - \mathbf{v}$ **c.** $-2\mathbf{u} + 3\mathbf{v}$ **d.** $(\mathbf{u} + \mathbf{v}) + \mathbf{w}$ **e.** $\mathbf{u} + (\mathbf{v} + \mathbf{w})$.

2. Welche Länge hat der Vektor

$$\mathbf{v} = \begin{bmatrix} -2 \\ 5 \end{bmatrix}?$$

3. Berechnen Sie den Einheitsvektor in Richtung

$$\mathbf{v} = \begin{bmatrix} -2 \\ 5 \end{bmatrix}.$$

4. Berechnen Sie die Projektion von

$$\mathbf{v} = \begin{bmatrix} -1 \\ 3 \\ 2 \end{bmatrix} \quad \text{auf} \quad \mathbf{u} = \begin{bmatrix} 3 \\ 2 \\ 1 \end{bmatrix}.$$

5. Sei ABC ein Dreieck und

$$\mathbf{a} = \overrightarrow{CB}, \quad \mathbf{b} = \overrightarrow{CA}, \quad \mathbf{c} = \overrightarrow{AB}.$$

Sei M der Lotpunkt von C auf $\mathbf{c}$ und

$$\mathbf{h} = \overrightarrow{CM}, \quad \mathbf{q} = \overrightarrow{MB}, \quad \mathbf{p} = \overrightarrow{MA}.$$

Zeigen Sie:

a. Stehen $\mathbf{a}$ und $\mathbf{b}$ senkrecht aufeinander, so gilt: $|\mathbf{h}|^2 = |\mathbf{p}| \cdot |\mathbf{q}|$ (**Höhensatz**).

b. Ist γ der Winkel zwischen $\mathbf{a}$ und $\mathbf{b}$, so gilt: $|\mathbf{c}|^2 = |\mathbf{a}|^2 + |\mathbf{b}|^2 - 2\,|\mathbf{a}|\,|\mathbf{b}|\cos(\gamma)$ (**Kosinussatz**).

c. Stehen $\mathbf{a}$ und $\mathbf{b}$ senkrecht aufeinander, so gilt: $|\mathbf{c}|^2 = |\mathbf{a}|^2 + |\mathbf{b}|^2$ (**Satz des Pythagoras**).

6. Beweisen Sie mithilfe der Vektorrechnung den **Satz des Thales**: Verbindet man einen Punkt auf einer Kreislinie mit den beiden Endpunkten eines Durchmessers des Kreises, so bilden die beiden Verbindungslinien einen rechten Winkel.

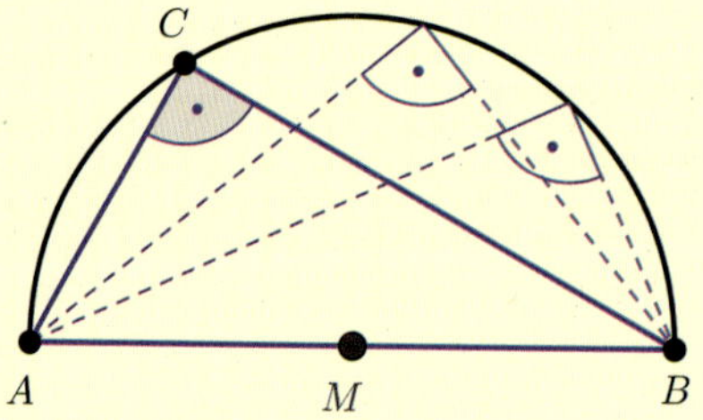

Abbildung 7.14 Satz des Thales

7. Gegeben sind die Punkte $A = (1, -1, 2)$, $B = (2, 1, 3)$, $C = (4, 0, 1)$. Unter Einwirkung einer konstanten Kraft

$$\mathbf{F} = \begin{bmatrix} 1 \\ 1 \\ 1 \end{bmatrix}$$

bewegt sich ein Massenpunkt m von A nach B. Wie groß ist die dabei verrichtete Arbeit (Krafteinheit: 1 Newton (N), Längeneinheit: 1 Meter (m)), falls

a. m sich auf kürzestem Weg von A nach B bewegt?

b. m sich von A nach B längs der Strecken $\overline{AC}$ und $\overline{CB}$ bewegt?

8. Berechnen Sie das Kreuzprodukt der Vektoren

$$\mathbf{u} = \begin{bmatrix} -1 \\ 4 \\ -3 \end{bmatrix} \quad \text{und} \quad \mathbf{v} = \begin{bmatrix} 3 \\ 2 \\ -5 \end{bmatrix}.$$

Zusammenfassung

- Ein **kartesisches Koordinatensystem** im Raum wird durch drei senkrecht aufeinanderstehende Geraden charakterisiert.
- Die Orientierung der Achsen wird so gewählt, dass sie ein Rechtssystem bilden.
- Den Schnittpunkt der drei Achsen nennt man **Nullpunkt** oder **Ursprung** des Koordinatensystems.
- Jedem Punkt P des Raumes kann eindeutig ein Zahlentripel (P_x, P_y, P_z) zugeordnet werden.
- Der Abstand $\overline{PQ}$ zwischen den beiden Punkten wird durch

$$\overline{PQ} = \sqrt{(Q_x - P_x)^2 + (Q_y - P_y)^2 + (Q_z - P_z)^2}$$

berechnet.
- Ein **reeller dreidimensionaler Vektor** $\mathbf{v}$ wird durch ein geordnetes Tripel reeller Zahlen definiert, ist also ein Element der Menge $\mathbb{R}^3$.
- Ein **reeller zweidimensionaler Vektor** $\mathbf{v}$ wird durch ein geordnetes Paar reeller Zahlen definiert, ist also ein Element der Menge $\mathbb{R}^2$.
- Man kann die Vektoren anschaulich als Pfeile darstellen. Unter einem Pfeil versteht man die gerichtete Verbindungsstrecke zweier Punkte P und Q.
- Der Pfeil $\overrightarrow{PQ}$ stellt genau dann den Vektor $\mathbf{v}$ dar, wenn die Komponenten von $\mathbf{v}$ die Differenzen der Koordinaten von Q und P sind.
- Zwei Vektoren sind gleich, wenn ihre Komponenten übereinstimmen.
- Die **Summe zweier Vektoren** ist wieder ein Vektor $\mathbf{w}$, dessen Komponenten die Summe der jeweiligen Komponenten der Ausgangsvektoren sind.
- Das **Produkt eines Vektors mit einem Skalar** ist wieder ein Vektor $\mathbf{w}$, dessen Komponenten das Produkt der jeweiligen Komponenten des Ausgangsvektors mit dem Skalar sind.
- Es gibt acht hauptsächliche Rechengesetze für Vektoren.
- Die **Länge eines Vektors** ist die Länge der Pfeile, die den Vektor repräsentieren.
- Ein Vektor der Länge 1 heißt **Einheitsvektor**.

- Spezielle Einheitsvektoren im Dreidimensionalen sind die Koordinateneinheitsvektoren

$$\mathbf{e}_x = \begin{bmatrix} 1 \\ 0 \\ 0 \end{bmatrix}, \quad \mathbf{e}_y = \begin{bmatrix} 0 \\ 1 \\ 0 \end{bmatrix}, \quad \mathbf{e}_z = \begin{bmatrix} 0 \\ 0 \\ 1 \end{bmatrix},$$

  die auch **kartesische Basisvektoren** genannt werden.

- Spezielle Einheitsvektoren im Zweidimensionalen sind die Koordinateneinheitsvektoren

$$\mathbf{e}_x = \begin{bmatrix} 1 \\ 0 \end{bmatrix}, \quad \mathbf{e}_y = \begin{bmatrix} 0 \\ 1 \end{bmatrix},$$

  die ebenfalls **kartesische Basisvektoren** genannt werden.

- Jeder Vektor lässt sich als **Linearkombination der Basisvektoren** darstellen.

- Ist $\mathbf{v}$ ein Vektor, so ist

$$\mathbf{e}_{\mathbf{v}} = \frac{1}{|\mathbf{v}|}\mathbf{v}$$

  der Einheitsvektor in Richtung $\mathbf{v}$.

- Das **Skalarprodukt zweier Vektoren u und v** wird definiert durch

$$\mathbf{u} \cdot \mathbf{v} = |\mathbf{u}| \cdot |\mathbf{v}| \cdot \cos\varphi\,.$$

- Zwei Vektoren ungleich Null stehen genau dann senkrecht aufeinander, wenn ihr Skalarprodukt Null ist.

- Das Skalarprodukt ist kommutativ, assoziativ und distributiv.

- Das Skalarprodukt kann durch die Komponenten der Vektoren berechnet werden:

$$\mathbf{u} \cdot \mathbf{v} = u_x v_x + u_y v_y + u_z v_z\,.$$

- Der Winkel φ zwischen zwei Vektoren errechnet sich durch

$$\varphi = \arccos \frac{\mathbf{u} \cdot \mathbf{v}}{|\mathbf{u}| \cdot |\mathbf{v}|}\,.$$

- Die **Projektion eines Vektors** $\mathbf{v}$ **auf einen Vektor** $\mathbf{u}$ ist ein zu $\mathbf{u}$ paralleler Vektor $\mathbf{v}_u$ mit

$$\mathbf{v}_u = \frac{\mathbf{v} \cdot \mathbf{u}}{|\mathbf{u}|^2}\,\mathbf{u}\,.$$

- Das **Kreuzprodukt** $\mathbf{u} \times \mathbf{v}$ ist ein dreidimensionaler Vektor mit folgenden Eigenschaften:

  1. $\mathbf{u} \times \mathbf{v}$ steht senkrecht sowohl auf $\mathbf{u}$ als auch auf $\mathbf{v}$.
  2. Die Länge des Vektors $\mathbf{u} \times \mathbf{v}$ ist gleich dem Produkt aus der Länge der Vektoren $\mathbf{u}$ und $\mathbf{v}$ und dem Sinus des von ihnen eingeschlossenen Winkels φ:

  $$|\mathbf{u} \times \mathbf{v}| = |\mathbf{u}|\,|\mathbf{v}| \sin\varphi\,.$$

  3. Die Vektoren $\mathbf{u}, \mathbf{v}, \mathbf{u} \times \mathbf{v}$ bilden in dieser Reihenfolge ein Rechtssystem.

- Die Länge des Vektors $\mathbf{u} \times \mathbf{v}$ entspricht dem Flächeninhalt des von den Vektoren $\mathbf{u}$ und $\mathbf{v}$ aufgespannten Parallelogramms.
- Zwei Vektoren sind genau dann parallel, wenn ihr Kreuzprodukt gleich Null ist.
- Das Kreuzprodukt ist antikommutativ, assoziativ und distributiv.
- Die **Komponentenform des Kreuzprodukts** lautet

$$\mathbf{u} \times \mathbf{v} = (u_y v_z - u_z v_y)\mathbf{e}_x + (u_z v_x - u_x v_z)\mathbf{e}_y + (u_x v_y - u_y v_x)\mathbf{e}_z\,.$$

Lösungen der Aufgaben

Kapitel 1

Abschnitt 1.1

1. **a.** $\{2, 3, 5, 7, 11, 13, 17, 19, 23, 29, 31\}$

b. $\{x \in \mathbb{R} \colon 2x^2 - 8x = 0\} = \{x \in \mathbb{R} \colon x\,(x-4) = 0\} = \{0, 4\}$

c. $\{x \in \mathbb{R} \colon x^2 + 1 = 0\} = \{x \in \mathbb{R} \colon x^2 = -1\} = \emptyset\,.$

2. **a.** $A \cup B = \{x \in \mathbb{R} \colon 0 \leq x \leq 4\} = [0, 4]$

b. $A \cap B = \{x \in \mathbb{R} \colon 1 \leq x \leq 2\} = [1, 2]$

c. $A \setminus B = \{x \in \mathbb{R} \colon 0 \leq x < 1\} = [0, 1)$

d. $A \times B = \{(x, y) \in \mathbb{R}^2 \colon 0 \leq x \leq 2, 1 \leq y \leq 4\} = [0, 2] \times [1, 4]\,.$

3. Venn-Diagramm für die linke Seite $(A \cap B) \cup C$:

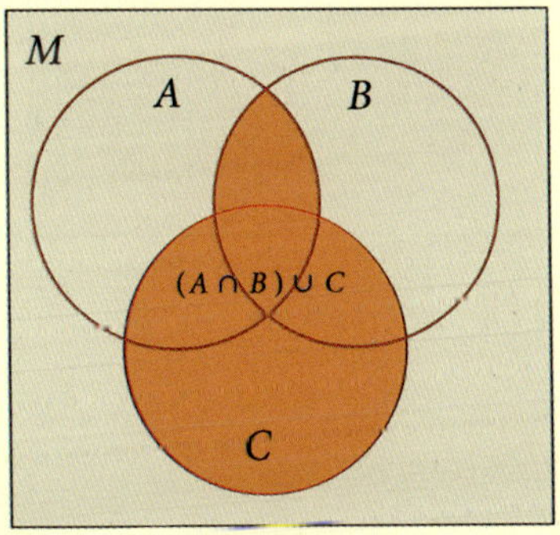

Abbildung L.1 Venn-Diagramm $(A \cap B) \cup C$

Venn-Diagramm für die rechte Seite $(A \cup C) \cap (B \cup C)$:

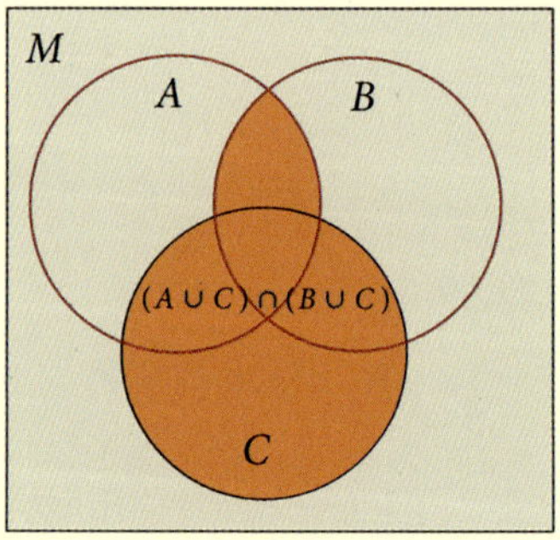

Abbildung L.2 Venn-Diagramm $(A \cup C) \cap (B \cup C)$

4. Venn-Diagramm zu $(A \setminus B) \cup (B \setminus A)$:

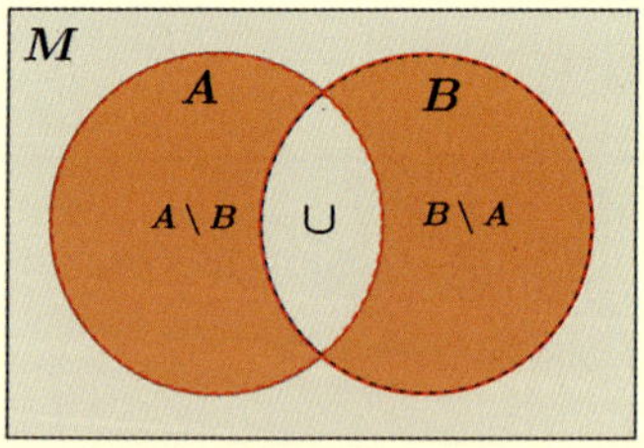

Abbildung L.3 Venn-Diagramm $(A \setminus B) \cup (B \setminus A)$

Abschnitt 1.2

1. Die Teiler von 96 sind

$$\{1, 2, 3, 4, 6, 8, 12, 16, 24, 32, 48, 96\}$$

und es gilt

$$96 = 2 \cdot 2 \cdot 2 \cdot 2 \cdot 2 \cdot 3\,.$$

2. Es gilt $64 = 2 \cdot 2 \cdot 2 \cdot 2 \cdot 2 \cdot 2$ und $48 = 2 \cdot 2 \cdot 2 \cdot 2 \cdot 3$, daraus folgt:

$$ggT\,(64, 48) = 2^4 = 16$$
$$kgV(64, 48) = 2^6 \cdot 3 = 192\,.$$

3. $((9-3-8)-(3-1-7))\,(-2+1)=-3.$

4. $$\frac{52}{76}+\frac{19}{13}=\frac{530}{247}$$
$$\frac{52}{76}-\frac{19}{13}=-\frac{192}{247}$$
$$\frac{52}{76}\cdot\frac{19}{13}=1$$
$$\frac{52}{76}:\frac{19}{13}=\frac{169}{361}\,.$$

5. 6 Arbeiter benötigen $\frac{45}{2}$ Stunden.

6. $$\frac{7}{16}=0{,}4375$$
$$\frac{1}{35}=0{,}0\overline{285714}$$
$$\frac{1371742}{11111111}=0{,}\overline{12345678}\,.$$

7. Umrechnung in Dezimalzahl: Mit

$$\begin{array}{ll} 10^6\cdot a & =142857{,}\overline{142857} \\ 1\cdot a & =0{,}\overline{142857} \\ \hline 999999a & =142857 \end{array} \qquad \text{folgt} \qquad a=\frac{142857}{999999}=\frac{1}{7}\,.$$

8. $\{x\in\mathbb{R}\colon\ |x-5|<2\}=\{x\in\mathbb{R}\colon\ -2<x-5<2\}=(3{,}7).$

Kapitel 2

Abschnitt 2.1

1. **a.** $a^5+a^2-a=a(a^4+a-1)$

b. $5^6\cdot 5^{-4}\cdot 5^2=5^4=625$

c. $x^2yz^2\cdot xy^4z^3=x^3y^5z^5$

d. $\left(2^{-3}\cdot 3^2\cdot 5^{-2}\right)^{-3}=2^9\cdot 3^{-6}5^6=2^3\left(\frac{2\cdot 5}{3}\right)^6=2^3\left(\frac{10}{3}\right)^6$

e. $\frac{\left(5^2\right)^{-4}}{5^3\cdot 5^{-2}}=\frac{5^{-8}}{5}=5^{-9}$

f. $\frac{(a+2)^{n+1}}{(a+2)^n}=a+2\,.$

2. **a.** $\sqrt[6]{a^3b^2} = a^{\frac{3}{6}}b^{\frac{2}{6}} = a^{\frac{1}{2}}b^{\frac{1}{3}}$

b. $\dfrac{1}{\sqrt[3]{a}} = a^{-\frac{1}{3}}$

c. $\sqrt[5]{(1+x^2)^3} = \left(1+x^2\right)^{\frac{3}{5}}.$

3. **a.** $\left(\dfrac{1}{7}\right)^{\frac{3}{4}} = \sqrt[4]{\dfrac{1}{7^3}}$

b. $5^{-\frac{1}{3}} = \dfrac{1}{\sqrt[3]{5}}$

c. $7^{3,1} = 7^{\frac{31}{10}} = \sqrt[10]{7^{31}}.$

4. **a.** $\log_2 64 = 6$

b. $\log_{10} 4 + \log_{10} 1 + \log_{10} 3 = \log_{10} 4 + \log_{10} 3$

c. $\log_3 \left(\frac{2}{5}\right) = \log_3 2 - \log_3 5$

d. $\ln\left(\dfrac{1}{a}\right) = \ln 1 - \ln a = -\ln a$

e. $\ln 3 + \ln\left(\dfrac{1}{3}\right) = \text{ln3+ln1-ln3=0}$

f. $\ln\left(3^5 \cdot e^3\right) = \ln 3^5 + \ln e^3 = 5\ln 3 + 3\ln e = 5\ln 3 + 3$

g. $\ln\left(\dfrac{1}{2}\right)^3 = 3\left(\ln 1 - \ln 2\right) = -3\ln 2\,.$

5. $x^{\ln\left(x^2\right)} = e^{\ln\left(x^3\right)} \Leftrightarrow x^{\ln\left(x^2\right)} = x^3$

$$\Leftrightarrow \ln x^{\ln\left(x^2\right)} = \ln x^3$$
$$\Leftrightarrow \ln x^2 \ln x = 3\ln x$$
$$\Leftrightarrow (\ln x^2 - 3)\ln x = 0$$
$$\Leftrightarrow x = 1 \textit{ oder } x = \pm\sqrt{e^3}.$$

Da x eine positive reelle Zahl ist, sind $x = 1$ und $x = \sqrt{e^3}$ die beiden Lösungen.

Abschnitt 2.2

1. **a.** $(a+b)^4 - (a-b)^2(-a-b)^2 = 4a^3b + 8a^2b^2 + 4ab^3$

b. $(a-2b)(2b-a)(a+2b)(2b+a) = -a^4 + 8a^2b^2 - 16b^4\,.$

2. **a.** $3x^2 + 15xy - 9y^2 = 3\left(x^2 + 5xy - 3y^2\right)$

b. $(2x+y)(a+b) + (y-2x)(-a-b) = (a+b)\,4x\,.$

3. a. $\dfrac{169a^2b^3c}{42ab^2c^2} = \dfrac{169ab}{42c}$

b. $\dfrac{49 + x^2 - 14x}{x^2 - 3x - 28} = \dfrac{x - 7}{x + 4}$.

4. a. $169x^2 - 144y^2 = (13x + 12y)(13x - 12y)$

b. $16x^2 + 40xy + 25y^2 = (4x + 5y)^2$

c. $18x^2y^4 - 48x^3y^3 + 32x^4y^2 = 2x^2y^2(3y - 4x)^2$.

5. a. $\dfrac{6a^4(bc)^2}{(6a^2bc - 9a^2b)a^2} = \dfrac{2bc^2}{2c - 3}$

b. $(x - y)(2x - 4y)^2 - \left(12xy - 4x^2\right)(2y - x) = 8xy^2 - 16y^3$

c. $\dfrac{2x^2}{x^2 + 1} - 1 - \dfrac{x - \frac{1}{x}}{x + \frac{1}{x}} = 0$

d. $\sqrt{3\sqrt{2a} - 2\sqrt{3b}} \cdot \sqrt{3\sqrt{2a} + 2\sqrt{3b}} = \sqrt{18a - 12b}$

e. $\dfrac{2a}{3b^2} + \dfrac{c^2 + 1}{ab} = \dfrac{2a^2 + 3bc^2 + 3b}{3ab^2}$

f. $\dfrac{x + 1}{x^3 - x^2} + \dfrac{1}{x^2} = \dfrac{2}{x(x - 1)}$.

Abschnitt 2.3

1. a. $\sum_{i=1}^{10}(-1)^i i^2 = -1 + 2^2 - 3^2 + 4^2 - 5^2 + 6^2 - 7^2 + 8^2 - 9^2 + 10^2$

b. $\sum_{i=0}^{9}(-1)^{i+1}(i + 1)^2 = -1 + 2^2 - 3^2 + 4^2 - 5^2 + 6^2 - 7^2 + 8^2 - 9^2 + 10^2$

c. $\prod_{i=1}^{10}(-1)^i i^2 = (-1)\left(2^2\right)\left(-3^2\right)\left(4^2\right)\left(-5^2\right)\left(6^2\right)\left(-7^2\right)\left(8^2\right)\left(-9^2\right)\left(10^2\right)$

d. $\prod_{i=1}^{5}(20 - i) = 19 \cdot 18 \cdot 17 \cdot 16 \cdot 15$.

2. a. $\sum_{i=1}^{5}\sin(i\pi) = \sin\pi + \sin 2\pi + \sin 3\pi + \sin 4\pi + \sin 5\pi = 0$

b. $\sum_{i=1}^{5}\sin\left(\frac{i\pi}{2}\right) = \underbrace{\sin\left(\frac{\pi}{2}\right)}_{=1} + \underbrace{\sin\left(\frac{2\pi}{2}\right)}_{=0} + \underbrace{\sin\left(\frac{3\pi}{2}\right)}_{=-1} + \underbrace{\sin\left(\frac{4\pi}{2}\right)}_{=0} + \underbrace{\sin\left(\frac{5\pi}{2}\right)}_{=1} = 1$

c. $\prod_{i=5}^{8} i = 5 \cdot 6 \cdot 7 \cdot 8 = 1680$

d. $\prod_{i=1}^{4} (i+3)^2 = 4^2 \cdot 5^2 \cdot 6^2 \cdot 7^2 = 705.600\,.$

3. **a.** $(a-b)^2 = a^2 - 2ab + b^2$

b. $(a+b)^5 = a^5 + 5a^4b + 10a^3b^2 + 10a^2b^3 + 5ab^4 + b^5$

c. $(2a+3b)^4 = 16a^4 + 96a^3b + 216a^2b^2 + 216ab^3 + 81b^4$

d. $(a-b)^6 = a^6 - 6a^5b + 15a^4b^2 - 20a^3b^3 + 15a^2b^4 - 6ab^5 + b^6$

e. $\frac{100!}{98!} = 100 \cdot 99 = 9900$

f. $\frac{(n+3)!}{n!} = (n+3)\,(n+2)\,(n+1)$

g. $\binom{16}{3} = \frac{16 \cdot 15 \cdot 14}{1 \cdot 2 \cdot 3} = 560$

h. $\binom{n+1}{n-1} = \frac{n\,(n+1)}{2}\,.$

4. **a.** $\binom{7}{3} = \binom{7}{4} \Rightarrow x = 3 \text{ oder } 4\,.$

b. Wegen

$$\binom{n-1}{k-1} + \binom{n}{k} = \binom{n+1}{k} \quad \text{folgt} \quad \binom{6}{2} + \binom{6}{3} = \binom{7}{3},$$

also $x = 3$.

Abschnitt 2.4

1. Die möglichen Ergebnisse sind alle Paare

$$(1,1)\,,(1,2)\,,\ldots,(6,5)\,,(6,6)\,,$$

also insgesamt $n = 36$ Stück. Jedes Paar hat die gleiche Wahrscheinlichkeit $\frac{1}{36}$. Ist A das Ereignis, einen Pasch zu würfeln, so folgt

$$A = \{(1,1)\,,(2,2)\,,(3,3)\,,(4,4)\,,(5,5)\,,(6,6)\}$$

und damit

$$P(A) = \frac{6}{36} = \frac{1}{6}\,.$$

2. Wir behandeln Frauen und Männer einzeln. Die Anzahl der Anordnung der Frauen beträgt

$$8! = 40.320\,,$$

die der Männer

$$6! = 720\,,$$

zusammen also

$$8! \cdot 6! = 29.030.400\,.$$

3. Es handelt sich um eine Permutation mit Wiederholung ($n = 5, n_1 = 2, n_2 = 2, n_3 = 1$), daher gibt es

$$\frac{5!}{2! \cdot 2! \cdot 1!} = \frac{5 \cdot 4 \cdot 3 \cdot 2}{2 \cdot 2} = 30$$

verschiedene Anordnungen.

4. Da alle 10 Ziffern an jeder Stelle der Gewinnzahl erscheinen können, beträgt die Anzahl der möglichen Gewinnzahlen 10^7 und damit die Chance auf den Hauptgewinn bei der Glücksspirale:

$$\frac{1}{10.000.000}\,.$$

5. Die Anzahl der möglichen Anordnungen beträgt

$$(6)_4 = 6 \cdot 5 \cdot 4 \cdot 3 = 360\,.$$

6. Es handelt sich im eine Kombination mit Zurücklegen (da die Fische nicht unterscheidbar sind) von vier aus sechs Objekten. Die Anzahl der Versteckmöglichkeiten beträgt

$$\binom{6+4-1}{4} = \frac{9!}{4! \cdot 5!} = \frac{9 \cdot 8 \cdot 7 \cdot 6}{4 \cdot 3 \cdot 2 \cdot 1} = 9 \cdot 7 \cdot 2 = 126\,.$$

7. Die Anzahl der Möglichkeiten beträgt nach Beispiel 2.23

$$\binom{49}{6} = 13.983.816\,.$$

Es gibt

$$\binom{6}{5} = 6$$

Möglichkeiten, fünf aus sechs (richtigen) Zahlen zu wählen. Die sechste angekreuzte Zahl auf dem Lottoschein kann eine der restlichen 43 Zahlen sein. Die günstigen Fälle sind also

$$\binom{6}{5} \cdot 43 = 6 \cdot 43 = 258\,.$$

Damit beträgt die Gewinnwahrscheinlichkeit für »5 Richtige«

$$\frac{258}{13.983.816} = 0{,}00001845\,.$$

Kapitel 3

1. **a.** Für $\frac{1}{1+x} = 1$ gilt $\mathbb{D} = \mathbb{R} \setminus \{-1\}, \mathbb{L} = \{0\}$.

b. Für $\frac{1}{1+x} = 0$ gilt $\mathbb{D} = \mathbb{R} \setminus \{-1\}, \mathbb{L} = \emptyset$.

c. Für $\frac{a^2-1}{x-a} + \frac{a^2+1}{x+a} = a^2 + \frac{a^4}{x^2-a^2}, a \geq 2$ gilt $\mathbb{D} = \mathbb{R} \setminus \{-a, a\}$ und weiter

$$\frac{a^2-1}{x-a} + \frac{a^2+1}{x+a} = a^2 + \frac{a^4}{x^2-a^2} \Leftrightarrow$$

$$\frac{(x+a)\left(a^2-1\right)+(x-a)\left(a^2+1\right)}{x^2-a^2} = \frac{a^2\left(x^2-a^2\right)+a^4}{x^2-a^2} \Leftrightarrow$$

$$2xa^2 - 2a = a^2x^2 \Leftrightarrow x^2 - 2x + \frac{2}{a} = 0 \Rightarrow x_{1/2} = 1 \pm \sqrt{1-\frac{2}{a}}.$$

Da $a \geq 2$ ist, ist die Wurzel definiert und es folgt $\mathbb{L} = \left\{1+\sqrt{1-\frac{2}{a}}, 1-\sqrt{1-\frac{2}{a}}\right\}$.

d. Für $\frac{1}{1+x} - \frac{1}{1-x} = 2$ gilt $\mathbb{D} = \mathbb{R} \setminus \{-1, 1\}, \mathbb{L} = \left\{\frac{1}{2}\left(1-\sqrt{5}\right), \frac{1}{2}\left(1+\sqrt{5}\right)\right\}$.

e. Für $\frac{x^2-1}{(x+1)(x+2)} = 1$ gilt $\mathbb{D} = \mathbb{R} \setminus \{-1, -2\}, \mathbb{L} = \emptyset$.

f. Für $\frac{x-8}{x-9} = \frac{x-5}{x-7}$ gilt $\mathbb{D} = \mathbb{R} \setminus \{9, 7\}, \mathbb{L} = \{11\}$.

g. Für $\frac{1}{2x-x^2} + \frac{x-4}{x^2+2x} + \frac{2}{x^2-4} = 0$ gilt $\mathbb{D} = \mathbb{R} \setminus \{0, 2-2\}, \mathbb{L} = \{3\}$.

2. **a.** $9x^2 + 6x + 2 = (3x+1)^2 + 1^2$

b. $x^2 + px + q = \left(x + \frac{p}{2}\right)^2 + \left(\sqrt{q - \frac{p^2}{4}}\right)^2$, wobei $4q \geq p^2$ sein muss.

3. **a.** Für $2x^2 - 7x + 5 = 0$ ist $\mathbb{L} = \left\{1, \frac{5}{2}\right\}$.

b. Für $2x^2 - 7x - 5 = 0$ ist $\mathbb{L} = \left\{\frac{1}{4}\left(7-\sqrt{89}\right), \frac{1}{4}\left(7+\sqrt{89}\right)\right\}$.

c. Für $x^6 + 5x^3 - 36 = 0$ ist $\mathbb{L} = \left\{\sqrt[3]{4}, \sqrt[3]{-9}\right\}$.

d. Für $x^3 + 4x^2 + x - 6 = 0$ ist $\mathbb{L} = \{-3, -2, 1\}$.

e. Für $x^4 - 3x^2 - 2x = 0$ ist $\mathbb{L} = \{-1, 0, 2\}$.

4. **a.** $\frac{a^2-b^2}{a+b} = a - b$

b. $\dfrac{a^3+b^3}{a+b} = a^2 - ab + b^2$

c. $\dfrac{a^3-b^3}{a-b} = a^2 + ab + b^2$

d. $\dfrac{a^4-b^4}{a-b} = a^3 + a^2b + ab^2 + b^3.$

5. **a.** Für $\sqrt{x+4} = x+2$ ist $\mathbb{L} = \{0\}$.

b. Für $\sqrt{x-3} + \sqrt{2x+1} = \sqrt{5x-4}$ ist $\mathbb{L} = \{4\}$.

c. Für $\sqrt{x-1} = \sqrt{x^2-1}$ ist $\mathbb{L} = \{1\}$.

d. Für $3^{3x-5} = 9^{x+3}$ ist $\mathbb{L} = \{11\}$.

e. Für $\sqrt[3]{a^{5-2n}}\,\sqrt[4]{a^{2n-4}} = \sqrt[6]{a^x}, a > 0$ ist $\mathbb{L} = \{4-n\}$.

6. Man kann die Gleichung $2^x + 2^a = 2^{x+a}$ in $2^x\left(2^a - 1\right) = 2^a$ umformen.

Für $a > 0 \Rightarrow 2^a - 1 > 0$ kann man sie durch Logarithmieren nach x auflösen:

$$x = \log_2\left(\frac{2^a}{2^a-1}\right) = a - \log_2\left(2^a - 1\right).$$

7. **a.** $\ln 5^x = \ln 2^x + 2 \Leftrightarrow x = \dfrac{2}{\ln 5 - \ln 2}$

b. $\dfrac{1}{2}\ln x^2 + \dfrac{1}{3}\ln x^3 = 2e \Leftrightarrow x = e^e$

c. $2\log_2(x-1) = \log_2(x+1) + 3 \Leftrightarrow x = 5 + 4\sqrt{2}.$

8. **a.** Für $\dfrac{1}{x-1} \geq 2$ gilt $\mathbb{D} = \mathbb{R}\setminus\{1\}, \mathbb{L} = \left(1, \dfrac{3}{2}\right]$.

b. Für $\dfrac{4}{2x-3} > 5$ gilt $\mathbb{D} = \mathbb{R}\setminus\left\{\dfrac{3}{2}\right\}, \mathbb{L} = \left(\dfrac{3}{2}, \dfrac{19}{10}\right)$.

c. Für $ax < x + a + 1, a \in \mathbb{R}$ gilt $\mathbb{D} = \mathbb{R}$ und

$$\mathbb{L} = \begin{cases} \left(-\infty, \dfrac{a+1}{a-1}\right) & a > 1 \\ (-\infty, \infty) & a = 1 \\ \left(\dfrac{a+1}{a-1}, \infty\right) & a < 1. \end{cases}$$

d. Für $\dfrac{x-2}{x+3} > 6$ gilt $\mathbb{D} = \mathbb{R}\setminus\{3\}, \mathbb{L} = (-4, -3)$.

e. Für $(x+1)(x+2) > 0$ gilt $\mathbb{D} = \mathbb{R}, \mathbb{L} = (-\infty, -2) \cup (-1, \infty)$.

f. Für $\frac{x}{a+2} - \frac{1}{a-2} < \frac{1}{a^2-4}$, $\quad a \neq \pm 2$ gilt $\mathbb{D} = \mathbb{R}$ und

$$\mathbb{L} = \begin{cases} \left(-\infty, \frac{a+3}{a-2}\right) & a > 2 \\ \left(-\infty, \frac{a+3}{a-2}\right) & -2 < a < 2 \\ \left(\frac{a+3}{a-2}, \infty\right) & a < -2\,. \end{cases}$$

9. **a.** Für $|x-3| = |x+5|$ gilt $\mathbb{D} = \mathbb{R}, \mathbb{L} = \{-1\}$.

b. Für $\left|x^2-9\right| = \left|x^2-4\right|$ gilt $\mathbb{D} = \mathbb{R}, \mathbb{L} = \left\{-\sqrt{\frac{13}{2}}, \sqrt{\frac{13}{2}}\right\}$.

c. Für $\left|9+8x-x^2\right| = 6x+1$ gilt $\mathbb{D} = \mathbb{R}, \mathbb{L} = \{4{,}7+\sqrt{59}\}$.

d. Für $\left|x^3-3\right| = 5$ gilt $\mathbb{D} = \mathbb{R}, \mathbb{L} = \{2, -\sqrt[3]{2}\}$.

10. **a.** Für $|x-3| < 1$ gilt $\mathbb{D} = \mathbb{R}, \mathbb{L} = (2, 4)$.

b. Für $|(x-9)\,(x-4)| < x-2$ gilt $\mathbb{D} = \mathbb{R}, \mathbb{L} = \left(7-\sqrt{11}, 6-\sqrt{2}\right) \cup \left(6+\sqrt{2}, 7+\sqrt{11}\right)$. Die ► Abbildung L.4 zeigt die Grafik dazu.

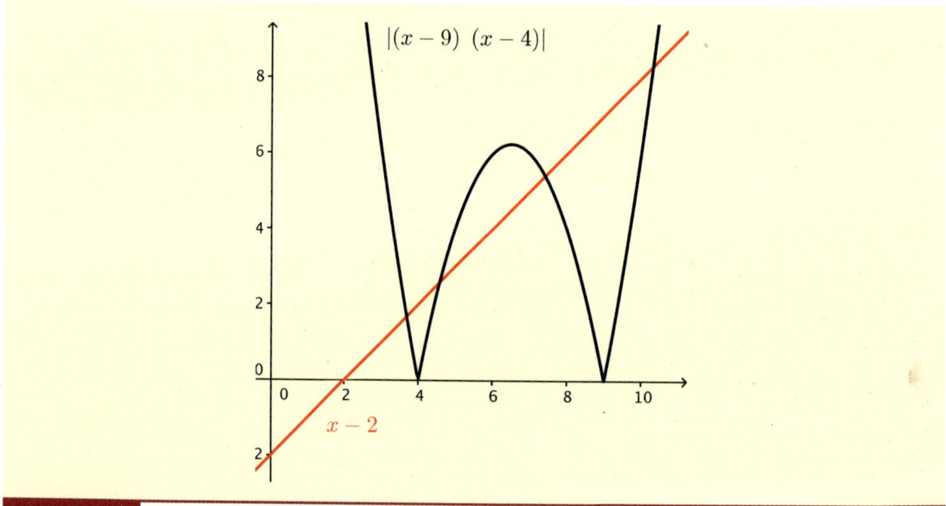

Abbildung L.4 Die Funktionen $|(x-9)\,(x-4)|$ und $x-2$

c. Für $|x-2| < x^2$ gilt $\mathbb{D} = \mathbb{R}, \mathbb{L} = (-\infty, -2) \cup (1, \infty)$.

d. Für $\left|x^3-3\right| > 5$ gilt $\mathbb{D} = \mathbb{R}, \mathbb{L} = \left(-\infty, \sqrt[3]{-2}\right) \cup (2, \infty)$.

11. Die Lösungsmenge von

$$\begin{aligned} \frac{1}{x} + \frac{1}{y} &= \frac{3}{10} \\ x - y &= 5 \end{aligned}$$

ist $\mathbb{L} = \left\{ (10,5), \left(\frac{5}{3}, -\frac{10}{3}\right) \right\}$.

12. **a.** Die Lösungsmenge von

$$\begin{aligned} x_1 + x_2 + x_3 &= 3 \\ x_1 - x_2 + 2x_3 &= 2 \\ 4x_1 + 6x_2 - x_3 &= 9 \end{aligned}$$

ist $\mathbb{L} = \{(1,1,1)\}$.

b. Die Lösungsmenge von

$$\begin{aligned} x_1 - x_2 + 3x_3 &= 8 \\ x_1 + x_2 + x_3 &= 6 \\ 6x_1 + 2x_2 + 10x_3 &= 20 \end{aligned}$$

ist $\mathbb{L} = \emptyset$.

c. Die Lösungsmenge von

$$\begin{aligned} 4x_1 + 4x_3 - 2x_4 &= 40 \\ 3x_1 + x_2 - 12x_4 &= 18 \\ 5x_1 - x_2 + 8x_3 + 8x_4 &= 62 \\ x_2 + x_3 &= 4 \end{aligned}$$

ist $\mathbb{L} = \left\{ (6 + \lambda \frac{25}{8}, \lambda \frac{21}{8}, 4 - \lambda \frac{21}{8}, \lambda), \lambda \in \mathbb{R} \right\}$.

Kapitel 4

Abschnitt 4.1

1. Die Bildmenge von $f : [-1,1] \to \mathbb{R}, f(x) = \frac{1}{x-2}$ ist das Intervall $\left[-1, -\frac{1}{3}\right]$.

2. Für die Funktion $f(x) = 4\sin(3x+2)$ ist $\mathbb{D} = \mathbb{R}$, $f(\mathbb{D}) = [-4, 4]$.

3. Es gilt $f(-x) = \frac{(-x)^2 + 1}{(-x)^2 + 3} = \frac{x^2+1}{x^2+3} = f(x)$, die Funktion f ist gerade.

4. Es gilt $f(-x) = 2(-x)\left((-x)^2 - 1\right) = -2x\left(x^2 - 1\right) = -f(x)$, die Funktion f ist ungerade.

5. Es gilt $f(-x) = 3(-x)^3 + 2(-x)^2 + 4(-x) + 1 = -3x^3 + 2x^2 - 4x + 1$, die Funktion f ist weder gerade noch ungerade.

6. Da der Kosinus die Periode 2π hat und da gilt

$$4x \pm 2\pi = 4\left(x \pm \frac{\pi}{2}\right),$$

hat die Funktion $f(x) = \cos 4x$ die Periode $\frac{\pi}{2}$.

7. Die Funktion $f(x) = 2(x-1)^4 + 2$ ist auf dem Intervall $(-\infty, 1]$ streng monoton fallend und auf dem Intervall $[1, \infty)$ streng monoton wachsend.

8. Die Nullstellen der Funktion

$$f(x) = \frac{x^2 - 1}{x^2 + 3}$$

sind die Nullstellen des Zählers, die nicht gleichzeitig Nullstellen des Nenners sind. Da der Nenner keine Nullstellen hat, sind die Nullstellen von f: $x = 1$ und $x = -1$.

9. Die Funktion

$$f(x) = \frac{1}{2 + x^2}$$

hat keine Nullstellen.

10.

$$f \circ g : \begin{cases} \mathbb{R} & \to \mathbb{R} \\ x & \mapsto \sin(x+4) \end{cases}$$

11. **a.** Für die Funktion $f(x) = 2 - x^2$ gilt $\mathbb{D} = \mathbb{R}$, $f(\mathbb{D}) = (-\infty, 2]$. Die Funktion ist auf dem Intervall $[0, \infty)$ streng monoton fallend, daher existiert dort die Umkehrfunktion, die sich zu

$$y = 2 - x^2 \Rightarrow x = \sqrt{2 - y}$$

berechnet, also folgt

$$f^{-1}(x) \begin{cases} (-\infty, 2] & \to [0, \infty) \\ x & \mapsto \sqrt{2 - x}\,. \end{cases}$$

Die ► Abbildung L.5 zeigt den Graphen der Funktion.

b. Für die Funktion $g(x) = 3 + 2x^3$ gilt $\mathbb{D} = \mathbb{R}$, $f(\mathbb{D}) = \mathbb{R}$. Die Funktion ist streng monoton wachsend, für die Berechnung der Umkehrfunktion muss nur beachtet werden, dass die Radikanden nicht negativ werden. Es gilt

$$y = 3 + 2x^3 \Rightarrow x = \sqrt[3]{\frac{y-3}{2}},$$

also folgt

$$f^{-1}(x) \begin{cases} [3, \infty) & \to [0, \infty) \\ x & \mapsto \sqrt[3]{\frac{x-3}{2}}\,. \end{cases}$$

Die ► Abbildung L.6 zeigt den Graphen der Funktion.

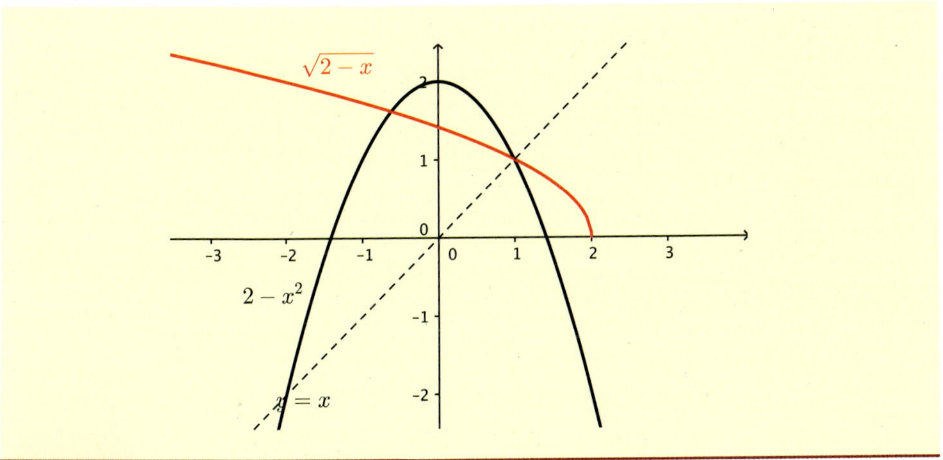

Abbildung L.5 Abschnitt 4.1, Aufgabe 11a

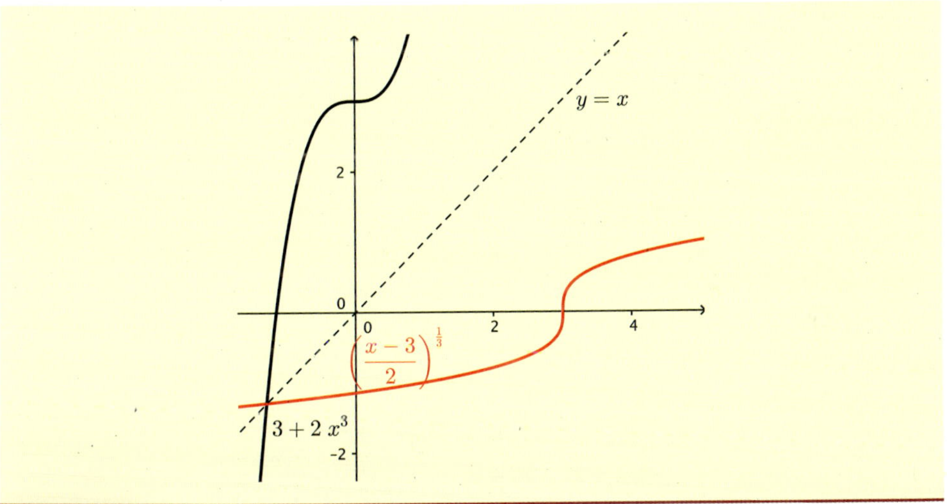

Abbildung L.6 Abschnitt 4.1, Aufgabe 11b

c. Für die Funktion $h(x) = \sqrt{2x-1}$ gilt

$$\mathbb{D} = \left[\frac{1}{2}, \infty\right), \quad f(\mathbb{D}) = [0, \infty) \ .$$

Die Funktion ist streng monoton wachsend. Es gilt

$$y = \sqrt{2x-1} \Rightarrow x = \frac{y^2+1}{2} \ ,$$

also folgt

$$f^{-1}(x) \begin{cases} [0,\infty) & \to \left[\frac{1}{2}, \infty\right) \\ x & \mapsto \frac{x^2+1}{2} \ . \end{cases}$$

Die ► Abbildung L.7 zeigt den Graphen der Funktion.

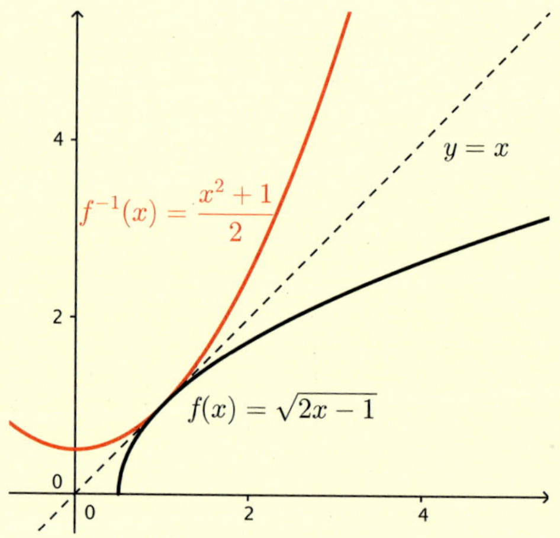

Abbildung L.7 Abschnitt 4.1, Aufgabe 11c

Abschnitt 4.2

1. Division von Zähler und Nenner durch die höchste Potenz von n führt zu

$$a_n = \frac{2n^3 - 1}{3n^3 + n^2} = \frac{2 - 1/n^3}{3 + 1/n} \to \frac{2}{3} \quad (n \to \infty)\,.$$

2. Division von Zähler und Nenner durch die höchste Potenz von n führt zu

$$a_n = \frac{n - 1}{2n^2 + 1} = \frac{1/n - 1/n^2}{2 + 1/n^2} \to \frac{0}{2} = 0 \quad (n \to \infty)\,.$$

3. Division von Zähler und Nenner durch x^3 ergibt

a.

$$\lim_{x\to\infty}\left(\frac{1+x^2}{x^3}\right) = \lim_{x\to\infty}\left(\frac{\frac{1}{x^3}+\frac{x^2}{x^3}}{\frac{x^3}{x^3}}\right) = \lim_{x\to\infty}\left(\frac{\frac{1}{x^3}+\frac{1}{x}}{1}\right) = \frac{0}{1} = 0$$

b.

$$\lim_{x\to\infty}\left(\frac{1+x^3}{x^3}\right) = \lim_{x\to\infty}\left(\frac{\frac{1}{x^3}+\frac{x^3}{x^3}}{\frac{x^3}{x^3}}\right) = \lim_{x\to\infty}\left(\frac{\frac{1}{x^3}+1}{1}\right) = \frac{1}{1} = 1.$$

4. Wähle $x_n = \frac{1}{n}$, dann folgt $x_n \to 0$ und

$$f(x_n) = \frac{1}{x_n} = \frac{1}{\frac{1}{n}} = n \to \infty\,,$$

also hat f an der Stelle $x = 0$ keinen Grenzwert.

5. Es gilt

$$\begin{aligned}
\frac{f(x+h) - f(x)}{h} &= \frac{\sqrt{2(x+h)+1} - \sqrt{2x+1}}{h} \\
&= \frac{\sqrt{2(x+h)+1} - \sqrt{2x+1}}{h} \cdot \frac{\sqrt{2(x+h)+1} + \sqrt{2x+1}}{\sqrt{2(x+h)+1} + \sqrt{2x+1}} \\
&= \frac{2(x+h)+1-(2x+1)}{h\left(\sqrt{2(x+h)+1} + \sqrt{2x+1}\right)} \\
&= \frac{2h}{h\left(\sqrt{2(x+h)+1} + \sqrt{2x+1}\right)} \\
&= \frac{2}{\sqrt{2(x+h)+1} + \sqrt{2x+1}} \\
&\to \frac{2}{\sqrt{2x+1} + \sqrt{2x+1}} = \frac{1}{\sqrt{2x+1}}\,, \quad (h \to 0)\,.
\end{aligned}$$

6. Für $x \neq 1$ ist

$$\frac{2x^2 - 2}{x - 1} = \frac{2\left(x^2 - 1\right)}{x - 1} = \frac{2\,(x+1)\,(x-1)}{x-1} = 2x + 2\,.$$

a. Die Funktion hat bei $x = 1$ den Grenzwert 4.

b. Sie ist in $x = 1$ nicht stetig, da sie dort nicht definiert ist.

Abschnitt 4.3

1. **a.** $\frac{x^3 + x^2 - 10x + 8}{x - 1} = x^2 + 2x - 8$

b. $\frac{x^3 + x^2 - 10x + 8}{x - 2} = x^2 + 3x - 4$

c. $\frac{x^3 + x^2 - 10x + 8}{x + 4} = x^2 - 3x + 2$

d. $\frac{12x^4 + x^3 - 5x^2 + 4x - 5}{3x^2 + x - 2} = 4x^2 - x + \frac{4}{3} + \frac{\frac{2x-7}{3}}{3x^2 + x - 2}\,.$

2. **a.** Der Koeffizient a_0 des Polynoms $f(x) = x^3 - x^2 - 14x + 24$ hat die Teiler

$$\{1, -1, 2, -2, 3, -3, 4, -4, 6, -6, 8, -8, 12, -12, 24, -24\}.$$

Wir berechnen sukzessive mit dem Hornerschema:

	1	−1	−14	24	
1:		1	0	−14	
	1	0	−14	10	$= f(1)$

	1	−1	−14	24	
−1:		−1	2	12	
	1	−2	−12	36	$= f(-1)$

	1	−1	−14	24	
2:		2	2	−24	
	1	1	−12	0	$= f(2)$

	1	−1	−14	24	
−2:		−2	6	16	
	1	−3	−8	40	$= f(-2)$

	1	−1	−14	24	
3:		3	6	−24	
	1	2	−8	0	$= f(3)$

	1	−1	−14	24	
−3:		−3	12	6	
	1	−4	−2	30	$= f(-3)$

	1	−1	−14	24	
4:		4	12	−8	
	1	3	−2	16	$= f(4)$

	1	−1	−14	24	
−4:		−4	20	−24	
	1	−5	6	0	$= f(-4)$

	1	−1	−14	24	
6:		6	30	96	
	1	5	16	120	$= f(6)$

	1	−1	−14	24	
−6:		−6	42	−168	
	1	−7	28	−144	$= f(-6)$

	1	−1	−14	24	
8:		8	56	336	
	1	7	42	360	$= f(8)$

	1	−1	−14	24	
−8:		−8	72	−464	
	1	−9	58	−440	$= f(-8)$

	1	−1	−14	24	
12:		12	132	1416	
	1	11	118	1440	$= f(12)$

	1	−1	−14	24	
−12:		−12	156	−1704	
	1	−13	142	−1680	$= f(-12)$

	1	−1	−14	24	
24:		24	552	12912	
	1	23	538	12936	$= f(24)$

	1	−1	−14	24	
−24:		−24	600	−14064	
	1	−25	586	−14040	$= f(-24)$

b. Nach **a.** lässt sich $f(x)$ als Produkt folgender Linearfaktoren darstellen:

$$f(x) = x^3 - x^2 - 14x + 24 = (x-2)(x-3)(x+4).$$

Die ► Abbildung L.8 zeigt den Graphen der Funktion.

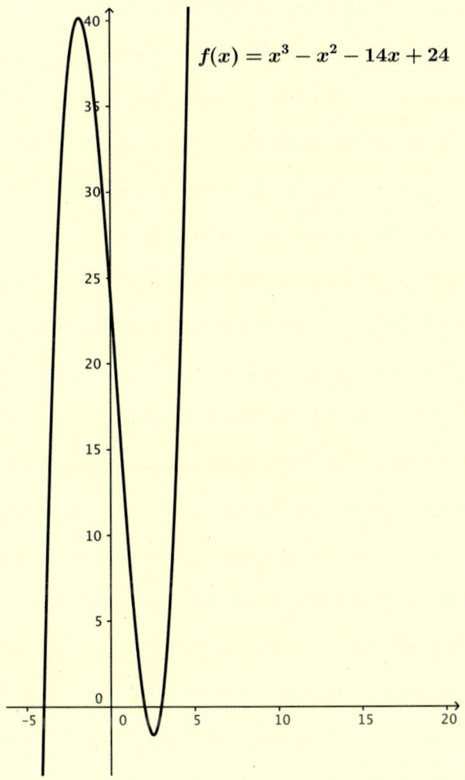

Abbildung L.8 Abschnitt 4.3, Aufgabe 2

3. Durch Ausprobieren erhält man $x = 2$ als ganzzahlige Nullstelle des Polynoms $f(x) = x^4 - 3x^3 - 6x^2 + 28x - 24$. Damit wird das Hornerschema berechnet

	1	−3	−6	28	−24	
2:		2	−2	−16	24	
	1	−1	−8	12	0	$= f(2)$

und man erhält

$$f(x) = x^4 - 3x^3 - 6x^2 + 28x - 24 = (x-2)\left(x^3 - x^2 - 8x + 12\right).$$

Das rechtsstehende Polynom hat ebenfalls die Nullstelle $x = 2$, was wir mit dem Hornerschema überprüfen:

	1	−1	−8	12	
2:		2	2	−12	
	1	1	−6	0	$= f(2)$

Also folgt

$$f(x) = x^4 - 3x^3 - 6x^2 + 28x - 24 = (x-2)(x-2)\left(x^2 + x - 6\right).$$

Den letzten Term kann man weiter zerlegen:

$$x^2 + x - 6 = (x + 3)(x - 2)\,,$$

woraus schließlich

$$f(x) = x^4 - 3x^3 - 6x^2 + 28x - 24 = (x - 2)(x - 2)(x - 2)(x + 3)$$

folgt.

4. **a.** Das Hornerschema liefert für das Polynom

$$f(x) = x^5 + 2x^4 - 17x^3 - 8x^2 + 22x + 60$$

folgende Werte

	1	2	−17	−8	22	60	
2:		2	8	−18	−52	−60	
	1	4	−9	−26	−30	0	$= f(2)$
3:		3	21	36	30		
	1	7	12	10	0		$= f(3)$
−5:		−5	−10	−10			
	1	2	2	0			$= f(-5)$.

b. Mit **a.** folgt

$$f(x) = x^5 + 2x^4 - 17x^3 - 8x^2 + 22x + 60 = (x - 2)(x - 3)(x + 5)(x^2 + 2x + 2)\,.$$

Den letzten Term kann man nicht weiter in Linearfaktoren zerlegen, da er keine reellen Nullstellen hat.

5. Wir setzen das Hornerschema zur Berechnung der Funktionswerte des Polynoms $f(x) = 2x^4 + 15x^3 + 19x^2 - 60x - 108$ ein:

	2	15	19	−60	−108	
2:		4	38	104	108	
	2	19	57	54	0	$= f(2)$
−2:		−4	−30	−54		
	2	15	27	0		$= f(-2)$
−3:		−6	−27			
	2	9	0			$= f(-3)$.

Daraus folgt

$$f(x) = 2x^4 + 15x^3 + 19x^2 - 60x - 108 = (x - 2)\,(x + 2)\,(x + 3)\,(2x + 9)\,.$$

6. Die Funktion $f(x) = x^4 - 3x^2 - 10x - 6$ besitzt die Nullstelle $x_1 = 1 - \sqrt{3}$.

a. Wir bestätigen mit dem Hornerschema:

	1	0	-3	-10	-6	
$1-\sqrt{3}$:		$1-\sqrt{3}$	$1-2\sqrt{3}+3$	$1-3\sqrt{3}+6$	$-3+9$	
	1	$1-\sqrt{3}$	$1-2\sqrt{3}$	$-3-3\sqrt{3}$	0	$= f(1-\sqrt{3})$.

b. Wir überprüfen mit dem Hornerschema, ob $x_2 = 1 + \sqrt{3}$ auch eine Nullstelle ist:

	1	$1-\sqrt{3}$	$1-2\sqrt{3}$	$-3-3\sqrt{3}$	
$1+\sqrt{3}$:		$1+\sqrt{3}$	$2+2\sqrt{3}$	$3+3\sqrt{3}$	
	1	2	3	0	$= f(1-\sqrt{3})$.

c. Es gibt keine weitere reelle Nullstellen, da

$$f(x) = x^4 - 3x^2 - 10x - 6 = \left(1 - \sqrt{3}\right)\left(1 + \sqrt{3}\right)\left(x^2 + 2x + 3\right)$$

ist und der letzte Term keine reelle Nullstelle hat.

Abschnitt 4.4

1. Die Funktion $f(x) = \dfrac{x^2 - 2}{x^2 + 5}$ hat folgende Eigenschaften:

a. Definitionslücken: keine

b. Nullstellen: bei $\sqrt{2}$ und $-\sqrt{2}$

c. Polstellen: keine

d. behebbare Definitionslücken: keine.

Die ► Abbildung L.9 zeigt den Graphen der Funktion.

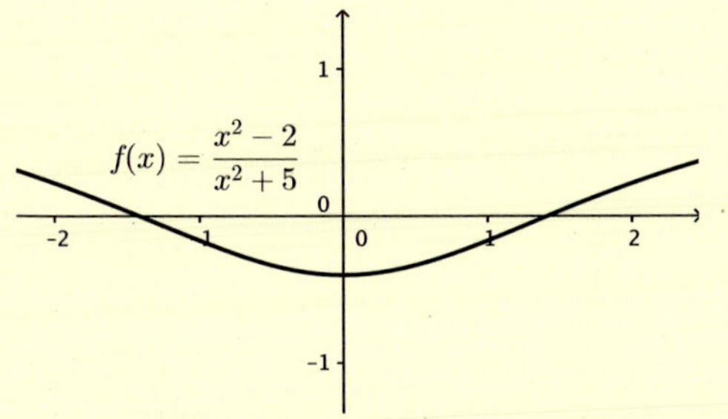

Abbildung L.9 Abschnitt 4.4, Aufgabe 1

2. Die Funktion

$$g(x) = \frac{x^3}{3 - x^2}$$

hat folgende Eigenschaften:

a. Definitionslücken: bei $\sqrt{3}$ und $-\sqrt{3}$

b. Nullstellen: eine dreifache Nullstelle bei 0

c. Polstellen: bei $\sqrt{3}$ und $-\sqrt{3}$

d. behebbare Definitionslücken: keine.

Die ► Abbildung L.10 zeigt den Graphen der Funktion.

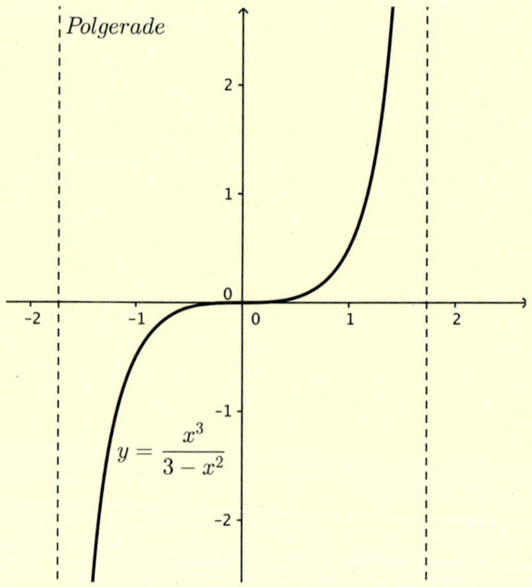

Abbildung L.10 Abschnitt 4.4, Aufgabe 2

3. Die Funktion

$$h(x) = \frac{6x^4 - 1}{3x^2}$$

hat folgende Eigenschaften:

a. Definitionslücken: bei 0

b. Nullstellen: bei $\sqrt[4]{\frac{1}{6}}$ und $-\sqrt[4]{\frac{1}{6}}$

c. Polstellen: doppelte Polstelle bei 0

d. behebbare Definitionslücken: keine.

Die ► Abbildung L.11 zeigt den Graphen der Funktion.

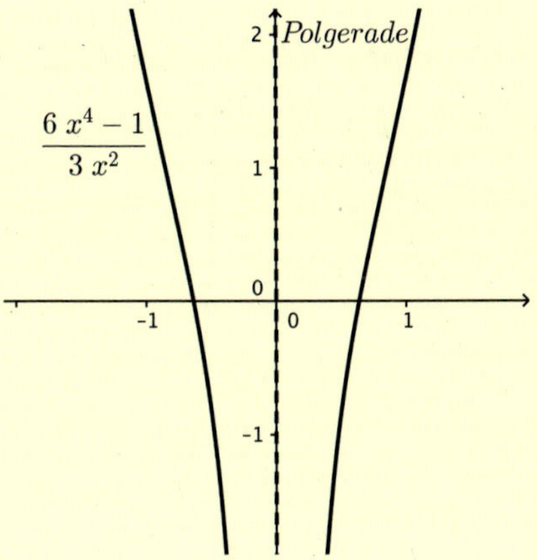

Abbildung L.11 Abschnitt 4.4, Aufgabe 3

4. Die Funktion

$$i(x) = \frac{x^3 - 5x^2 - 2x + 24}{x^3 + 3x^2 + 2x} = \frac{(x-3)(x-4)(x+2)}{x(x+1)(x+2)}$$

hat folgende Eigenschaften:

a. Definitionslücken: bei 0, -1, -2

b. Nullstellen: bei 3, 4

c. Polstellen: Polstellen bei 0, -1

d. behebbare Definitionslücken: bei -2.

Die ► Abbildung L.12 zeigt den Graphen der Funktion.

5. Die Funktion

$$f(x) = \frac{x^2 + 3x - 4}{x - 2} = x + 5 + \frac{6}{x - 2}$$

hat die Asymptote $y = x + 5$ und den Graphen in ► Abbildung L.13.

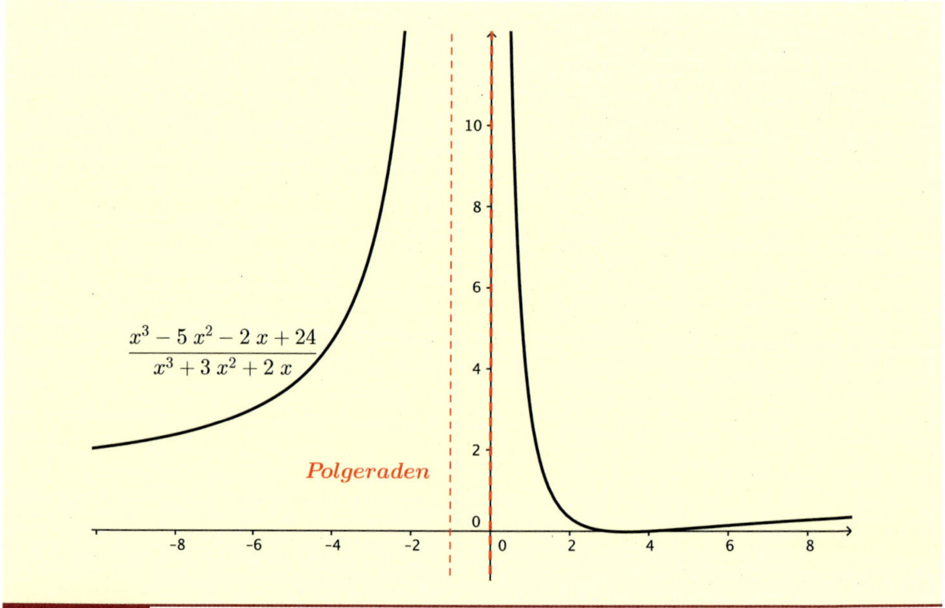

Abbildung L.12 Abschnitt 4.4, Aufgabe 4

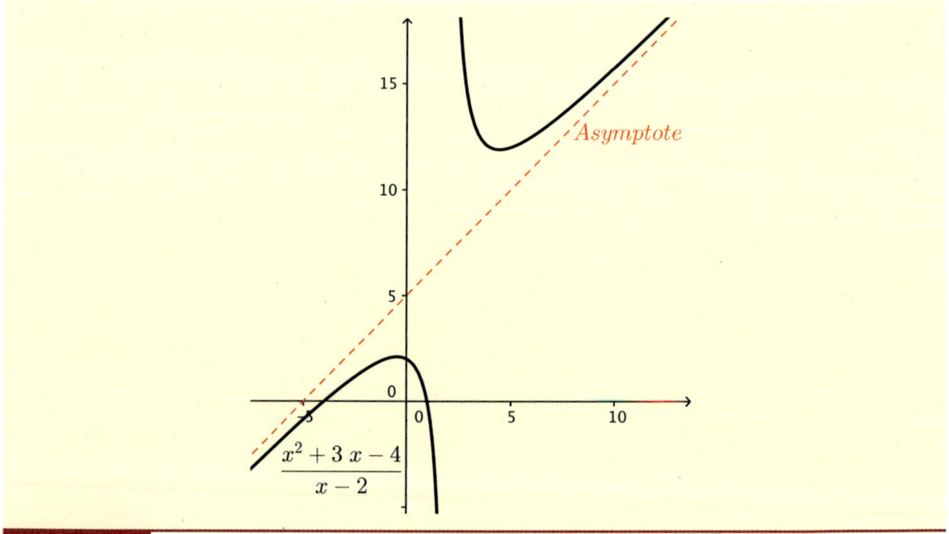

Abbildung L.13 Abschnitt 4.4, Aufgabe 5

6. Die Funktion

$$f(x) = \frac{x^2 + 3x + 1}{x^2 + 1} = 1 + \frac{3x}{x^2 + 1}$$

hat die Asymptote $y = 1$ und den Graphen in ► Abbildung L.14.

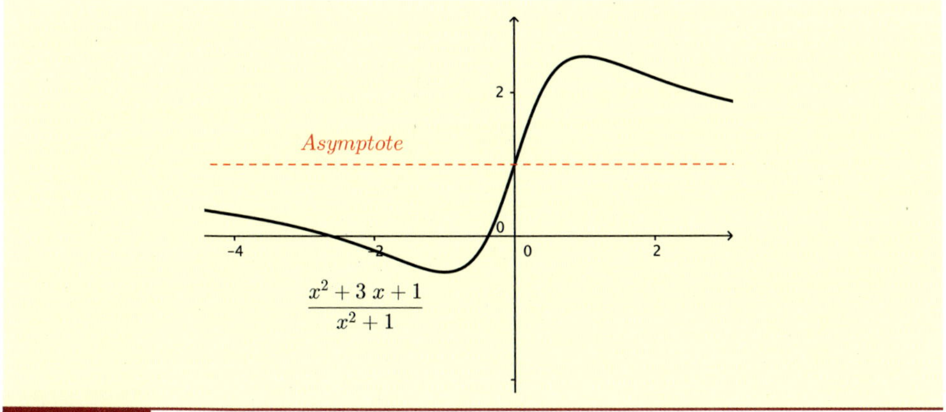

Abbildung L.14 Abschnitt 4.4, Aufgabe 6

7. Die Funktion

$$f(x) = \frac{x^3 - 4x + 8}{4x - 8} = \frac{x^2 + 2x}{4} + \frac{8}{4x - 8}$$

hat die Asymptote $y = \frac{x^2 + 2x}{4}$ und den Graphen in ► Abbildung L.15.

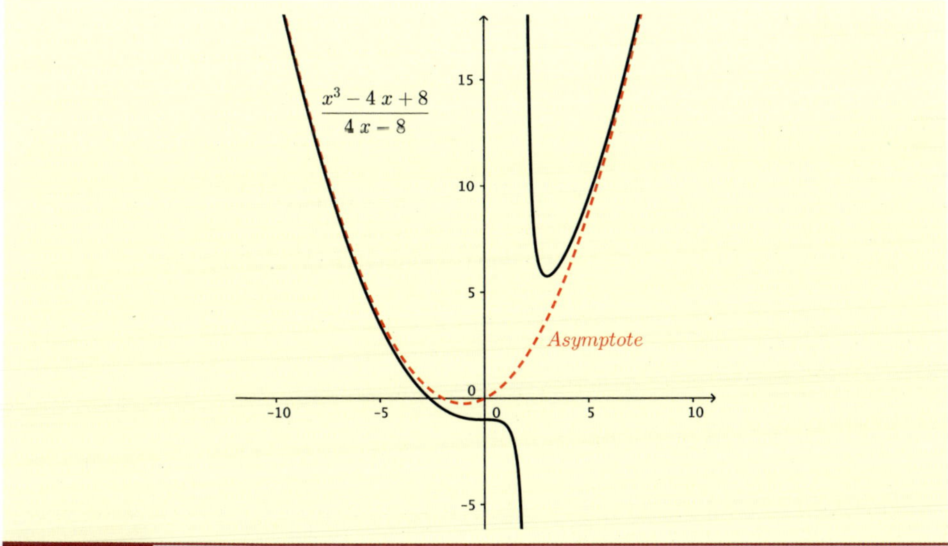

Abbildung L.15 Abschnitt 4.4, Aufgabe 7

8. Die Funktion

$$f(x) = \frac{x^3 - 13x + 12}{x^2 - 5x + 6} = x + 5 + \frac{6x - 18}{x^2 - 5x + 6}$$

hat die Asymptote $y = x + 5$ und den Graphen in ► Abbildung L.16.

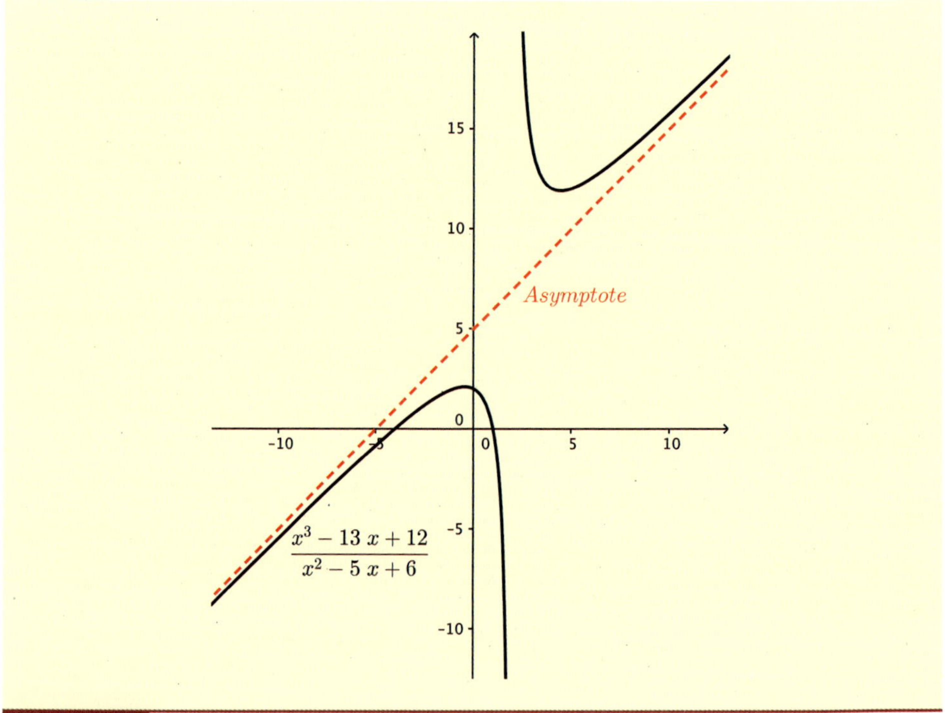

Abbildung L.16 Abschnitt 4.4, Aufgabe 8

9. Die Funktion

$$f(x) = \frac{2x^3 - 7x^2 + 2x - 1}{x^2 + 4x + 7} = 2x - 15 + \frac{48x + 104}{x^2 + 4x + 7}$$

hat die Asymptote $y = 2x - 15$ und den Graphen in ► Abbildung L.17.

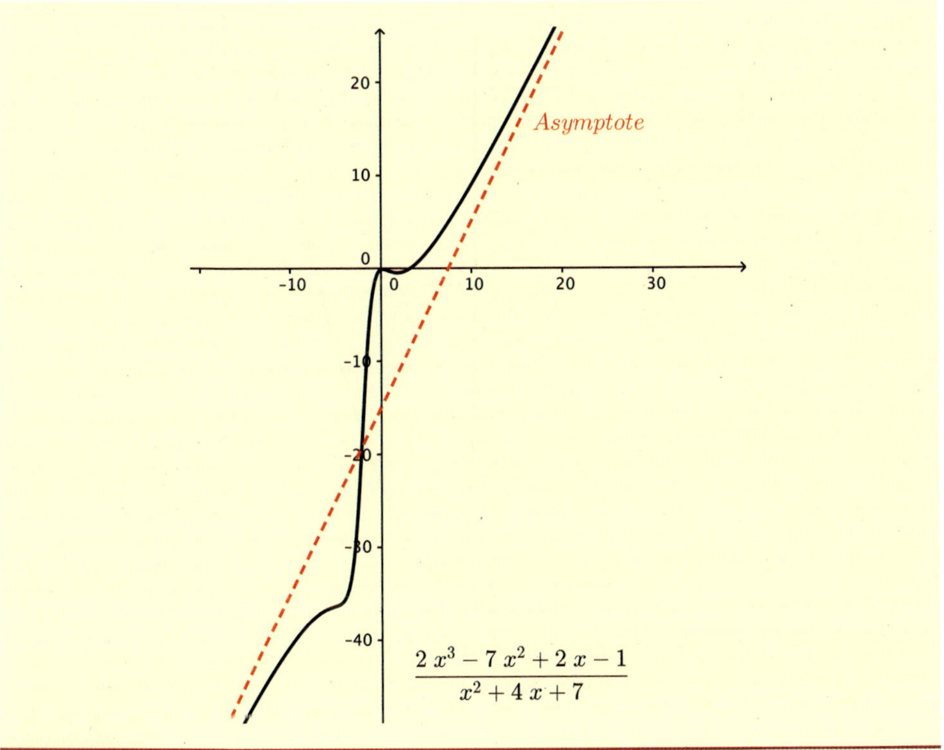

Abbildung L.17 Abschnitt 4.4, Aufgabe 9

10. Die Funktion

$$f(x) = \frac{x^4 + 2x^3 + 5}{2x^2 + 5x - 2} = \frac{x^2}{2} - \frac{x}{4} + \frac{9}{8} + \frac{\frac{29}{4} - \frac{49x}{8}}{2x^2 + 5x - 2}$$

hat die Asymptote $y = \frac{x^2}{2} - \frac{x}{4} + \frac{9}{8}$ und den Graphen in ► Abbildung L.18.

Abschnitt 4.5

1. **a.** Mit $\sin x = \frac{3}{5}$ folgt:

$$\cos x = \sqrt{1 - \sin^2 x} = \sqrt{1 - \frac{9}{25}} = \frac{4}{5}$$

$$\tan x = \frac{\sin x}{\cos x} = \frac{3}{5} : \frac{4}{5} = \frac{3}{4}$$

$$\cot x = \frac{1}{\tan x} = \frac{4}{3}\,.$$

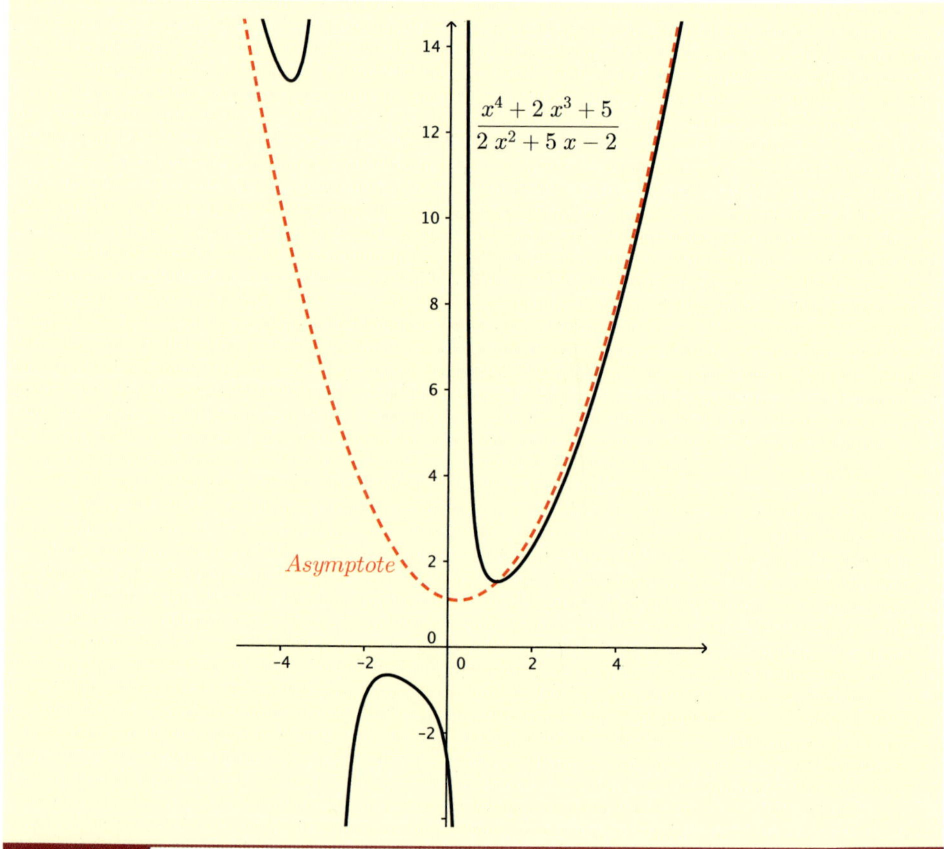

Abbildung L.18 Abschnitt 4.4, Aufgabe 10

b. Mit $\cos x = \frac{3}{4}$ folgt:

$$\begin{aligned}
\sin x &= \sqrt{1 - \cos^2 x} = \sqrt{1 - \frac{9}{16}} = \frac{\sqrt{7}}{4} \\
\tan x &= \frac{\sin x}{\cos x} = \frac{\sqrt{7}}{4} : \frac{3}{4} = \frac{\sqrt{7}}{3} \\
\cot x &= \frac{1}{\tan x} = \frac{3}{\sqrt{7}} \,.
\end{aligned}$$

c. Mit $\tan x = 2$ folgt:

$$\begin{aligned}
\sin x &= \frac{\tan x}{\pm\sqrt{1 + \tan^2 x}} = \pm\frac{2}{\sqrt{5}} \\
\cos x &= \frac{1}{\pm\sqrt{1 + \tan^2 x}} = \pm\frac{1}{\sqrt{5}} \\
\cot x &= \frac{1}{\tan x} = \frac{1}{2} \,.
\end{aligned}$$

2. **a.** $\dfrac{\sin x}{\tan x} = \cos x$

b. $\dfrac{\cot x}{\cos x} = \dfrac{1}{\sin x}$

c. $\sqrt{1+\tan^2 x}\cdot\cos x = \sqrt{1+\dfrac{\sin^2 x}{\cos^2 x}}.\cos x = \sqrt{\dfrac{1}{\cos^2 x}}.\cos x = 1\,.$

3. **a.** $\sin(\pi - x) = \underbrace{\sin\pi}_{=0}\cos x - \sin x\underbrace{\cos\pi}_{=-1} = \sin x$

b. $\cos(\pi - x) = \cos\pi\cos x + \sin\pi\sin x = -\cos x\,.$

4. **a.** $\cos x = \cos(x+\frac{\pi}{2}-\frac{\pi}{2}) = \cos\left(x+\frac{\pi}{2}\right)\underbrace{\cos\frac{\pi}{2}}_{=0} + \sin\left(x+\frac{\pi}{2}\right)\underbrace{\sin\frac{\pi}{2}}_{=1} = \sin\left(x+\frac{\pi}{2}\right)$

b. $\cos x = \cos(x-\frac{\pi}{2}+\frac{\pi}{2}) = \cos\left(x-\frac{\pi}{2}\right)\underbrace{\cos\frac{\pi}{2}}_{=0} - \sin\left(x-\frac{\pi}{2}\right)\underbrace{\sin\frac{\pi}{2}}_{=1} = -\sin\left(x-\frac{\pi}{2}\right).$

5. **a.** Gegeben sind: $c = 10\,\text{cm}$, $\alpha = 90°$, $\beta = 25°40'$:

$$\begin{aligned}\gamma &= 90° - \beta = 64°20'\\ b &= c\tan\beta = 4{,}8\,\text{cm}\\ a &= \frac{c}{\cos\beta} = 11{,}1\,\text{cm}\,.\end{aligned}$$

b. Gegeben sind $b = 5\,\text{cm}$, $c = 12\,\text{cm}$, $\alpha = 90°$:

$$\begin{aligned}a &= \sqrt{b^2+c^2} = 13\,\text{cm}\\ \tan\beta &= \frac{b}{c} \Rightarrow \beta = 22°40'\\ \gamma &= 90° - \beta = 67°20'\,.\end{aligned}$$

c. Gegeben sind $a = 24{,}32\,\text{cm}$, $\alpha = 90°$, $\gamma = 38°17'$:

$$\begin{aligned}\beta &= 90° - \gamma = 51°43'\\ b &= a\cos\gamma = 19{,}09\,\text{cm}\\ c &= a\cos\beta = 15{,}07\,\text{cm}\,.\end{aligned}$$

d. Gegeben sind $a = 19{,}23\,\text{cm}$, $b = 8{,}09\,\text{cm}$, $\alpha = 90°$:

$$\begin{aligned}c &= \sqrt{a^2-b^2} = 17{,}45\,\text{cm}\\ \sin\beta &= \frac{b}{a} \Rightarrow \beta = 24°53'\\ \gamma &= 90° - \beta = 65°07'\,.\end{aligned}$$

6. **a.** $\cos 2\alpha = \cos\alpha\cos\alpha - \sin\alpha\sin\alpha = \cos^2\alpha - \sin^2\alpha$

b. $\tan 2\alpha = \dfrac{\sin 2\alpha}{\cos 2\alpha} = \dfrac{2\sin\alpha\cos\alpha}{\cos^2\alpha - \sin^2\alpha} = \dfrac{2\dfrac{\sin\alpha}{\cos\alpha}}{1 - \dfrac{\sin^2\alpha}{\cos^2\alpha}} = \dfrac{2\tan\alpha}{1-\tan^2\alpha}$

c. $\cot 2\alpha = \dfrac{1}{\tan 2\alpha} = \dfrac{1-\tan^2\alpha}{2\tan\alpha} = \dfrac{\dfrac{1}{\tan^2\alpha} - 1}{\dfrac{2\tan\alpha}{\tan^2\alpha}} = \dfrac{\cot^2\alpha - 1}{2\cot\alpha}$

7.
$$\begin{aligned}\sin 3\alpha &= \sin(\alpha + 2\alpha) = \sin\alpha\cos 2\alpha + \cos\alpha\sin 2\alpha\\ &= \sin\alpha\left(\cos^2\alpha - \sin^2\alpha\right) + \cos\alpha\,(2\cos\alpha\sin\alpha)\\ &= 3\sin\alpha\cos^2\alpha - \sin^3\alpha\\ &= 3\sin\alpha\left(1-\sin^2\alpha\right) - \sin^3\alpha\\ &= 3\sin\alpha - 4\sin^3\alpha\,.\end{aligned}$$

8. Da gemäß dem trigonometrischen Pythagoras $\sin^2\alpha + \cos^2\alpha = 1$ ist, folgt

$$\cos\alpha = \sqrt{1-\left(\frac{4}{5}\right)^2} = \frac{3}{5} \quad \text{und} \quad \cos\beta = \sqrt{1-\left(\frac{5}{13}\right)^2} = \frac{12}{13}\,.$$

Mit dem Additionstheorem für den Sinus ergibt sich

$$\sin(\alpha-\beta) = \sin\alpha\cos\beta - \cos\alpha\sin\beta = \frac{4}{5}\cdot\frac{12}{13} - \frac{3}{5}\cdot\frac{5}{13} = \frac{33}{65} \Rightarrow \gamma = 30{,}51^\circ\,.$$

9.
$$\begin{aligned}\sin 15^\circ &= \sin(45^\circ\text{-}30^\circ) = \sin 45^\circ\cos 30^\circ - \cos 45^\circ\sin 30^\circ\\ &= \frac{\sqrt{2}}{2}\frac{\sqrt{3}}{2} - \frac{\sqrt{2}}{2}\frac{1}{2} = \frac{1}{4}\sqrt{2}\left(\sqrt{3}-1\right)\\ \cos 15^\circ &= \cos(45^\circ\text{-}30^\circ) = \cos 45^\circ\cos 30^\circ + \sin 45^\circ\sin 30^\circ\\ &= \frac{\sqrt{2}}{2}\frac{\sqrt{3}}{2} + \frac{\sqrt{2}}{2}\frac{1}{2} = \frac{1}{4}\sqrt{2}\left(\sqrt{3}+1\right)\\ \tan 15^\circ &= \frac{\frac{1}{4}\sqrt{2}\,(\sqrt{3}-1)}{\frac{1}{4}\sqrt{2}\,(\sqrt{3}+1)} = \frac{\sqrt{3}-1}{\sqrt{3}+1} = \frac{(\sqrt{3}-1)^2}{(\sqrt{3}+1)\,(\sqrt{3}+1)}\\ &= \frac{(3-2\sqrt{3}+1)}{3-1} = 2-\sqrt{3}\\ \cot 15^\circ &= \frac{1}{2-\sqrt{3}} = \frac{2+\sqrt{3}}{(2-\sqrt{3})\,(2+\sqrt{3})} = 2+\sqrt{3}.\end{aligned}$$

10. **a.** Mit dem Additionstheorem für den doppelten Sinus folgt

$$\sin 2x = 2\sin x \Leftrightarrow \sin x\cos x = \sin x \Leftrightarrow \sin x\,(\cos x - 1) = 0\,,$$

d. h. $\sin x = 0$ oder $\cos x = 1$. Die Lösungsmenge ist $\mathbb{L} = \{0^\circ, 180^\circ, 360^\circ\}$.

b. Mit dem trigonometrischen Pythagoras folgt

$$\sin x = \sqrt{1-\cos^2 x}$$

und damit

$$\sin x = 1 + \cos x \Leftrightarrow \sqrt{1-\cos^2 x} = 1 + \cos x\,.$$

Nun quadrieren wir die letzte Gleichung und erhalten

$$1 - \cos^2 x = 1 + 2\cos x + \cos^2 x\,.$$

Zusammenfassen und Ordnen ergibt schließlich

$$\cos x\,(\cos x + 1) = 0\,.$$

Also ist $\cos x = 0$ oder $\cos x = -1$. Die Winkel 90°, 180°, 270° erfüllen eine von beiden Gleichungen. Da wir quadriert haben (was ja *keine* Äquivalenzumformung ist!), müssen die gefundenen Winkel in die Ausgangsgleichung eingesetzt werden. Da

$$\sin 270° = -1 \neq 1 = 1 + \cos 270°$$

ist, ist 270° keine Lösung, d. h. $\mathbb{L} = \{90°, 180°\}$.

Abschnitt 4.6

1. Wir schreiben die Gleichung um, indem wir sie exponieren und logarithmieren:

$$a^{bx+c} = d^{ex+f} \Leftrightarrow \exp\left(\ln\left(a^{bx+c}\right)\right) = \exp\left(\ln\left(d^{ex+f}\right)\right).$$

Die rechts stehende Gleichung ist aber nichts anderes als

$$e^{(bx+c)\ln a} = e^{(ex+f)\ln d}\,.$$

Damit diese Gleichung stimmt, müssen die Exponenten übereinstimmen, d. h.

$$(bx+c)\ln a = (ex+f)\ln d \Leftrightarrow x = \frac{f\ln d - c\ln a}{b\ln a - e\ln d}\,,$$

sofern der Nenner ungleich Null ist.

2. **a.** Für die linke Seite gilt

$$5^{x+3} - 5^{x+1} = 5^x\left(5^3 - 5\right) = 120 \cdot 5^x\,.$$

Analog gilt für die rechte Seite

$$3^{x+4} - 3^{x-2} = 3^x\left(3^4 - 3^{-2}\right) = \frac{728}{9} \cdot 3^x\,.$$

Zu lösen ist also

$$\left(\frac{5}{3}\right)^x = \frac{728}{9 \cdot 120}\,.$$

Logarithmieren ergibt

$$x\,(\ln 5 - \ln 3) = \ln 0{,}674 \Rightarrow x \approx -0{,}772\,.$$

b. Logarithmieren ergibt

$$3^x \ln 2 = 2^x \ln 3 \Leftrightarrow \left(\frac{3}{2}\right)^x = \frac{\ln 3}{\ln 2}\,.$$

Nochmaliges Logarithmieren führt zu

$$x \ln \frac{3}{2} = \ln\left(\frac{\ln 3}{\ln 2}\right) \Rightarrow x \approx 1{,}138\,.$$

3. Die Funktion

$$N(t) = N_0 e^{-\lambda t}$$

beschreibt den Zerfall eines radioaktiven Teilchens. N_0 ist die Anzahl der Teilchen zum Zeitpunkt $t = 0$. Für $\lambda = 0{,}005$ errechnet sich die Halbwertzeit $\bar{t}$ der Teilchen durch:

$$N(\bar{t}) = \frac{N_0}{2} = N_0 e^{-\lambda \bar{t}} \Leftrightarrow \frac{1}{2} = e^{-0{,}005\bar{t}}\,.$$

Logarithmieren ergibt

$$\ln 1 - \ln 2 = -0{,}005\bar{t} \to \bar{t} = \frac{-\ln 2}{-0{,}005} \approx 138{,}63\,.$$

4. Die Nullstellen ergeben sich durch

$$-3e^{2x^2} + 5 = 0 \Leftrightarrow e^{2x^2} = \frac{5}{3} \Leftrightarrow 2x^2 = \ln\frac{5}{3} \Leftrightarrow x_{1/2} = \pm\sqrt{\frac{\ln 5 - \ln 3}{2}}\,.$$

Die Funktion ist auf ganz $\mathbb{R}$ definiert und hat den Bildbereich $(-\infty, 2]$. Für $x \geq 0$ ist sie streng monoton fallend. Ihre Umkehrfunktion ergibt sich durch

$$y = -3e^{2x^2} + 5 \Leftrightarrow \frac{y-5}{-3} = e^{2x^2} \Leftrightarrow x = \sqrt{\frac{\ln\frac{y-5}{-3}}{2}}\,,$$

da $x \geq 0$ ist. Also folgt

$$f^{-1}: \begin{cases} (-\infty, 2] & \to \mathbb{R}_+ \\ x & \mapsto \sqrt{\dfrac{\ln\frac{x-5}{-3}}{2}}\,. \end{cases}$$

5. Es gilt für $a > 0$

$$\ln(ax) = b \Leftrightarrow e^{\ln(ax)} = e^b \Rightarrow ax = e^b \Rightarrow x = \frac{e^b}{a}\,.$$

6. Es gilt

$$3^{2\ln x} = \ln 9 \Leftrightarrow 2\ln x \ln 3 = \ln(\ln 9) \Rightarrow \ln x = \frac{\ln(\ln 9)}{2\ln 3}\,.$$

Exponieren führt zu

$$x = \exp\left(\frac{\ln(\ln 9)}{2\ln 3}\right) = 1{,}431\,.$$

7. Die Funktion

$$f(x) = \ln x^2$$

hat den Definitionsbereich $\mathbb{D} = \mathbb{R} \setminus \{0\}$ und den Bildbereich $f(\mathbb{D}) = \mathbb{R}$. Die Funktion ist nicht streng monoton, deshalb beschränken wir ihren Definitionsbereich auf $\mathbb{R}_{>0}$ und erhalten

$$f^{-1}(x) = \sqrt{e^x} = e^{\frac{x}{2}}$$

mit

$$\mathbb{D}_{f^{-1}} = f(\mathbb{D}) = \mathbb{R}$$

und

$$f^{-1}\left(\mathbb{D}_{f^{-1}}\right) = \mathbb{R}_{>0}\,.$$

Die ► Abbildung L.19 zeigt den Graphen der Funktion.

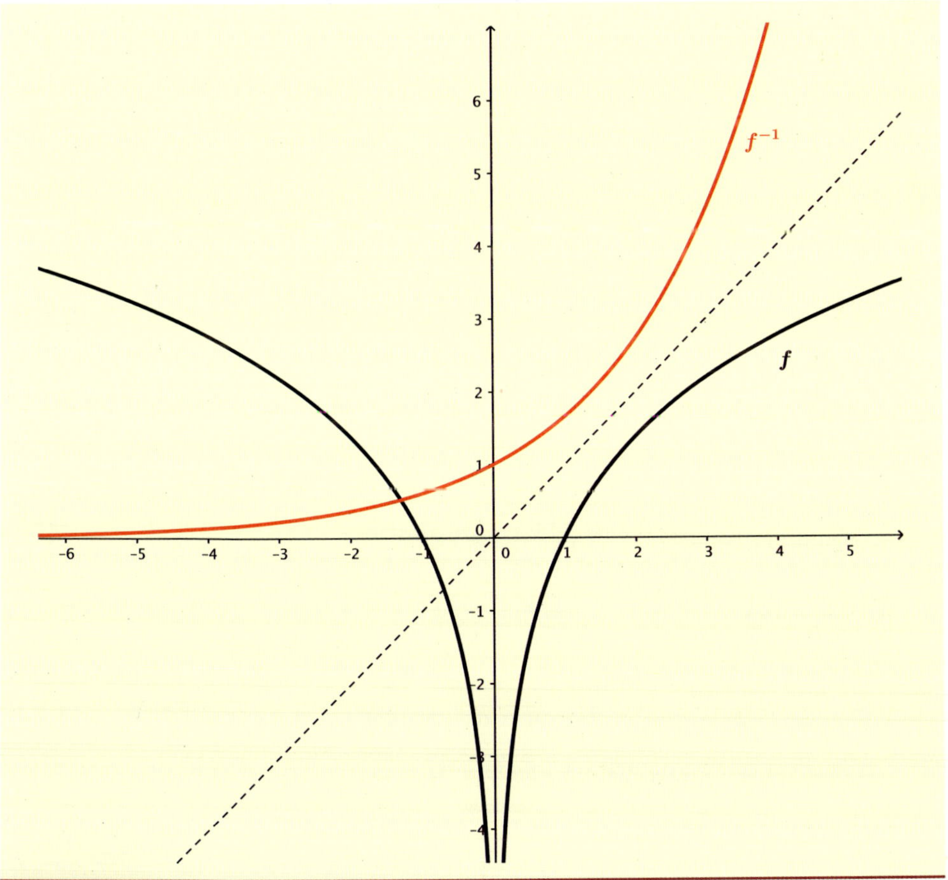

Abbildung L.19 Abschnitt 4.6, Aufgabe 7

Kapitel 5

1. $f'(x) = 6x^2 - 6\sin x$

2. $f'(x) = 6e^{3x} - 8x - \dfrac{2}{\cos^2 2x}$

3. $f'(x) = e^{5x}\left(9x^2\cos 2x + 15x^3\cos 2x - 6x^3\sin 2x\right)$

4. $f'(x) = \dfrac{-3x^2 - 2x - 3}{(x^2-1)^2}$

5. $f'(x) = 3e^{x-2\pi}\left(\sin(4x) + 4\cos(4x)\right)$

6. $g'(x) = \dfrac{1}{\sqrt{x}(\sqrt{x}+1)^2}$

7. $f'(x) = \dfrac{2x^2 - 4x + 3}{\sqrt{x^2 - 2x + 2}}$

8. $f'(x) = \dfrac{36x^2(x^3-1)^3}{(2x^3+1)^5}$

9. Es gilt für die Nullstellen des Nenners

$$x_{1/2} = \frac{5}{2} \pm \sqrt{\frac{25}{4} - \frac{25}{4}} = \frac{5}{2},$$

also folgt

$$f(x) = \frac{3x-6}{4x^2 - 20x + 25} = \frac{3x-6}{(2x-5)^2}.$$

a. Definitionsbereich: $\mathbb{D} = \mathbb{R} \setminus \left\{\frac{5}{2}\right\}$

b. Symmetrie:

$$f(-x) = \frac{-3x-6}{4(-x)^2 - 20(-x) + 25} = \frac{-3x-6}{4x^2 + 20x + 25},$$

also liegt keine Symmetrie vor.

c. Nullstellen: $x_1 = 2$

d. Polstelle: doppelt bei $x_{2/3} = \dfrac{5}{2}$

e. Asymptoten: Da der Nenner eine höhere Potenz von x als der Zähler hat, ist $y = 0$ die Asymptote.

f. Ableitungen: Für alle $x \in \mathbb{R} \setminus \left\{\frac{5}{2}\right\}$ gilt:

$$f'(x) = \frac{3(2x-5)^2 - (3x-6)2 \cdot 2(2x-5)}{(2x-5)^4} = \frac{3(2x-5) - 4(3x-6)}{(2x-5)^3} = \frac{-6x+9}{(2x-5)^3}$$

$$f''(x) = \frac{-6(2x-5)^3 - (-6x+9)2 \cdot 3(2x-5)^2}{(2x-5)^6} = \frac{-6(2x-5) - 6(-6x+9)}{(2x-5)^4}$$

$$= \frac{24x-24}{(2x-5)^4}$$

$$f'''(x) = \frac{24(2x-5)^4 - (24x-24)2 \cdot 4(2x-5)^3}{(2x-5)^8} = \frac{24(2x-5) - 8(24x-24)}{(2x-5)^5}$$

$$= \frac{-144x+72}{(2x-5)^5}.$$

g. Extrema:

$$f'(x) = -6x+9 = 0 \Longrightarrow x_4 = \frac{3}{2}$$

$$f''\left(\frac{3}{2}\right) = \frac{24(\frac{3}{2})-24}{(2(\frac{3}{2})-5)^4} = \frac{36-24}{(3-5)^4} = \frac{12}{16} = \frac{3}{4} > 0 \Rightarrow \frac{3}{2} \quad \text{ist eine Minimalstelle}$$

und

$$f\left(\frac{3}{2}\right) = \frac{3\left(\frac{3}{2}\right)-6}{\left(2\left(\frac{3}{2}\right)-5\right)^2} = \frac{-\frac{3}{2}}{4} = -\frac{3}{8}.$$

h. Wende- und Sattelpunkte:

$$f''(x) = \frac{24x-24}{(2x-5)^4},$$

also ist $x_5 = 1$ die einzige Nullstelle, und da

$$f'''(1) = \frac{-144 \cdot 1 + 72}{(2 \cdot 1 - 5)^5} \neq 0$$

und $f'(1) \neq 1$ ist, hat die Funktion an der Stelle $x_5 = 1$ einen Wendepunkt. Der Funktionswert an der Wendestelle ist

$$f(1) = \frac{3\,(1)-6}{(2\,(1)-5)^2} = \frac{-3}{9} = -\frac{1}{3}.$$

i. Wertebereich: $\left[-\frac{3}{8}, \infty\right)$.

Die ► Abbildung L.20 zeigt den Graphen der Funktion.

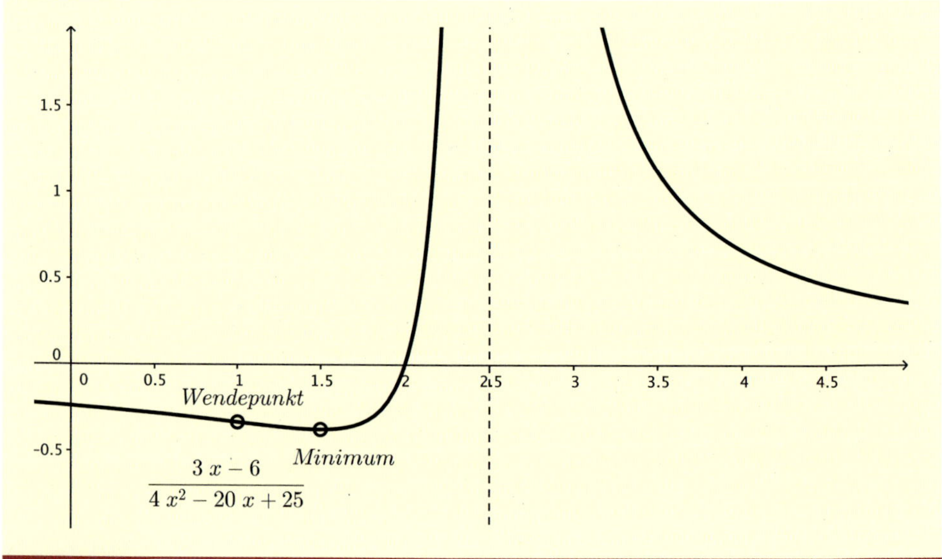

Abbildung L.20 Kapitel 5, Aufgabe 9

Kapitel 6

1. $\int_0^1 xe^{x^2}\,\mathrm{d}x$

Lösung $\int_0^1 xe^{x^2}\,\mathrm{d}x = \frac{1}{2}e^{x^2}\Big|_0^1 = \frac{1}{2}(e-1)\,.$

2. $\int (x+2)\ln(x^2+4x)\,\mathrm{d}x$

Lösung Wir substituieren $u = x^2 + 4x \Rightarrow \mathrm{d}u = (2x+4)\,\mathrm{d}x$, und damit ergibt sich

$$\int (x+2)\ln(x^2+4x)\,\mathrm{d}x = \frac{1}{2}\int \ln(u)\,\mathrm{d}u\,.$$

Mit partieller Integration erhält man

$$\frac{1}{2}\int \ln(u)\,\mathrm{d}u = \frac{1}{2}\left(u\ln(u) - \int u\frac{1}{u}\mathrm{d}u\right) = \frac{1}{2}(u\ln(u)-u) = \frac{1}{2}\left((x^2+4x)(\ln(x^2+4x)-1)\right)\,.$$

3. $\int_2^3 \frac{\mathrm{d}x}{x\cdot\ln(x)}$

Lösung Das Integral ist vom Typ $\int \frac{f'(x)}{f(x)} \mathrm{d}x$, also folgt:

$$\int\limits_2^3 \frac{\mathrm{d}x}{x \cdot \ln(x)} = \ln(|\ln(x)|)\Big|_2^3 = \ln(\ln 3) - \ln(\ln 2)\,.$$

4. $\int \sin(x)\cos(x)e^{-2\cos^2(x)}\,\mathrm{d}x$

Lösung Wir substituieren $u = -2\cos^2(x) \Rightarrow \frac{\mathrm{d}u}{\mathrm{d}x} = 4\cos(x)\sin(x)$, und damit ergibt sich

$$\int \sin(x)\cos(x)e^{-2\cos^2(x)}\,\mathrm{d}x = \frac{1}{4}\int e^u\,\mathrm{d}u = \frac{1}{4}e^u = \frac{1}{4}e^{-2\cos^2(x)}\,.$$

5. $\int\limits_0^{\sqrt[3]{\ln 2}} 4x^2 e^{2x^3}\,\mathrm{d}x$

Lösung

$$\int\limits_0^{\sqrt[3]{\ln 2}} 4x^2 e^{2x^3}\,\mathrm{d}x = 4 \cdot \left(\frac{1}{6}e^{2x^3}\Big|_0^{\sqrt[3]{\ln 2}}\right) = \frac{2}{3}(e^{2\ln 2} - 1) = \frac{2}{3}(4-1) = 2\,.$$

6. $\int\limits_1^e \frac{\mathrm{d}x}{x \cdot (1 + \ln(x))}$

Lösung Das Integral ist vom Typ: $\int \frac{f'(x)}{f(x)} \mathrm{d}x$, also folgt:

$$\int\limits_1^e \frac{\mathrm{d}x}{x \cdot (1+\ln(x))} = \ln(|1 + \ln(x)|)\Big|_1^e = \ln(1 + \ln(e)) - \ln(1 + \ln(1)) = \ln 2\,.$$

7. $\int x^2 e^x\,\mathrm{d}x$

Lösung Mit zweimaliger partieller Integration folgt

$$\int x^2 e^x\,\mathrm{d}x = x^2 e^x - 2\int x e^x\,\mathrm{d}x = x^2 e^x - 2\left[x e^x - \int e^x\,\mathrm{d}x\right] = e^x\left(x^2 - 2x + 2\right)\,.$$

8. $\int x^2 \cos x \,\mathrm{d}x$

Lösung

$$\int x^2 \cos x \,\mathrm{d}x = x^2 \sin x - 2\int x \sin x \,\mathrm{d}x = x^2 \sin x - 2\left[x(-\cos x) - \int -\cos x \,\mathrm{d}x\right]$$
$$= x^2 \sin x + 2x \cos x - 2 \sin x\,.$$

9. $\int x^3 \cos x \,\mathrm{d}x$

Lösung

$$\int x^3 \cos x \,\mathrm{d}x = x^3 \sin x - 3\int x^2 \sin x \,\mathrm{d}x = x^3 \sin x - 3\left[-x^2 \cos x + 2\int x \cos x \,\mathrm{d}x\right]$$
$$= x^3 \sin x + 3x^2 \cos x - 6\left[x \sin x - \int \sin x \,\mathrm{d}x\right] =$$
$$x^3 \sin x + 3x^2 \cos x - 6x \sin x - 6 \cos x\,.$$

10. $\int x^3 e^x \,\mathrm{d}x$

Lösung

$$\int x^3 e^x \,\mathrm{d}x = x^3 e^x - 3\int x^2 e^x \,\mathrm{d}x = x^3 e^x - 3x^2 e^x + 6\int x e^x \,\mathrm{d}x = x^3 e^x - 3x^2 e^x + 6x e^x - 6e^x\,.$$

11. $\int x \ln x \,\mathrm{d}x$

Lösung

$$\int x \ln x \,\mathrm{d}x = x(x \ln x - x) - \int (x \ln x - x)\,\mathrm{d}x = x(x \ln x - x) + \frac{x^2}{2} - \int x \ln x \,\mathrm{d}x \Rightarrow$$
$$\int x \ln x \,\mathrm{d}x = \frac{1}{2}\left(x(x \ln x - x) + \frac{x^2}{2}\right) = \frac{1}{2}\left(x^2 \ln x - \frac{x^2}{2}\right)\,.$$

12. $\int \cos(\ln x) \,\mathrm{d}x$

Lösung Wir substituieren

$$t = lnx \Rightarrow x = e^t, \quad \frac{\mathrm{d}x}{\mathrm{d}t} = e^t = x\,.$$

Es folgt

$$\int \cos(\ln x) \,\mathrm{d}x = \int \cos(t) e^t \,\mathrm{d}t = e^t \sin t - \int e^t \sin(t) \,\mathrm{d}x$$
$$= e^t \sin t + e^t \cos(t) - \int e^t \cos(t) \,\mathrm{d}x\,.$$

Wir haben auf der rechten Seite das gleiche Integral (mit einem Minuszeichen) wie auf der linken Seite und können beide Integrale auf die linke Seite bringen:

$$2\int \cos(t)e^t \,\mathrm{d}t = e^t \sin t + e^t \cos(t)\,.$$

Also ergibt sich insgesamt mit der Rücksubstitution

$$\int \cos(\ln x)\,\mathrm{d}x = \frac{1}{2}\left(e^t \sin t + e^t \cos(t)\right) = \frac{1}{2}\left(x\sin(\ln x) + x\cos(\ln x)\right)\,.$$

13. $\int x^3 e^{x^2}\,\mathrm{d}x$

Lösung Wir substituieren

$$t = x^2 \Rightarrow x = \sqrt{t}, \quad \frac{\mathrm{d}t}{\mathrm{d}x} = 2x \Rightarrow \frac{\mathrm{d}x}{\mathrm{d}t} = \frac{1}{2x}\,.$$

Es folgt

$$\int x^3 e^{x^2}\,\mathrm{d}x = \int x \cdot x^2 e^{x^2}\,\mathrm{d}x = \int x \cdot te^t \frac{1}{2x}\mathrm{d}t = \frac{1}{2}\left(te^t - \int e^t\,\mathrm{d}t\right)$$
$$= \frac{1}{2}\left(te^t - e^t\right) = \frac{1}{2}\left(x^2 e^{x^2} - e^{x^2}\right).$$

14. $\int \frac{x}{\sqrt{1-x^4}}\,\mathrm{d}x$

Lösung Wir substituieren

$$t = x^2 \Rightarrow x = \sqrt{t}, \quad \frac{\mathrm{d}t}{\mathrm{d}x} = 2x \Rightarrow \frac{\mathrm{d}x}{\mathrm{d}t} = \frac{1}{2x}\,.$$

Es folgt

$$\int \frac{x}{\sqrt{1-x^4}}\,\mathrm{d}x = \int \frac{x}{\sqrt{1-t^2}}\frac{1}{2x}\,\mathrm{d}t = \frac{1}{2}\int \frac{1}{\sqrt{1-t^2}}\,\mathrm{d}t = \frac{1}{2}\arcsin t = \frac{1}{2}\arcsin x^2\,.$$

Kapitel 7

1. Für die Vektoren

$$\mathbf{u} = \begin{bmatrix} 1 \\ 1 \\ 2 \end{bmatrix}, \quad \mathbf{v} = \begin{bmatrix} -2 \\ 3 \\ -1 \end{bmatrix} \quad \text{und} \quad \mathbf{w} = \begin{bmatrix} -1 \\ 2 \\ -4 \end{bmatrix}$$

gilt

a.

$$\mathbf{u} + \mathbf{v} = \begin{bmatrix} 1 \\ 1 \\ 2 \end{bmatrix} + \begin{bmatrix} -2 \\ 3 \\ -1 \end{bmatrix} = \begin{bmatrix} -1 \\ 4 \\ 1 \end{bmatrix}$$

b.

$$\mathbf{u}-\mathbf{v}=\begin{bmatrix}1\\1\\2\end{bmatrix}-\begin{bmatrix}-2\\3\\-1\end{bmatrix}=\begin{bmatrix}3\\-2\\3\end{bmatrix}$$

c.

$$-2\mathbf{u}+3\mathbf{v}=-2\begin{bmatrix}1\\1\\2\end{bmatrix}+3\begin{bmatrix}-2\\3\\-1\end{bmatrix}=\begin{bmatrix}-2\\-2\\-4\end{bmatrix}+\begin{bmatrix}-6\\9\\-3\end{bmatrix}=\begin{bmatrix}-8\\7\\-7\end{bmatrix}$$

d.

$$(\mathbf{u}+\mathbf{v})+\mathbf{w}=\left(\begin{bmatrix}1\\1\\2\end{bmatrix}+\begin{bmatrix}-2\\3\\-1\end{bmatrix}\right)+\begin{bmatrix}-1\\2\\-4\end{bmatrix}=\begin{bmatrix}-1\\4\\1\end{bmatrix}+\begin{bmatrix}-1\\2\\-4\end{bmatrix}=\begin{bmatrix}-2\\6\\-3\end{bmatrix}$$

e.

$$\mathbf{u}+(\mathbf{v}+\mathbf{w})=\begin{bmatrix}1\\1\\2\end{bmatrix}+\left(\begin{bmatrix}-2\\3\\-1\end{bmatrix}+\begin{bmatrix}-1\\2\\-4\end{bmatrix}\right)=\begin{bmatrix}1\\1\\2\end{bmatrix}+\begin{bmatrix}-3\\5\\-5\end{bmatrix}=\begin{bmatrix}-2\\6\\-3\end{bmatrix}.$$

2. Der Vektor

$$\mathbf{v}=\begin{bmatrix}-2\\5\end{bmatrix}$$

hat die Länge $|\mathbf{v}|=\sqrt{(-2)^2+5^2}=\sqrt{29}$.

3. Der Einheitsvektor in Richtung

$$\mathbf{v}=\begin{bmatrix}-2\\5\end{bmatrix}\quad\text{ist}\quad\mathbf{e}_v=\frac{1}{\sqrt{29}}\begin{bmatrix}-2\\5\end{bmatrix}.$$

4. Die Projektion von

$$\mathbf{v}=\begin{bmatrix}-1\\3\\2\end{bmatrix}\quad\text{auf}\quad\mathbf{u}=\begin{bmatrix}3\\2\\1\end{bmatrix}\quad\text{ist}$$

$$\mathbf{v}_u=\frac{\mathbf{v}\cdot\mathbf{u}}{|\mathbf{u}|^2}\mathbf{u}=\frac{\begin{bmatrix}-1\\3\\2\end{bmatrix}\cdot\begin{bmatrix}3\\2\\1\end{bmatrix}}{(3)^2+2^2+1^2}\begin{bmatrix}3\\2\\1\end{bmatrix}=\frac{(-1)\cdot 3+3\cdot 2+2\cdot 1}{14}\begin{bmatrix}3\\2\\1\end{bmatrix}=\frac{5}{14}\begin{bmatrix}3\\2\\1\end{bmatrix}.$$

5. Sei ABC ein Dreieck und

$$\mathbf{a} = \overrightarrow{CB}, \quad \mathbf{b} = \overrightarrow{CA}, \quad \mathbf{c} = \overrightarrow{AB}\,.$$

Sei M der Lotpunkt von C auf $\mathbf{c}$ und

$$\mathbf{h} = \overrightarrow{CM}, \quad \mathbf{q} = \overrightarrow{MB}, \quad \mathbf{p} = \overrightarrow{MA}\,.$$

a. Stehen $\mathbf{a}$ und $\mathbf{b}$ senkrecht aufeinander, so gilt: $|\mathbf{h}|^2 = |\mathbf{p}| \cdot |\mathbf{q}|$ (**Höhensatz**).

Lösung Es gilt:

$$\mathbf{h} + \mathbf{q} = \mathbf{a}$$

und

$$\mathbf{h} + \mathbf{p} = \mathbf{b}\,,$$

also folgt:

$$0 = \mathbf{a} \cdot \mathbf{b} = (\mathbf{h} + \mathbf{q})(\mathbf{h} + \mathbf{p}) = |\mathbf{h}|^2 + \mathbf{q} \cdot \mathbf{h} + \mathbf{h} \cdot \mathbf{p} + \mathbf{q} \cdot \mathbf{p}$$

und daraus

$$0 = |\mathbf{h}|^2 + 0 + 0 + \mathbf{q} \cdot \mathbf{p} = |\mathbf{h}|^2 + |\mathbf{q}|\,|\mathbf{p}| \cos(\pi) = |\mathbf{h}|^2 - |\mathbf{q}|\,|\mathbf{p}|\,.$$

b. Ist γ der Winkel zwischen $\mathbf{a}$ und $\mathbf{b}$, so gilt: $|\mathbf{c}|^2 = |\mathbf{a}|^2 + |\mathbf{b}|^2 - 2\,|\mathbf{a}|\,|\mathbf{b}| \cos(\gamma)$ (**Kosinussatz**).

Lösung Es gilt:

$$\mathbf{c} = \mathbf{a} - \mathbf{b}$$

und damit

$$\begin{aligned} |\mathbf{c}|^2 = |\mathbf{a} - \mathbf{b}|^2 &= |\mathbf{a}|^2 - 2\mathbf{a} \cdot \mathbf{b} + |\mathbf{b}|^2 \\ &= |\mathbf{a}|^2 + |\mathbf{b}|^2 - 2\,|\mathbf{a}|\,\mathbf{b} \cos(\angle(\mathbf{a}, \mathbf{b})) \\ &= |\mathbf{a}|^2 + |\mathbf{b}|^2 - 2\,|\mathbf{a}|\,\mathbf{b} \cos(\gamma)\,. \end{aligned}$$

c. Stehen $\mathbf{a}$ und $\mathbf{b}$ senkrecht aufeinander, so gilt: $|\mathbf{c}|^2 = |\mathbf{a}|^2 + |\mathbf{b}|^2$ (**Satz des Pythagoras**).

Lösung Folgt sofort aus **b.** wegen $\gamma = \frac{\pi}{2}$.

6. Beweisen Sie mithilfe der Vektorrechnung den Satz des Thales: Verbindet man einen Punkt auf einer Kreislinie mit den beiden Endpunkten eines Durchmessers des Kreises, so bilden die beiden Verbindungslinien einen rechten Winkel.

Lösung Seien P der beliebige Punkt auf der Kreislinie (der allerdings nicht auf dem Durchmesser liegen darf!), P_1 und P_2 die beiden Endpunkte des Durchmessers und M der Mittelpunkt des Kreises (Skizze). Es soll gezeigt werden, dass die beiden Vektoren $\overrightarrow{P_1P}$ und $\overrightarrow{PP_2}$ senkrecht aufeinander stehen, d. h. dass

$$\overrightarrow{P_1P} \cdot \overrightarrow{PP_2} = 0$$

gilt. Definieren wir

$$\mathbf{a} = \overrightarrow{P_1M}, \mathbf{b} = \overrightarrow{MP},$$

so haben beide Vektoren die Länge des Radius des Kreises, also gilt:

$$|\mathbf{a}| = |\mathbf{b}|$$

und weiter

$$\mathbf{a} + \mathbf{b} = \overrightarrow{P_1P}.$$

Beachtet man, dass auch

$$\mathbf{a} = \overrightarrow{MP_2}$$

gilt (in die Skizze eintragen), so folgt

$$\mathbf{a} - \mathbf{b} = \overrightarrow{PP_2}$$

und schließlich

$$\begin{aligned}\overrightarrow{P_1P} \cdot \overrightarrow{PP_2} &= (\mathbf{a}+\mathbf{b}) \cdot (\mathbf{a}-\mathbf{b}) \\ &= |\mathbf{a}|^2 + \underbrace{\mathbf{b} \cdot \mathbf{a}}_{=\mathbf{a}\cdot\mathbf{b}} - \mathbf{a} \cdot \mathbf{b} - |\mathbf{b}|^2 \\ &= |\mathbf{a}|^2 - |\mathbf{b}|^2 \underbrace{=}_{|\mathbf{a}|=|\mathbf{b}|} 0.\end{aligned}$$

7. Gegeben sind die Punkte $A = (1, -1, 2)$, $B = (2, 1, 3)$, $C = (4, 0, 1)$. Unter Einwirkung einer konstanten Kraft

$$\mathbf{F} = \begin{bmatrix} 1 \\ 1 \\ 1 \end{bmatrix}$$

bewegt sich ein Massenpunkt m von A nach B. Wie groß ist die dabei verrichtete Arbeit (Krafteinheit: 1 Newton (N), Längeneinheit: 1 Meter (m)), falls

a. m sich auf kürzestem Weg von A nach B bewegt?

b. m sich von A nach B längs der Strecken $\overline{AC}$ und $\overline{CB}$ bewegt?

Lösung Seien

$$\mathbf{s} = \overrightarrow{AB} = \begin{bmatrix} 2 \\ 1 \\ 3 \end{bmatrix} - \begin{bmatrix} 1 \\ -1 \\ 2 \end{bmatrix} = \begin{bmatrix} 1 \\ 2 \\ 1 \end{bmatrix}$$

$$\mathbf{s}_1 = \overrightarrow{AC} = \begin{bmatrix} 4 \\ 0 \\ 1 \end{bmatrix} - \begin{bmatrix} 1 \\ -1 \\ 2 \end{bmatrix} = \begin{bmatrix} 3 \\ 1 \\ -1 \end{bmatrix}$$

$$\mathbf{s}_2 = \overrightarrow{CB} = \begin{bmatrix} 2 \\ 1 \\ 3 \end{bmatrix} - \begin{bmatrix} 4 \\ 0 \\ 1 \end{bmatrix} = \begin{bmatrix} -2 \\ 1 \\ 2 \end{bmatrix}.$$

Es gilt einerseits

$$\mathbf{F} \cdot \mathbf{s} = \begin{bmatrix} 1 \\ 1 \\ 1 \end{bmatrix} \cdot \begin{bmatrix} 1 \\ 2 \\ 1 \end{bmatrix} = 4\,\mathrm{Nm}$$

und andererseits

$$\mathbf{F} \cdot \mathbf{s}_1 + \mathbf{F} \cdot \mathbf{s}_2 = \begin{bmatrix} 1 \\ 1 \\ 1 \end{bmatrix} \cdot \begin{bmatrix} 3 \\ 1 \\ -1 \end{bmatrix} + \begin{bmatrix} 1 \\ 1 \\ 1 \end{bmatrix} \cdot \begin{bmatrix} -2 \\ 1 \\ 2 \end{bmatrix} = 3 + 1 = 4\,\mathrm{Nm},$$

die Arbeit ist wegunabhängig!

8. Das Kreuzprodukt der Vektoren

$$\mathbf{u} = \begin{bmatrix} -1 \\ 4 \\ -3 \end{bmatrix} \quad \text{und} \quad \mathbf{v} = \begin{bmatrix} 3 \\ 2 \\ -5 \end{bmatrix}$$

ist

$$\begin{bmatrix} -1 \\ 4 \\ -3 \end{bmatrix} \times \begin{bmatrix} 3 \\ 2 \\ -5 \end{bmatrix} = \begin{bmatrix} 4 \cdot (-5) - (-3) \cdot 2 \\ (-3) \cdot 3 - (-1) \cdot (-5) \\ (-1) \cdot 2 - 4 \cdot 3 \end{bmatrix} = \begin{bmatrix} -20 + 6 \\ -9 - 5 \\ -2 - 12 \end{bmatrix} = \begin{bmatrix} -14 \\ -14 \\ -14 \end{bmatrix}.$$

Literaturverzeichnis

[1] Arens, T., Hettlich, F., Karpfinger, Ch., Kockelkorn, U., Lichtenegger, K. & Stachel, H. (2012), Mathematik, Spektrum Akademischer Verlag, Heidelberg

[2] Elpelt, B., Hartung, J. (2004), Grundkurs Statistk, Oldenbourg Wissenschaftsverlag, München

[3] Gramlich, G. M. (2011), Lineare Algebra – Eine Einführung, Carl Hanser Verlag, München

[4] Kilsch, D. (2010), Mathematik Vorkurs (unveröffentlichtes Skript), Fachhochschule Bingen

[5] Räsch, Th. (2013), Vorkurs Mathematik für Ingenieure für Dummies, Wiley-VCH Verlag, Weinheim

[6] Thomas, G. B., Weir, M. D., Hass, J. (2013), Analysis 1, Pearson Deutschland, München

[7] Walz, G., Zeilfelder, F., Rießinger, Th. (2014), Brückenkurs Mathematik, Springer Spektrum, Heidelberg

Index